全国交通土建高职高专规划教材

Gaodengji Gonglu Weihu Yu Guanli

高等级公路维护与管理

高占云　汤红丽　主编
石勇民[长安大学]　主审

人民交通出版社

内 容 提 要

本书是交通土建高职高专规划教材，内容共十一章，包括绪论、路基的维护、路面的维护、桥涵构造物的维护、灾害的预防与治理、高等级公路沿线设施的维护、高等级公路绿化与环保、高等级公路路面状况评价、高等级公路维护管理、路政管理、高等级公路维护机械设备管理。

本书适合高等级公路维护与管理工程专业的学生学习，也可供从事高等级公路维护与管理的相关人员参考学习。

图书在版编目（CIP）数据

高等级公路维护与管理/高占云，汤红丽主编．—北京：人民交通出版社，2006.9（重印 2008.5）

交通土建高职高专规划教材

ISBN 978-7-114-06153-0

Ⅰ.高…　Ⅱ.①高…②汤…　Ⅲ.①公路养护-高等学校：技术学校-教材②公路运输-交通运输管理-高等学校：技术学校-教材　Ⅳ.①U418②U491

中国版本图书馆 CIP 数据核字(2006)第 106240 号

书　　名：全国交通土建高职高专规划教材
　　　　　高等级公路维护与管理

著 作 者：高占云　汤红丽

责任编辑：卢仲贤

出版发行：人民交通出版社

地　　址：(100011)北京市朝阳区安定门外外馆斜街 3 号

网　　址：http://www.ccpress.com.cn

销售电话：(010)59757973

总 经 销：人民交通出版社发行部

经　　销：各地新华书店

印　　刷：北京盈盛恒通印刷有限公司

开　　本：787×1092　1/16

印　　张：13.5

字　　数：334 千

版　　次：2006 年 9 月第 1 版

印　　次：2013 年 5 月第 3 次印刷

书　　号：ISBN 978-7-114-06153-0

印　　数：6001-7000 册

定　　价：24.00 元

（有印刷、装订质量问题的图书由本社负责调换）

全国交通土建高职高专规划教材编审委员会

总 序

针对高职高专教材建设与发展问题，教育部在《关于加强高职高专教材建设的若干意见》中明确指出：先用2至3年时间，解决好高职高专教材的有无问题。再用2至3年时间，推出一批特色鲜明的高质量的高职高专教育教材，形成**一纲多本、优化配套**的高职高专教育教材体系。

2001年7月，由人民交通出版社发起组织，15所交通高职院校的路桥系主任和骨干教师相聚昆明，研讨交通土建高职高专教材的建设规划，提出了28种高职高专教材的编写与出版计划。后在交通部科教司路桥工程学科委员会的具体指导下，在人民交通出版社精心安排、精心组织下，于2002年7月前完成了28种路桥专业高职高专教材出版工作。

这套教材的出版发行首先解决了交通高职教育教材的有无问题，有力支持了路桥专业高职教育的顺利发展，也受到了全国各高职院校的普遍欢迎。

随着高职教育教学改革的深入发展、高职教学经验的丰富与积累，以及本行业有关技术标准规范的更新，本套教材在使用了2至3轮的基础上，对教材适时进行修订是十分必要的，时机也是成熟的。

2004年8月，人民交通出版社在新疆乌鲁木齐召开了有19所交通高职院校领导、系主任、骨干教师共41人参加的教材修订研讨会。会议商定了本套教材修订的基本原则、方法和具体要求。会议决定本套教材更名为“交通土建高职高专统编教材”，并成立了以吉林交通职业技术学院张洪滨为主任委员的“交通土建高职高专统编教材编审委员会”，全面负责本套教材的修订与后续补充教材的建设工作。

2005年6月，编委会在长春召开了同属交通土建大类、与路桥专业链接紧密的“工程监理专业、工程造价专业、高等级公路维护与管理专业”主干课程教材研讨会，正式规划和启动了这三个专业教材的编写出版工作。

2005年12月，教育部高等教育司发布了“关于申报普通高等教育‘十一五’国家级规划教材”选题的通知（教高司函[2005]195号），人民交通出版社积极推荐本套教材参加了“十一五”国家级规划教材选题的评选。

2006年6月，经教育部组织专家评选、网上公示，本套教材中有十五种入选为“十一五”国家级规划教材，2008年1月，又有六种教材在“十一五”国家级规划教材补报中列选，共计21种，标志着广大参与本套教材编写的教师的辛勤劳动得到了社会的认可、本套教材的编写质量得到了社会的认同。

2006年7月，交通土建高职高专统编教材编审委员会及时在银川召开会议，有24所各省区交通高职院校或开办有交通土建类专业的高等学校系部主任、专业带头人、骨干教师以及人民交通出版社领导共39位代表出席了本次会议。会议就全面落实教育部“十一五”国家级规划教材的编写工作进行了研讨。与会代表一致认为必须以入选的十五种国家级规划教材为基本标准，进一步全面提升本套教材的编写质量，编审委员会将严格按照国家级规划教材的要求审稿把关，并决定本套教材更名为**“全国交通土建高职高专规划教材”**，原编委会相应更名为**“全国交通土建高职高专规划教材编审委员会”**。以期在全国绝大多数交通高职院校和开办有交通土建类专业的高等院校的参与、统筹、规划下，本套教材中有更多的进入“十一五”国家级规划教材行列。

2007年5月，编委会在湖南长沙召开工作会议，就“十一五”国家级规划教材主参编人员的确定和教材的编写原则做出了具体安排，全面启动“十一五”国家级规划教材的编写与出版工作。

本套高职高专规划教材具有以下特色：

——顺应交通高职院校人才培养模式和教学内容体系改革的要求，按照专业培养目标，进一步加强教材内容的针对性和实用性，适应学制转变，合理精简和完善内容，调整教材体系，贴近模块式教学的要求；

——实施开放式的教材编审模式，聘请高等院校知名教授和生产一线专家直接介入教材的编审工作，更加有利于对教材基本理论的严格把关，有利于反映科研生产一线的最新技术，也使得技能培训与实际密切结合；

——全面反映2003年以来的公路工程行业已颁布实施的新标准规范；

——服务于师生、服务于教学，重点突出，逐章均配有思考题或习题，并给出本教材的参考教学大纲；

——注重学生基本素质、基本能力的培养，教材从内容上、形式上力求更加贴近实际；

——为加强学生的实际动手能力，针对《工程测量》、《道路建筑材料》等课程，本套教材特别配套有实训类辅导教材；

——为方便教学，本套教材配套有《道路工程制图多媒体教材》、《公路工程试验实训多媒体教材》、《路基路面施工与养护技术多媒体教材》、《桥涵设计多媒体教材》等。

本套教材的出版与修订再版始终得到了交通部科教司路桥工程学科委员会和全国交通职教路桥专业委员会的指导与支持，凝聚了交通行业专家、教师群体的智慧和辛勤劳动。愿我们共同向精品教材的目标持续努力。

向所有关心、支持本套教材编写出版的各级领导、专家、教师、同学和朋友们致以敬意和谢意。

全国交通土建高职高专规划教材编审委员会

人民交通出版社

2008年5月

前 言

QianYan

本教材根据2006年3月15日在北京召开的“交通土建高职高专统编教材编委会主任工作会议”会议纪要精神编写。我国高等级公路事业的蓬勃发展，维护管理工作日益繁重，维护技术发展迅速，给高等级公路维护与管理增添了新的内涵，显现出高等级公路维护与管理专业建设的必要性和重要性。

《高等级公路维护与管理》是高等级公路维护与管理专业的一门主干专业课。该教材包括绪论、路基的维护、路面的维护、桥涵构造物的维护、灾害的预防与治理、高等级公路沿线设施的维护、高等级公路绿化与环保、高等级公路路面状况评价、高等级公路维护管理、路政管理、高等级公路维护机械设备管理等十一章内容。学生通过学习《高等级公路维护与管理》课程，应全面了解高等级公路维护技能与管理手段，掌握高等级公路管理、施工、维护等基础知识和应用技术，以适应高等级公路建设管理市场的需求。

在编写过程中，紧紧围绕我国公路行业现行规范与标准，参照高等级公路维护与管理手册，总结以往教学中的成功经验，吸收高等级公路维护与管理生产实践中先进技能，及新材料、新工艺的应用，保持了学科建设的科学性、系统性、先进性，内容安排上体现了维护与管理并重，注重基础，应用性强，做到条理清楚，通俗易懂。为方便教学和学生对所学知识进行复习巩固，每章后面附有思考题，在教材后面附有参考教学大纲。

本教材由呼和浩特职业学院高占云和吉林交通职业技术学院汤红丽主编，由高占云负责统稿。其中第一、六、九章由呼和浩特职业学院高占云编写，第五、八章由吉林交通职业技术学院汤红丽、郭丰敏编写，第二、七章由宁夏交通学校贺学清编写，第三章由江西交通职业技术学院周娟编写，第四章由新疆交通职业技术学院李询辉编写，第十章由内蒙古大学职业技术学院郭志芹编写，第十一章由河北交通职业技术学院阎新勇编写。全国交通土建高职高专规划教材编审委员会特邀长安大学石勇民教授担任本书主审。

限于编者水平，疏误之处在所难免，敬请有关院校师生和读者，提出宝贵意见，以便再版时修改。

编 者

2006年6月

目录

MuLu

第一章

绪论

第一节　我国高等级公路的发展概况

一、发展概况

高等级公路是国家的基础设施，是经济发展到一定阶段的必然产物，也是一个国家现代化水平的重要标志之一。我国大陆高速公路从20世纪70年代开始研究规划，80年代开始建设。我国公路发展大致经历了四个阶段。

第一个阶段，从建国初期至改革开放的1978年。建国初期，全国（港、澳、台地区除外）公路通车里程仅为8万公里，技术等级十分低下。20世纪50～60年代，根据当时形势需要和条件，公路建设基本是在原大车道、便道上修补改造进行，也有相当一部分是部队在进军途中边行军边施工的"急造公路"。之后，根据"抓革命，促生产，促工作，促战备"的要求，公路选线强调"隐蔽、迂回、靠山、钻林"等战备国防需要，依靠国家边防公路建设投资和"民工建勤"等方式，全国公路通车里程增长较快，达到89万公里，其中干线公路23.7万公里，县乡公路58.6万公里，企事业单位专用公路6.6万公里，但公路等级普遍很低，与当时国内汽车工业水平相比，特别是与缓慢的经济发展要求相比，总体上还能适应。

第二个阶段，从1978～1985年。这一阶段国民经济恢复较快，交通紧张问题凸现，交通运输系统内结构不合理问题逐渐暴露，国家开始着力调整国民经济结构，加强以铁路为中心的运输基础设施的建设，对公路建设也给予了相应重视。国家计委、国家经委、交通部联合颁布了国道网规划，确定从首都放射线12条、南北纵线28条、东西横线30条共70条国道，并采取措施加快发展公路建设，如允许省、市、自治区调整养路费收费费率，增加用于公路的改造，此阶段末期国家开始利用国际金融组织贷款修建国际标准高速公路，允许利用贷款、集资修路收取车辆通行费偿还贷款等政策。至"六五"结束时，公路通车总里程增长到94.24万公里，平均年增长1.1万公里。其中一级公路422km。

第三个阶段，为"七五"时期（1986～1990年）。国家明确交通运输是国民经济发展的瓶颈产业，国务院批准设立公路建设专项基金和车辆购置附加费，专门用于公路建设。根据我国人口密度大，车辆技术水平差异大，大量农用拖拉机、牲畜车上路运输的国情，首次明确提出汽车专用公路的概念，国家开始较大规模地建设汽车专用公路。

沪嘉高速公路是我国大陆第一条高速公路，标志着我国公路建设进入新的里程碑。沪嘉高速公路1984年12月开工建设，1988年9月30日正式投入运营。从上海至嘉定县，是204国道（上海至烟台）的入沪路段。全长约20km（其中有连接线4.6km），设计时速120km/h，双向4车道，中央分隔带宽3m，全封闭，全立交，沿线建有大型互通式立交桥3座，设有完整的交通标志、标线和交通监控系统。这条路通车后，年平均交通量增长幅度达16%。到"七五"期末，公路通车总里程为102.8万公里，平均年增长1.7万km。其中建成沪嘉、沈大、广佛、西临等高速公路522km，实现了高速公路零的突破；一级公路2617km。

第四个阶段，从"八五"期间到目前为止。"八五"初期，根据国民经济发展对交通运输的总体要求，以及社会主义市场经济建设的特点，我国在总结以往公路建设经验后，提出公路建设的方针是"普及与提高相结合，以提高为主"，使公路建设事业能够更好地适应经济结构转变，以及人民生活水平提高对公路运输质量的要求。为突出重点，在国道网规划基础上研究形成了"五纵七横"12条国道主干线规划，逐步建成以二级以上汽车专用公路为主组成的国道主干线网。国家继续利用国际金融组织贷款如世界银行、亚洲开发银行、日本输出入银行贷款、日本海外经济协力基金贷款以及其他国外政府优惠贷款，给予公路建设有力支持，同时为进一步扩大利用境外资本对我国公路行业的直接投资，国家计委、国家经贸委、外经贸部联合颁布了《指导外商投资方向暂行规定》和《外商投资产业指导目录》，将公路建设列为鼓励外商投资项目。这一时期我国公路建设利用外资成绩斐然，对加快我国公路建设事业发展，对公路设计、施工、维护、管理等水平起到了极大的推动作用。

"八五"期间(1991～1995年)，公路建设的特点是高等级公路通车里程增长迅速，公路通车总里程达115.7万公里，其中，高速公路达2141km，一级公路9580km。新建成的京津塘、济青、京石、合宁、广深、成渝等高速公路1619km，年均建成324km，是"七五"期间的3倍。从高速公路项目管理、勘察设计、工程施工和工程监理的"京津塘高速公路工程建设成套技术"的产生，对我国高速公路的建设和全国基建行业的科技进步起到了重要的示范和推动作用。

"九五"期间(1996～2000年)，集中力量建设"三纵两横"和两条重要国道主干线公路，除部分路段外，基本以高速公路或汽车专用公路贯通。1996～1999年，太原至石家庄、南京至上海、沈阳至长春、石家庄至新乡、福州至厦门、北京至锦州等一批高速公路相继竣工通车，年平均建成高速公路2000km，是"八五"期间的6倍。1999年10月31日，随着济泰高速公路的建成通车，我国大陆高速公路的通车里程已突破10000km。2000年底，全国公路总里程为168万公里(不含村道)，其中高速公路1.6万公里，一级公路2.5万公里。"九五"期间成为我国高速公路至今发展最快的时期，我国大陆高速公路通车总里程仅次于美国、加拿大，跃居世界第三位。

"九五"期间，有六个显著特点：一是公路交通基础设施建设5年累计完成投资8974亿元；二是公路总量增长幅度大；三是高速公路建设突飞猛进，京沈、京沪高速公路实现了全线贯通，东北、华北、华东之间形成了一条公路运输大通道；四是建成了一批具有世界先进水平的公路桥梁及长大隧道，如广东虎门大桥、江阴长江公路大桥、南京长江公路二桥、济南黄河大桥、厦门海沧大桥等；五是路网结构逐步优化，"五纵七横"国道主干线已建成1.8万公里，占规划里程的一半以上，为国道主干线的提前建成奠定了基础；六是公路通车率显著增高，达到13.4%。

"十五"期间(2001～2005年)，到2004年底全国公路总里程达185.6万公里，其中高速公路通车里程超过3.4万公里。我国高速公路通车里程跃居世界第二，16个省的高速公路通车里程超过了1000km。到2005年底，全国公路总里程达到193.05万公里，其中高速公路4.1万公里，一级公路3.84万公里。

从1979年公路普查工作以来，我国公路建设事业有了很大发展，无论是公路总量，还是路网结构都发生了巨大变化。特别是从"八五"到目前，公路交通事业进入持续、快速、健康发展时期，公路基础设施实现了跨越式发展，实现了交通对国民经济的"瓶颈"制约得到缓解的历史性转变，并较好地适应了国民经济快速发展和人民生活水平不断提高的需要。国家对交通基础设施建设投入力度不断加大，特别是为改善农村出行条件，促进农村经济发展，推动农村地区人员、物资交流，各地狠抓了农村公路建设，县乡公路里程迅速增长。

二、发展趋势

"十一五"期间(2006～2010年)，我国公路建设的重点是国道主干线、国家重点公路、路网改造、农村公路及客货运枢纽。目前，交通部已经确定了国家重点公路建设规划的13纵、15横，共28条路，规划总里程7.1万公里。西部地区的重点是开发省际通道，力争在"十一五"期间基本建成；中部地区要首先确保西部通道在中部地区的路段于"十一五"期间建成，同时重点建设省会到省会、省会到地市之间的通道；东部地区则重点建设长江三角洲、珠江三角洲、环渤海湾地区高速公路网和重点港口的疏港通道，基本形成高速公路骨架网络。

路网改造方面，在东中部地区，省会通达各地市以高速公路为主，地至县的公路达到二级以上标准；西部地区省会城市、地级市通二级以上公路，除西藏外实现地市与县通沥青路或水泥路。

"十一五"期间，交通部将组织实施农村公路"五年千亿元建设工程"。农村公路建设将进一步扩大县乡公路的覆盖面，重点发展旅游路、资源路、扶贫路和陆岛运输公路。努力改善县乡公路质量，中东部地区以提高等级为主，进一步提高服务水平；西部地区以强化路面和提高抗灾能力为主，基本解决晴通雨阻问题。

到2010年，按照规划，我国将完成"五纵七横"的高等级公路建设，新建高速公路2.4万公里，全国高速公路总里程达到6.5万公里。东部地区基本形成高速公路网，长江三角洲、珠江三角洲和京津冀地区形成较完善的城际高速公路网，国家高速公路网骨架基本形成。

在党的十六大提出全面建设小康社会的奋斗目标后，交通部党组审时度势，加快编制《国家高速公路网规划》。2004年年底，国务院常务会议审议并原则通过《国家高速公路网规划》，规划确定，未来20～30年，我国高速公路网将连接起所有省会级城市、计划单列市、83%的50万以上城镇人口大城市和74%的20万以上城镇人口中等城市。国家高速公路网采用放射线与纵横网格相结合布局方案，由7条首都放射线、9条南北纵线和18条东西横线组成，简称为"7918"网，总规模约8.5万公里，其中主线6.8万公里，地区环线、联络线等其他路线约1.7万公里。

第二节　高等级公路维护管理现状和发展方向

一、现　　状

我国高等级公路维护管理的现状，可以概括为以下几个方面。

1.组织机构比较健全

目前，我国高等级公路维护管理的组织形式呈多样化趋势。其中既有专业管理型机构，也有综合管理机构；既有单纯以管理为主的维护机构，也有自设施工队伍的维护机构。但无论何种形式，各地高等级公路均设有专门机构来从事维护管理工作，这是我国高等级公路维护管理得以发展的最基本的保证。

2.人员素质比较适应

我国高等级公路维护管理人员,大都在高等级公路开通初期由一般公路调配而来,他们虽有一般公路维护的丰富经验,但对高等级公路的维护特性却缺乏必要了解。随着高等级公路通行时间的增长和国内外信息交流的加强,目前我国高等级公路维护管理人员的素质在大幅度提高。特别是近年来,各地高等级公路维护管理部门均十分注意选拔、招聘一批高学历、高素质、年轻化的专业技术人才,充实到维护部门或一线上来,使高等级公路维护的技术素质和年龄梯度有了结构性变化,形成了较好的可持续发展的人力资源配置。

3.机械配置比较合理

高等级公路维护机械的配备由于投资渠道不同,各地存在着一些差异。以贷款方式修建的高等级公路大都在建设费用中考虑了维护期设备的购置计划。其他一些高等级公路尽管由于资金等原因,设备购置不能及时到位,但随着公路开通时间的增加,也都可以逐步解决配置问题,并满足日常维护的需要。按照目前估算,我国高等级公路维护设备的投入一般在每公里几十万元左右。维护设备配置体现了引进设备多、综合设备多和大型设备多的特点。近年来随着维护经验的积累,各地方维护管理部门已开始注意维护设备的国产化、专用化和小型化。这些设备不仅投资较低,而且技术要求也较适宜且使用效果好,同时还可提高设备的利用率、降低管理费用。目前我国高等级公路维护管理设备配置正向着更加实用的方向发展。

4.管理措施比较到位

多年来,我国高等级公路维护管理人员结合各地方维护实践,制订并创造了不少各具特色的维护管理措施、规范、制度及考核方法等,积累总结了很多好的管理经验。例如:按照“周期性维护细则”制定的维护计划;围绕“及时、快速、优质、高效”的基本要求制定的维护工艺措施;依据“六修、六清、六无”标准制定的检查方案等等,都在高等级公路维护实践中发挥了很好的作用。

目前,我国高等级公路维护管理仍存在一些亟待解决的问题。

1.管理体制不顺

就宏观而言,目前我国大多数高等级公路维护管理仍采用事业型管理体制,维护经费采用拨款方式。这种在计划经济体制下形成的维护管理模式已不能适应高等级公路公司性经营的要求。尽管各省市在维护管理机构及组织方式上较为健全,但由于体制的影响和维护市场的封闭型管理,已愈来愈严重地影响了高等级公路养护水平的提高和养管机制的创新。特别是有些地方管理观念陈旧,人员机构臃肿,分配机制缺乏活力,从另一个侧面印证了当前高等级公路维护管理体制上的不足。

此外,与维护有关的交通管理体制、路政管理体制,以及“一卡通”的收费分配体制改革步伐的滞后,也在不同程度制约和影响着高等级公路维护体制改革的进程。

2.“重建轻养”思想干扰

在高等级公路管理中表现为维护资金投入不足和对科技进步重视不够两个方面。其原因:一是长期以来我国公路建设资金一直不足,特别是近年来高等级公路建设速度加快,同时也加重了维护的负担。加之部分管理者对高等级公路早期维护认识不足,在资金及科技投入上屈从于建设方面的压力,这在建设与管理合一的高等级公路管理体制中更为明显。二是我国目前的高等级公路大都利用贷款或其他融资方式建设,开通运营后,还贷或提取回报的压力较大,不能抽出更多的资金从事维护和科技开发,甚至出现部分维护资金被挪用的现象。三是部分中外合作或转让经营权的高等级公路,由于片面追求经济效益而忽视了维护管理。

3.缺少定额与规范

我国高等级公路维护管理,目前仍未制订全国或地方统一的维护定额与规范。各地管理部门大都依据公路工程定额和实际情况自行确定维护工程费用支出;参照《公路养护技术规范》(JTJ 073—96)中有关高等级公路的条款制订维护方案;原维护工作的考核一般沿用“好路率”标准。目前已颁布《公路养护质量检查评定标准》(JTJ 075—94)、《公路隧道养护技术规范》(JTG H12—2003)、《公路桥涵养护规范》(JTG H11—2004)。

随着我国高等级公路事业的飞速发展,在不久的将来,全国高速公路的联网将可望实现,因而在服务标准、技术标准等高等级公路基础管理方面,应尽快完善全国性的规范。

二、发展方向

今后,我国高等级公路维护管理的主要任务是将维护管理实行体制改革。其基本思路是实现事企分开、转变机制、引入竞争;走公司化、社会化、专业化、机械化的路子。维护体制改革应当包括如下基本内容:

(1)推行维护工程费制。按维护定额及维护工程量核定不同路段的维护费用,废除以“年公里”或“千平方米”为单位的指令性计划投资方式。

(2)开放高等级公路维护市场。在逐步实现维护工程施工资质管理的前提下,推行高等级公路维护工程的招投标管理,允许具有资质的所有维护队伍参与高等级公路维护竞争。

(3)组建不同经济成分的维护公司。逐步将现有的维护队伍转变为具有一定规模的维护企业;在条件成熟的地方,允许和鼓励组建不同所有制形式的维护专业队,使其成为自负盈亏、自主经营、具有法人资格的经济实体,参与市场竞争。

(4)维护机械实现社会化服务。鼓励建立维护设备租赁公司,集中大中型设备优势,向不同所有制形式的维护公司提供有偿服务,进一步提高设备的利用率和高等级公路维护的机械化程度。

(5)完善政府对维护管理的行业监督。在培育和发展高等级公路维护市场的同时,要建立有效的政府维护监督机制,加大政府对国有基础设施和投资效益的监管力度,保证高等级公路维护质量与效益。

随着高等级公路养管体制的彻底改革和国家第十一个五年计划的确定,一个充满活力的高等级公路维护管理的崭新局面将会形成。展望未来,21世纪将是高等级公路维护管理蓬勃发展的世纪,也是中国公路走向更加辉煌的世纪。

第三节　高等级公路维护管理的作用和特点

一、作　　用

随着高等级公路建设的蓬勃发展,我国高等级公路维护管理也开始受到了人们的广泛关注。人们普遍认识到,一条没有科学维护管理的高等级公路是很难发挥其优良使用性能的。目前,我国拥有高等级公路的省市,均建有专门的或建管合一的管理机构,大批优秀的专业人才开始涌入高等级公路维护管理领域。我国高等级公路维护管理在经历了十几年的艰苦探索之后,已取得了长足的进步,并总结出了许多行之有效的管理方法。特别是伴随着改革开放的逐步深入和国内外信息交流的进一步扩大,一些新的方法与理念已经深入人心并在维护管理决策中发挥着巨大的作用。高等级公路维护管理的性质如下。

1.高等级公路维护管理是"集中、统一、高效、特管"的系统管理

高等级公路维护管理实行"集中、统一、高效、特管",取决于高等级公路的特征。这些特征包括维护管理内容的多样性,管理环境的封闭性,管理方式的独特性,以及路网衔接的相关性等。这些特性组成了高等级公路维护管理的完整系统。在系统内它需要集中管理权限,统一指挥,统一标准,通过维护管理的高效率对突发情况及时作出反应;在系统外它需要强化政府的行业管理与监督,需要根据高等级公路维护管理特征、制订具有针对性的维护管理对策与措施。只有这样才能保证高等级公路成为国家经济动脉的主干线,发挥其应有的经济与社会效益。

2.高等级公路维护管理是多专业的综合管理

高等级公路维护管理是由其庞大设施为代表的硬环境和以管理理念、制度为代表的软环境两部分组成。正是这种组成打破了原公路管理的行业局限,形成了多工种、多专业密切协作的综合管理体系。其中,硬环境决定了管理的规模和方式,软环境体现了管理的力度和效益,两者的有机结合则反映了管理的综合水平。充分认识这个特点,是搞好高等级公路维护管理的前提。

3.高等级公路维护管理是技术密集的现代化管理

高等级公路的管理具有技术密集的管理特点,特别是现代化管理设施的运用和普及,不仅缩小了管理层与劳务层的差距,也开始改变了一般公路以维护和路政管理为主的传统观念,逐步形成以维护、管理、安全、环保、路政为代表的道路运输保障系统。因此,只有利用科学的管理手段和方法,才能保证现代化设施的正常运转并发挥其效能,这就需要大批高素质、高技能的复合型人才,这也是高等级公路走向智能化管理的要求。

4.高等级公路运营管理是向用户全面服务的社会化管理

高等级公路运营管理的目的是向用户提供安全、舒适、畅通的行车环境。由于我国高等级公路一般均为收费公路这样一种定位特点,因此高等级公路在向使用者收取通行费的同时,就承担了向使用者提供优质服务的义务。

高等级公路建成通车后,随着运营时间的推移、交通量的增长和设施使用频率的增加,高等级公路及其配套设施会出现不同程度的损坏,及时发现损坏部位并有效修复是高等级公路维护管理的责任。它有利于保持高等级公路良好的使用状态和服务水平,有利于向使用者提供安全、快捷、舒适、经济、优美的行车环境,有利于树立高等级公路的对外形象,最终提高高等级公路的经济效益和社会效益。

高等级公路维护管理的作用可归纳为以下几点:

(1)正确评价维护对象的路况及服务水平,及时安排日常维护、专项维护及大修,保证高等

级公路行车环境良好。通过路况调查可以建立相应的技术状况数据库，为高等级公路的维护管理提供完整、科学的技术数据，并为选择正确的维护对策提供依据。应当指出的是，在高等级公路通车初期，许多技术数据及维护资料往往易被管理者忽视，而这些资料对于今后高等级公路维护管理具有无法替代的重要作用。

(2)发现并及时弥补由于设计或其他原因造成的道路及其设施的先天不足和使用缺陷。在高等级公路投入使用后，由于建设期的种种原因，使用中往往会出现诸如道路排水、边坡防护、通道设置、线形设计、标牌处置、建筑物使用功能等方面的问题。这些问题只能通过后期的维护加以弥补，并逐步形成高等级公路较完善的使用及服务功能。可以说维护也是对高等级公路建设的一种补充与完善。

(3)提前预防道路及设施病害的发生，及时治理随时出现的损坏，尽可能延长道路及设施的使用寿命，延缓大修周期，降低维护管理成本。由于高等级公路具有高车速、重交通、大流量的特点，因而通过早期维护可以防止微小病害的进一步扩大，使高等级公路经常保持原有技术状态和标准。

(4)减少或杜绝由于道路及设施维护不当给用户及使用者带来的意外损害，避免为此引发的不必要的法律纠纷。近年来，我国高等级公路因路上障碍，设施维护不当造成使用者伤害的事件时有发生，不仅增加了使用者与管理者的双重负担，也直接影响了高等级公路的声誉。进一步加强维护管理是解决这一问题的最根本手段。

综上所述，高等级公路的维护管理是高等级公路运营管理中不可缺少的一个重要内容。高等级公路维护管理一定要常抓不懈，常养不怠，为使用者创造一个良好畅通的行车环境。近年来，交通部提出了“公路建设是发展，公路维护也是发展，而且是重要发展”，要实践“交通行业是一个负责任的行业”的庄严承诺，把公路的维护管理提到了一个新的高度来认识。由此可见，高等级公路的维护管理是一项具有战略意义的工作。因此，进一步加强高等级公路的维护管理是实现国家交通运输长远发展目标的需要，是持续改善国家路网结构的需要，也是加速高等级公路现代化进程的需要。

二、特　点

高等级公路由于设计标准、建设质量与运营方式上与一般公路存在很多不同，因此其维护管理也有着自身的显著特点。

1.维护实施的强制性

由于我国高等级公路既是国家基础设施又具有收费的特性，因此，保证高等级公路良好的使用性能和优秀的服务水平，就成了维护管理的首要任务。维护工作的任何懈怠和疏忽不仅会对道路及其设施本身造成潜在危害，也会对高速行车的驾乘人员构成严重生命威胁。鉴于目前我国高等级公路的建设资金大都通过不同的融资渠道来解决，存在着较大的还贷或其他资金返还压力，故对维护的投入不够充足。解决这一问题的关键是通过立法来加强政府的行业监督，在法律、行政、经济三个方面加以约束。建设单位应给维护以正确定位，即：先维护、后还贷、再经营。

2.维护对象的广泛性

高等级公路的维护管理对象包括公路、公路附属设施、公路用地，内容广泛、专业种类多，是一个互为联系、缺一不可的综合维护管理体系。

3.维护的高成本性

由于高等级公路建设标准高、维护范围广、材料选用较精、机械规模及使用比例较大、施工程序复杂,安全保护措施较全、现代化设施较多等原因,使高等级公路维护管理的成本要比一般公路高出许多。但高等级公路的维护投入换来的是道路及设施的长久完好,服务水平的不断提高,是通行费收益和社会效益的双重回报。

4.维护方式的独特性

高等级公路维护面对的是大交通量下的快速通行环境,这种环境对高等级公路的维护方式也提出了更高的要求。首先,在维护管理上要建立一整套病害尽早发现并迅速治理的快速反应机制;其次,在维护过程中要确立时间意识,尽量缩短作业时间,尽量保证开放交通;再次,高等级公路维护要严格履行安全操作规程,要按规定设置不同的交通安全管制区段,在限定的区段内作业。

5.维护技术的复杂性

高等级公路维护除需要具备机械化、专业化技术外,还需要随着维护管理的发展不断探索新技术、新工艺和新材料。其中如路面高强修补、桥梁伸缩缝修复、护栏快速更换、通道防渗处理、土工合成材料综合使用等,都是今后高等级公路维护管理中普遍遇到并需要认真研究的课题。同时,在维护检测手段上,也要不断配备现代化设备,以适应高等级公路长距离、多点位的快速检测及分析方式。

第四节　高等级公路维护管理的任务及其工程分类

一、任　务

高等级公路维护管理的目的是通过有针对性的及时维护,使高等级公路及其设施经常处于良好的技术状态,从而保证高等级公路具有快捷、畅通、舒适、安全、经济、美观的使用功能。

从上述目的出发,高等级公路维护管理的主要任务有:

(1)进行路况及管理设施调查,通过管理数据库,建立高等级公路及设施的综合评价体系。

(2)根据高等级公路及设施的运营状况,制订可行的维护计划和规划,有针对性地及时维护,保证高等级公路健全的服务功能。

(3)不断探索新的维护技术与管理措施,积极采用新技术、新材料、新工艺、新设备,以最经济的方式达到最佳维护效果。

(4)努力推行并建立合理、高效的机械化维护方式,不断提高机械配备率和机械作业的占有率,保证高等级公路维护的速度与质量。

(5)建设一支能适应高等级公路现代化维护的管理队伍,变被动维护为主动维护,变静态维护为动态维护,达到维护的高标准、高质量、高效率、高机动性。

二、内　容

高等级公路维护管理涉及的内容广泛,归纳起来,有如下几方面。

1.为保持路况及设施完好而进行的日常维护保养

高等级公路日常维护保养是确保高等级公路正常使用功能的重要手段，它具有经常性、及时性、周期性的特点。这种维护尽管每天都要进行，但却具有一定的不可预见因素，即在每日的常规维护中会经常发现新的问题和缺陷。这些问题和缺陷如不及时处理，往往会对行车安全造成大的隐患或威胁。如标志的修复或重置，监控通信设施故障排除，冬季的各种作业等，这些工作只能在当天或较短的时间内做出计划或反应，因此具有较强的随机性。

高等级公路日常维护保养一般包括路基路面保养、桥涵隧道保养、沿线设施保养、机电设备保养、绿化保养等等。日常维修保养作业具有点多、线长、面广、分散，以及移动作业等特点，往往受自然因素影响较大。在施工组织上一般采用专项责任承包或分段综合承包等方式，这样可以更好地落实责任，提高维护质量和考核力度。

2.为维修加固道路进行的专项工程

专项工程是在保证交通的情况下进行的规模性维护施工，是对高等级公路及其附属设施的一般性磨损和局部损坏进行修理、加固、更新、完善的作业，是针对不同维护对象提出的具有保护作用的维护措施。这种措施大部分并非紧急需要，例如易损边坡的护砌加固、桥梁伸缩缝及桥头跳车的处治、沥青路面整段罩面、沿线建筑及收费棚亭的粉刷油饰，易动岩体的灌浆稳固、增设沿线景点和树木更新等等，因此可以合理地进行预测，分步实施。这些工作对于防止高等级公路及运营设施的后期损坏、减少今后长期费用的支出往往具有重要意义，在实际维护中常被列入专项工程计划，由专业施工队伍实施。

高等级公路专项工程会随着高等级公路使用年限的增长而逐年增多，根据资金状况对其进行合理预测与安排，是不断保证高等级公路服务水平的重要一环。

3.为恢复或改进原设计功能而进行的大修工程

高等级公路大修工程是指高等级公路及其附属设施已达到其服务年限，必须进行应急性、预防性、周期性的综合修理，使之全面恢复原设计状态或根据高等级公路发展的要求进行的局部改善工程，其中包括：重建或增建的防护工程、整段路面的改善工程、增建小型立交或通道、大中桥梁改善、沿线设施的整段更换、房屋建筑的改造、监控收费系统的改造，以及站区广场的改造等等。这些项目一般按年度做出规划，在维护费用中列支。由于高等级公路具备了现代交通设施的种种特征，因此这类维护不仅重要，而且必不可少。

4.对沿线景观、绿地的绿化美化和环境保护

绿化美化是高等级公路维护管理的重要内容之一。目前我国高速公路的绿化任务大都是在通车后的维护期内完成或分步实施的。这项工作一般包括沿线中央分隔带及边坡的绿化维护、站区及办公环境绿化维护、服务区绿化维护、沿线特殊景点的绿化养护，以及苗圃的保养等等。它对于提高路上景观效果，改善驾乘人员的视觉印象，表现地区人文环境，体现高等级公路运营管理水平等都有着不可低估的作用。高等级公路的绿化美化工作一般都列入高等级公路日常维护、保养与专项工程之中，并根据高等级公路管理的需要，有计划地完成。

做好环境保护也是高等级公路维护的重要内容。随着人们环保意识的逐步加强、环保设施的逐步增多，这项工作会很快被重视起来。其中噪声控制设施、生态保护设施，以及结合绿

化进行的绿化美化工程等,是高等级公路环保工作的重点。

5.灾害及恶劣气候条件下的抢修及应急对策

高等级公路在运营过程中,会遇到不良灾害天气的侵害,例如:飓风、暴雨、山洪、冰雪、地震和岩体滑塌等。这些情况尽管发生的机会较少,但造成的危害很大,往往会使高等级公路运营工作陷入瘫痪。因此,对上述危害做好充分的物质准备,制订切实可行的抢修预防和快速反应机制,是高等级公路维护管理不可缺少的重要内容之一。重大灾害造成的路基路面损害、桥涵结构物损害的修复,依据其工程量的大小一般都列入高等级公路大修工程的范围。此外,在冰雪等恶劣条件下,尽快改善通行条件,减少高等级公路不必要的关闭,则是高等级公路维护管理经常遇到的问题,处理是否及时将直接影响着高等级公路的社会效益和经济效益。

6.沿线设施的维护管理

沿线设施是公路的重要组成部分,它对保障行车安全和交通畅通具有十分重要的意义。高等级公路的沿线设施包括交通安全设施、公路标志、路面标线、监控与通信设施、收费设施、服务设施、养护房屋及环保设施等。因此,高等级公路沿线设施应经常保持完整且处于良好状况。从维护管理方面来讲,沿线设施如有损坏要及时修理或更换,设施不全或没有设施的,按要求有计划、有步骤地增设。

除此之外,高等级公路维护工作还涉及有关机械设备管理、作业安全管理、维护技术管理以及路政管理等很多内容,这些内容构成高等级公路维护的保障体系,是不可缺少的重要组成部分。

三、工 程 分 类

高等级公路维护管理可按照不同的表述方式有很多种分类。在通常情况下,常见的分类方法有如下几种。

1.按维护对象及部位分类

这种分类具有单一性特征,维护对象很明确,特别适合有针对性地制订维护措施;研究维护工艺。高等级公路维护对象十分广泛,如路面维护、路基维护、桥梁与涵洞维护、通道维护、隧道维护、沿线设施维护……等等。

2.按维护性质及规模分类

这种分类方法兼顾了维护的工程性质、规模大小、技术难易程度等综合因素,是我国《公路养护技术规范》(JTJ 073—96)采用的分类方法。这种分类方法便于维护管理部门较好地安排计划与资金,合理地进行施工组织。

该分类方法将高等级公路养护工程分为三大类,即:日常维护保养、专项工程和大修工程。在实际工作中,由于高等级公路还增加了交通工程设施,即监控、通信、照明设施,收费设施等更多的维护内容,管理部门一般会将这些维护内容按其性质、规模、技术状况等纳入上述三大类别之中进行统计和管理。

3.按维护手段及方式分类

这种分类方法主要从维护的手段入手,将高等级公路维护划分为机械维护和人工维护两大类。这种分类方法较适合于考察高等级公路机械化维护的比率和机械化程度的高低，是高等级公路维护的一种方向性指标。随着高等级公路维护市场的逐步成熟，这种分类很可能形成新的社会化维护分工。

4.按维护系统与专业分类

这种分类方法是在维护对象分类的基础上进一步归纳后形成的专业分类方式，例如：道路桥梁维护、交通工程设施维护、绿化景区维护等等，主要侧重于不同专业的维护分工。

按系统和专业进行维护分类，将有利于高等级公路各专业部门的职能管理。既可以在管理上有专业侧重，又可以进行专业间综合协调，从而保证高等级公路维护管理的宏观调控，是一种较好的高等级公路行政管理的分类方式。

思考题

1.简述高等级公路维护管理的性质。

2.简述高等级公路维护管理的任务。

3.简述高等级公路维护管理的内容。

第二章

路基的维护

第一节　路基维护工作的内容与要求

路基是公路最重要的基本组成部分,是路面的基础。它与路面共同承担车辆荷载,并把车辆荷载通过其本身传递到地基。路基的强度和稳定性直接影响路面的平整度和强度,是保证路面稳定的基本条件。为了经常保持路基的良好状态,确保路基在行车作用和自然因素的影响下不发生过大变形,保持完整无损,必须加强对路基的维护工作。

一、路基维护工作的内容

路基维护应通过对公路各部分的日常巡视和定期检查,发现病害及时查明原因,采取有效措施进行修复或加固,消除病害根源。为了保证路基的坚实和稳定,保证排水性能良好,使各部分尺寸和坡度符合规定,及时消除不稳定的因素,并尽可能提高路基的技术状况,必须对路基进行及时维护。路基维护工作的主要内容包括:

(1)维修、加固路肩及边坡。

(2)疏通、改善、铺砌排水系统。对边沟、截水沟、排水沟以及暗沟(管)等排水设施,应及时排除堵塞,疏导水流,保持水流畅通。并结合地形、地质、纵坡、流速等情况,综合考虑铺砌加固。

(3)维护、修理各种防护构造物及透水路堤,管理保护好公路两旁用地;清除坍方、积雪,处理塌陷,检查险情,防治水毁。

(4)观察和预防处理翻浆、滑坡、泥石流、崩塌、塌方等病害,及时检查各种路基的险情并向上级报告。

(5)有计划、有针对性地对局部路基进行加宽、加高,改善急弯、陡坡和视距不良路段,以逐步提高其所要求的技术标准和服务水平。

(6)做好检查记录,建立路基维护档案,积极采用新材料、新技术、新工艺处理各种路基病害,提高高等级公路的维护技术水平。

二、路基维护工作的要求

路基维护的基本要求是通过日常和定期的检查,发现问题,分析原因,采取维护修理措施。路基维护工作应符合下列基本要求:

(1)保持路基土密实,排水性能良好,各部分尺寸和坡度符合规定,并及时消除不稳定因素,使路基处于完好状态。

(2)路肩无车辙、坑洼、隆起、沉陷、缺口,横坡适度,边缘顺适,表面平整、坚实、整洁,与路面接茬平顺。

(3)边坡稳定、坚固,平顺无冲沟、松散,坡度符合规定。

(4)边沟、排水沟、截水沟、跌水井、泄水槽等排水设施无淤塞、无高草,纵坡符合要求,排水畅通,进出口维护完好,保证路基、路面及边沟内不积水。

(5)挡土墙、护坡及防雪、防沙等设施保持完好无损坏,泄水孔无堵塞。

(6)做好翻浆、坍方、山体滑坡、泥石流等病害的预防、治理和抢修,尽力缩短阻车时间。

三、路基维护的分类

1.路基小修保养工程

日常的保养工作包括:通过整理路肩、边坡及清除路肩杂物,以保持路容整洁;疏通边沟保持排水系统通畅;清除挡土墙、护坡、护栏滋生的杂草,修理伸缩缝、泄水孔以及松动的石块;对护栏、路缘石进行修理刷白工作,以保持其使用效果。

小修工程是通过开挖边沟、截水沟,以补充和改善排水能力,并分期铺砌边沟,以增强边沟的坚固性,减少淤塞与渗透;消除零星塌方,填补路基缺口及处理轻微沉陷,改善视距。例如当行道树或弯道视距范围内因树木的生长而使视距受到影响时,应及时进行树林剪修;对桥头引道或桥头跳车的情况进行处理;对挡土墙、护坡、护栏和防雪设施等出现的局部损坏及时进行修理;清除隧道口碎落岩石和修理圬工接缝、堵塞漏水;根据需要,用砂石或稳定材料局部加固路肩。

2.路基中修工程

根据需要,局部加宽、加高路基或改善个别急弯陡坡;全面修理、接长或个别添建挡土墙、护坡、护栏;清除大坍方或一个段内较集中的坍方;整段开挖边沟、截水沟或补砌边沟;过水路面跳车的处理;平交道口的改善;整段加固路肩等。

3.路基维护大修工程

在原路技术等级内整段改善线形;拆除、重建或改建较大挡土墙、护坡等防护工程;隧道工程较大的防护加固等。

4.路基维护改善工程

提高公路技术等级,整段加宽路基、改善线形等。

第二节　路基的日常维护

一、路肩的维护

路肩是保证路基路面有整体稳定性和排除路面水的重要部分,也为临时停车提供所需两侧余宽。路肩的维护情况直接关系到路基路面的强度、稳定性和行车的畅通。因此,必须重视路肩的维护与加固,使路肩要经常保持平整坚实,保持适当的横坡,坡度顺适。此外,路肩和边坡应与环境协调,并尽可能使之美观。其维护措施如下。

(1)路肩清扫可分机械清扫和人工清扫。进行路面清扫、保洁时,必须将硬路肩同时进行清扫和人工保洁;如遇特殊事件对路肩造成污染时,应及时进行清扫;雨后路肩如有积水,应及时排除。

(2)应经常进行护栏、路肩边缘的杂草修剪、清理工作,主要清理路面与硬路肩接缝、硬路肩与土路肩接缝、硬路肩与桥台搭板接缝之间的杂草。杂草清理后应及时用 M7.5 砂浆或沥青灌缝料予以填塞、灌注,防止雨水渗入。

(3)路肩与路面边缘产生裂缝时,清理裂缝,保持裂缝干净无杂物,用 M7.5 砂浆或沥青灌缝料灌注裂缝,防止雨水渗入。

(4)对路肩下悬空的处理,先对悬空部分的路基基底进行处理,清除周边松散部分,然后分层填塞夯实粘土;悬空处理完成后,可在表面撒播草籽或用草皮覆盖。

(5)硬路肩如出现沉陷、缺口、车辙、坑槽、横坡不够等病害,应尽快组织维修。沥青混凝土硬路肩的病害检查、维修按照沥青混凝土路面的要求进行。水泥混凝土硬路肩的病害检查、维修按照水泥混凝土路面的要求进行。

(6)陡坡路段的路肩,由于纵坡大,易被暴雨冲成纵横沟槽,甚至冲坏路堤边坡,一般可根据路基排水系统的情况与需要,综合改善,可采取下述措施:

①自纵坡坡顶起,每隔 20m 左右两边交错设置宽 30~50cm 的斜向截水明槽,并用砾(碎)石填平;同时在路肩边缘处设置高 10cm,上宽 10cm、下宽 20cm 的拦水土埂。在每条截水明槽处,留一淌水口,其下面的边坡用草皮或砌石加固,使水集中由槽内排出,如图 2-1 所示。

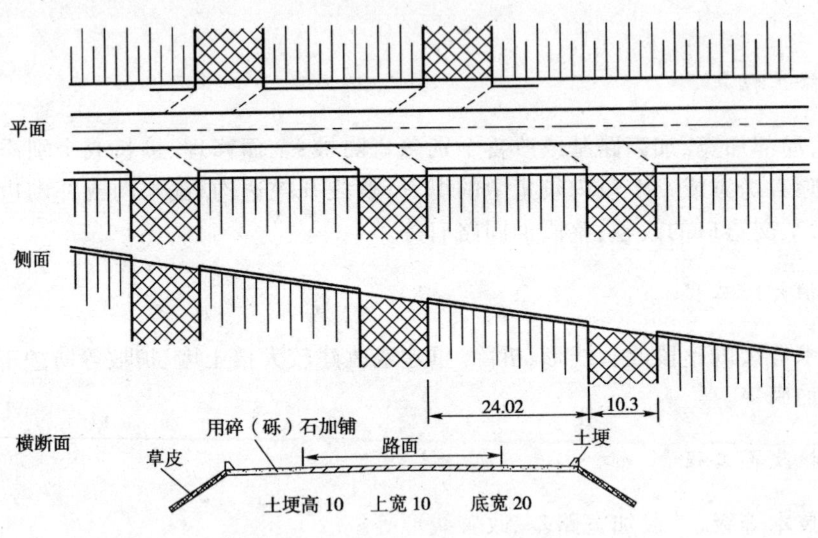

图 2-1 路肩截水明槽(尺寸单位:cm)

②在暴雨中,可沿路肩截水明槽下侧临时设置阻水埂,迫使雨水从草内排出,但雨后应立即铲除。中、低级路面的路肩上自然生长的草皮应予保留。植草皮应选择适宜于当地土壤的种子,成活后需加以维护和修整,使草高不超过 15cm,丛集的杂草应铲除重铺,以保持路容美观。如路肩草中淤积沙土过多妨碍排水时,应立即铲除,以恢复路肩应有的横坡度。使用除草剂消灭杂草时,应注意对沿线环境的影响。路肩外侧,易被洪水冲缺或牲畜踩踏形成缺口处,可以用石块、水泥混凝土预制块或草皮铺砌宽 20cm 左右的护肩带,既消除病害,又美化路容。

(7)路肩上严禁堆放任何杂物,对维护用材料,应在公路以外或相连路肩之外,根据地形情况，选择适宜地点设置堆料台，如图 2-2。堆料台的间距以 200～500m 为宜。堆料台长约 3～8m，宽 2m。桥头和平曲线内侧，陡坡路段不得堆料。

二、边坡的维护与加固

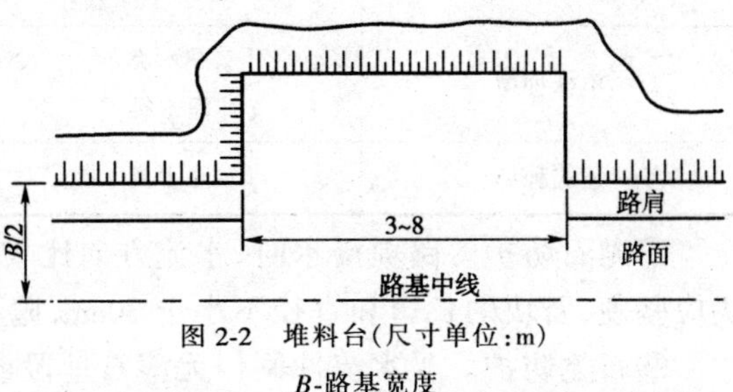

图 2-2　堆料台(尺寸单位：m)
B-路基宽度

在各种因素，例如风化作用(物理风化、化学风化、生物风化)和违反规定的行为(在路基坡脚、边坡、护坡道上挖土、取料或种植农作物等)的作用和影响下，常常会使自然山坡坡面或经过修建的护坡坡面上出现岩石风化、崩落等情况；边坡、碎落台、护坡道等出现缺口、冲沟、沉陷、塌落情况；或受洪水、边沟流水冲刷及浸水影响而引起破损等情况。为此必须通过维护工作，保持坡面平顺、坚实、无冲沟，其坡度符合设计规定，坡面整洁无裂缝，消除危岩、浮石，保持原有的稳定状态，应经常观察路堑，特别是深路堑边坡的稳定情况。其维护工程措施如下。

1.路堤、路堑边坡

一般采用种草、铺草皮的加固方法，不同土质的种草要求见表 2-1。

不同土质边坡用草皮加固　　　　表 2-1

土　类	边坡自路基边缘起的长度(m)		
	2 以下	2～8	8 以上
亚砂土及粉质砂土	密铺草皮		
粉质亚砂土 粉土 粉质亚粘土	种草	铺格式草皮及种草	密铺草皮
亚粘土及粘土		铺格式草皮及种草	铺格式草皮及种草

2.河岸、河滩路堤边坡

对河岸、河滩路堤边坡，若河面较宽，主流较固定，流速小，水流方向与路线方向接近平行，坡面仅受季节性的浸水或冲刷轻微，土质适于草类生长的，可采用种草、铺草皮加固。

(1)边坡坡度不陡于 1:1.5 的，为防止地表水侵蚀，可直接种草，也可在边坡上用草皮铺成方格，在方格中种草。

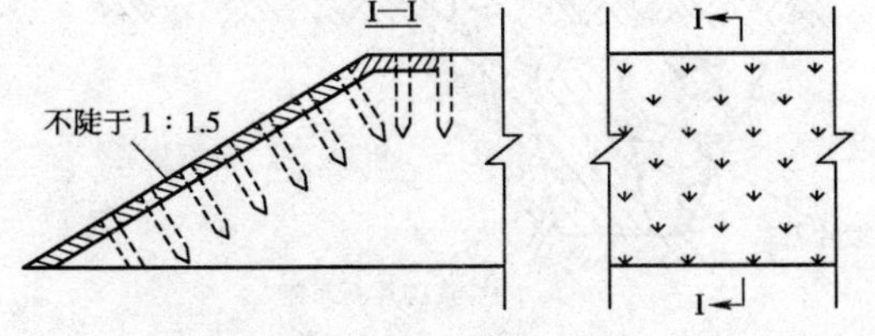

图 2-3　平铺草皮

(2)边坡坡度不陡于 1:1.5，路堤浸水时水流速度在 0.6m/s 以下，可在边坡上分别打入长 30～50cm 的小木桩，然后在坡面上平铺草皮，见图 2-3。

(3)植树加固。河岸、河滩路堤边坡宜采用植树加固。树种应选择适合当地的土质和气候、生长速度，根系发达、枝叶茂密的乔木及耐水浸的灌木，栽植间距参见表 2-2。

(4)当路堤边坡常年受水淹和风浪袭击、冲刷较严重、堤脚易被淘空时，应采取以下方法加固防护：

护坡林种植间距参考表 表 2-2

种植方法	树的种类	行距(m)	株距(m)
单株种植	乔木类	1.0～3.0	1.0～2.0
	灌木类	0.8～1.5	0.5～1.0
丛式种植	灌木类	0.8～1.5	0.5～1.0

①抛石防护。路堤浸水时，水流方向比较平顺，流速不大于 3m/s 时，可采用抛石护坡，石块应坚硬，石块的长边和直径不小于 30cm，抛石厚度不小于石块尺寸的两倍。

②石笼防护。受水流冲刷但无滚石地段或大石料缺少地区，可采用石笼防护。石笼可用竹木制作，根据水流情况可做成单层式或多层式，见图 2-4。石笼基底应平整，可用卵石、碎砾石垫平，将预先制作好的石笼安放就位，并用 $\phi6\sim\phi8$mm 的钢筋联结，打桩固定，然后装填大块石或卵石。

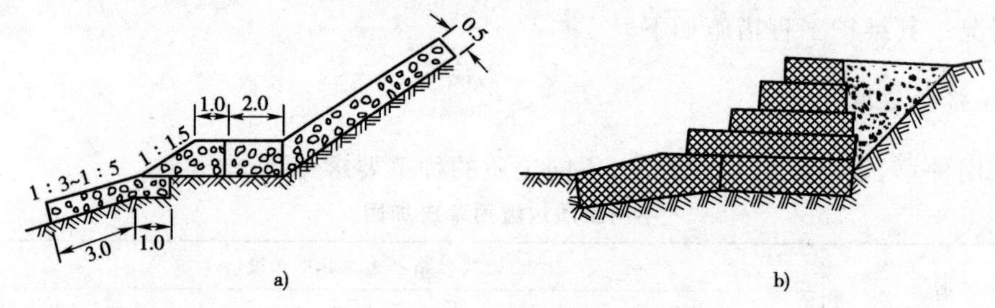

图 2-4 石笼护坡(尺寸单位：m)

a)单层石笼护坡；b)多层石笼护坡

③干砌片石护坡。河水流速在 2～4m/s，可采用砌片石护坡。其厚度不小于 25cm，并在护坡层下设置厚度不小于 15cm 的粗砂、碎砾石或卵石作为反滤层，见图 2-5。

④浆砌片石护坡。适用于河水流速 4～8m/s，或常水位淹没部位。护坡厚度不小于 35cm，下设厚度不小于 15cm 的粗砂、碎石或砂砾层，见图 2-6。

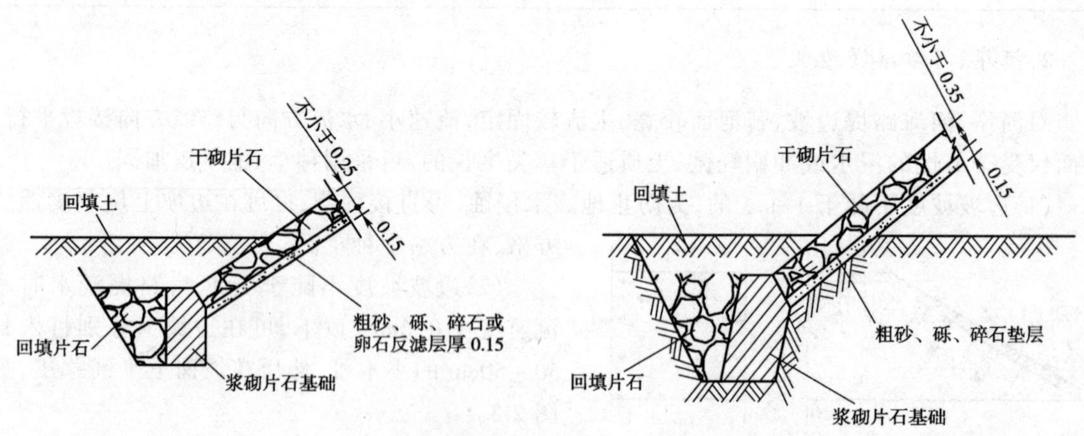

图 2-5 干砌片石护坡(尺寸单位：m)

图 2-6 浆砌片石护坡(尺寸单位：m)

⑤当水流冲刷严重或峡谷急流地段，可设置浆砌块石或混凝土浸水挡墙。其基础应埋置在冲刷线以下 1m，冰冻线以下 0.25m，基础前设冲刷防护设施，墙身设泄水孔。

(5)对经常有浮石滚落和土块坍落的路堑高边坡，若种草、植树效果不佳，应考虑干砌或浆砌护坡、挡墙；或将边坡开挖成台阶形并设置碎落台；也可采用铅丝、尼龙编织网或高强塑料网格，平铺于坡面上，并打入带弯钩钢筋或木桩固定。

(6)对于受季节性水浸的山区公路的路堤边坡，可用柴束加固。用铅丝或耐腐绳索将树枝捆扎成束，平铺于坡面，并用木杆横压，然后打入木桩固定。对加固后的边坡，应加强维护检查，发现损坏及时修理。

(7)抹面维护。易于风化的岩石(如页岩、泥岩、泥炭岩、千枚岩等软质岩层)路堑边坡，因常受侵蚀而剥落，在边坡稳定的情况下，可以采用抹面防护——用混合材料涂抹坡面，如炭炉渣混合灰浆、石灰炉渣、水泥石灰砂浆等。

(8)钢筋混凝土挂板。对于严重冲刷地段，可预制0.5～1.0m见方、厚0.2～0.4m的板。安放后，板与板之间用钢筋套钩互相勾连，以加强整体性，如图2-7。

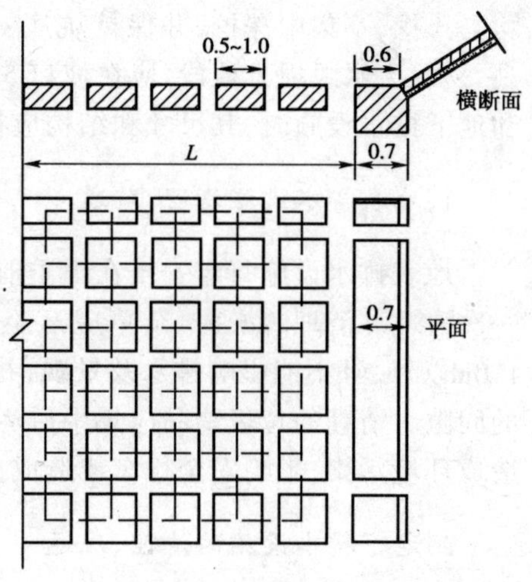

图2-7 钢筋混凝土挂板(尺寸单位：m)

三、排水设施的维护与加固

水是造成路基及沿线结构物的病害以至破坏的一项重要因素。

在春融前，特别是汛前、雨中，应全面对边沟、截水沟、排水沟以及暗沟(管)等排水设施进行疏通检查，保持水流畅通，防止雨水集中冲坏路基。暴雨后应重点检查，如有冲刷、损坏，须及时修理加固，如有堵塞应立即疏通。

土质边沟，应经常保持设计断面满足排水需要，并要特别注意排水口的设置和排水畅通。沟底应保持不小于0.5%的纵坡；平原地区排水困难地段，也不宜小于0.2%的纵坡。当边沟长度过长(一般地区不超过500m，多雨地区不超过300m)，应分段将水引出路外，或设置排水沟、涵洞等将水排出，不使水积聚在边沟内，影响路基稳定。对有可能被冲刷的土质边沟、截水沟、排水沟的加固，应结合地形、地质、纵坡、流速等实际情况，综合考虑加固，参照表2-3和表2-4。

排水沟渠加固类型选择参考　表2-3

型式	名　称	厚度(cm)	型式	名　称	厚度(cm)
简易	夯实沟底沟壁	2～3	干砌	干砌片石	15～25
	水泥砂浆抹平			干砌片石水泥砂浆抹平	15～25
	石灰三合土抹平	3～5	浆砌	浆砌片石	15～25
	粘土碎(砾)石加固	10～15		浆砌混凝土预制块	6～10
	石灰三合土碎(砾)石加固	10～15		砖砌	

边沟加固类型与纵坡关系　表2-4

纵坡(%)	<1	1～3	3～5	5～7	>7
加固类型	不加固	1.土质好，不加固 2.土质不好，简易加固	干砌	干砌或浆砌	浆砌

盲沟如发现沟口长草、堵塞，应进行清除和冲洗；如碎(砾)石淤塞失去排水作用时应翻修，并剔除其中较小颗粒的沙石，以保持空隙，便利排水；如位置不当，则应考虑另建。

公路养护用土应尽量在远离路基的荒山、高岗等处挖取。如在公路边设取土坑挖土时，应均匀浅挖，不集中深挖，并保持坑底一定的纵、横坡度，防止积水侵蚀路基。路基挖方边坡较高，易发生水毁坍方地段，应在坡口5m以外设置截水沟。当路基在养护过程中需要增设地面和地下排水设施时，其尺寸和结构应符合现行《公路路基施工技术规范》的有关规定。

1.地表排水设施清理、疏通

地表排水设施每年安排在雨季前全面清理一次，雨季后对堵塞、淤塞的地表排水设施进行一次清理。清理的淤泥、杂草应运至指定的地点堆放，如在水沟边缘堆放，应距离水沟边缘1.0m以外，且不能影响排水及景观，并保证四周码放整齐、表面平整，每隔1~2m留50~100cm的间隙。清理的垃圾物品应集中后运往指定的地点堆放，严禁抛撒或现场焚烧垃圾物品，以免造成环境污染、影响安全行车或造成火灾。

2.地下排水设施的清理、疏通

(1)地下排水设施的清理、疏通每年安排全面清理一次。

(2)清理、疏通地下排水设施时，对沟口的杂草进行清除，对沟口堵塞的，用水进行冲洗，或剔除较小颗粒的砂石，补充大颗粒碎(砾)石，以保持空隙，便利排水。

3.中央分隔带排水设施的清理、疏通

(1)应经常进行检查，雨季前应进行清理，雨季应加强巡查，如发现损坏，应及时进行修补。

(2)如排水不及时、位置设置不当，应根据情况进行改善或另行修建。

4.勾缝或抹面

(1)凿除原有的勾缝砂浆或抹面砂浆，用水冲洗干净，用M7.5号砂浆重新进行勾缝或抹面。

(2)水泥砂浆抹面时，应在原结构沉降缝或收缩缝对应的位置设置沉降缝或收缩缝，沉降缝或收缩缝用软木条或沥青麻絮填塞。

5.排水设施悬空处理

(1)排水设施由于冲刷、基础沉降等原因造成排水设施出现悬空，如不及时处理，会造成排水设施的损坏。

(2)处理时应先将冲刷面清理成规则断面，以便于机械或人工施工。如果悬空深度较高，应分段进行清理和回填，必要时采取临时支撑。

(3)清理完成后，用粘土分层回填夯实，沟底不能垂直夯实的部分，从侧面分层夯实。夯实时避免振动过大或直接对排水设施造成冲击。回填完成后，应使流水坡面与水沟连接平顺，排水顺畅，并及时补种、绿化以防止水土流失。

四、防护工程的维护与加固

1.挡土墙的维护

挡土墙是用来支撑天然边坡或人工填土边坡，以保持土体稳定的建筑物，是公路的重要组成部分，其技术状况的好坏对公路往往带来比较大的影响，除经常检查外，每年还应在春秋两季各进行一次定期检查。在北方冰冻严重地区尤应注意,主要检查挡土墙在冰冻融化后墙身及基础的变化情况。重车通过的异常情况下,应进行特殊检查,发现裂缝、倾斜、鼓肚、滑动、下沉、表面风化、泄水孔不通、墙后积水、地基错台或空隙等情况,应查明原因,并观察其发展情况,根据结构种类,针对损坏实情,采取合理的修理加固措施;对检查和修理加固情况,应作好工程启示,设档备查,其工程技术措施如下。

(1)圬工或混凝土砌块石挡墙的裂缝、断缝的处理。如已停止发展者,应立即进行修理、加固,其方法是将裂缝缝隙凿毛,用水泥砂浆填塞;对混凝土挡墙裂缝,可采用环氧树脂凝合。

(2)挡土墙倾斜、鼓肚或滑动、下沉的处理:

①锚固法。适用于水泥混凝土或钢筋混凝土挡墙。采用高强钢筋做锚杆,穿入预先钻好的孔之内,用水泥砂浆灌满,锚杆插入岩体部位,固定锚杆,待砂浆达到一定强度后,对锚杆进行张拉,然后用锚头固紧,见图 2-8。

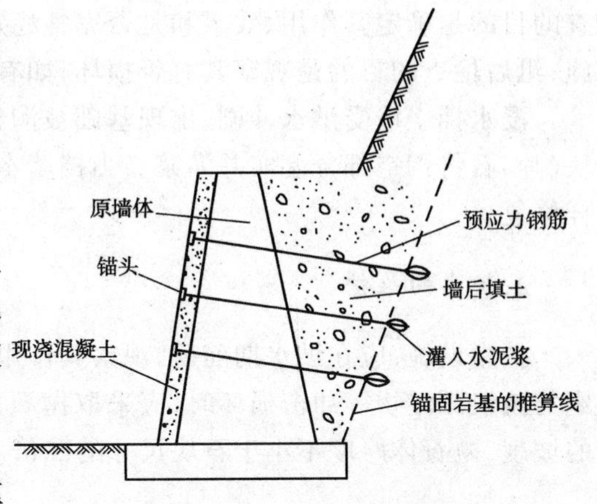

图 2-8　锚固法加固挡墙

②套墙加固法。在原墙外侧加宽基础,加厚墙身,见图 2-9。施工时,应挖除一部分墙后填土,减小压力,同时应注意新旧基础和墙身的结合。方法是凿毛旧基础和旧墙身,必要时设置钢筋锚栓或石榫,以增强联结。墙后回填土必须分层填筑并夯实。

③增建支撑加固法。在挡墙外侧,每隔一定的间距,增建支撑墙。支撑墙的基础埋置深度、尺寸和间距应通过计算确定,见图 2-10。

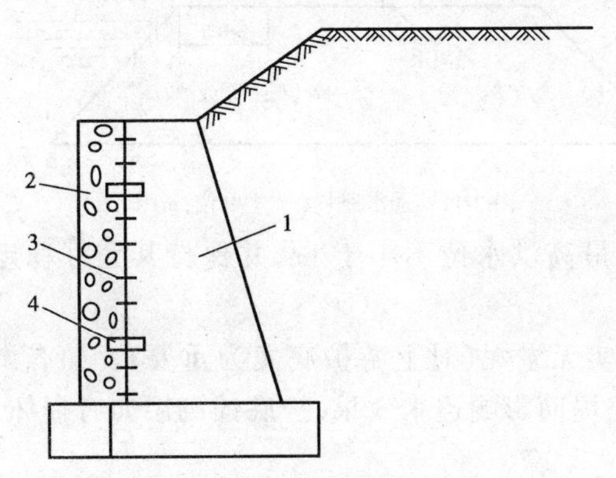

图 2-9　套墙加固

1-原挡墙;2-套墙;3-钢筋锚栓;4-联系石榫

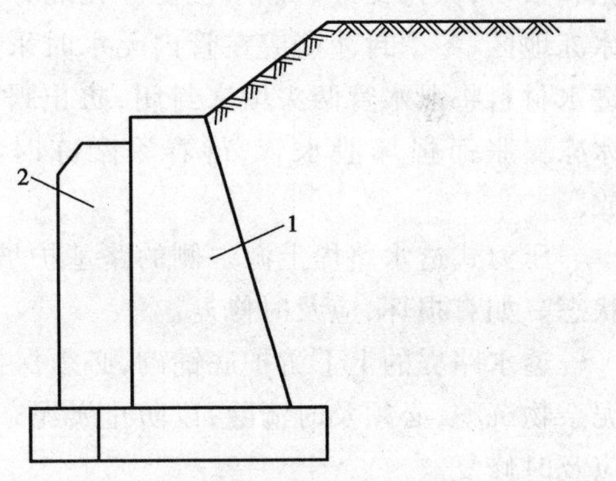

图 2-10　支撑墙

1-原挡墙;2-支撑墙

④原挡土墙损坏严重,采用以上加固方法不能达到设计强度要求时,则应考虑将损坏部分拆除重建。为防止不均匀沉降,新旧挡墙之间应设置沉降缝,并应注意新旧挡墙接头平顺。

(3)泄水孔如有堵塞,应设法疏通。如疏通工程艰巨或困难,应针对地下水情况,增设泄水孔,加做墙后排水设施,要严防降雨积水,引起土压力增加,造成土壤膨胀,将墙耳挤裂、挤倒。

(4)砖石、混凝土或钢筋混凝土挡土墙表面如出现风化剥落,应将风化表层凿除,喷涂水泥砂浆保护层。

(5)添建或接长挡墙,应与线路或原挡墙协调,对挡墙两端连接的边坡,若被水流冲成槽或缺口，应及时填补，夯实，恢复原状。

(6)锚杆及加筋土挡墙，应做好顶面和墙外的防水、排水。发现变形、倾斜或肋柱、挡板断裂，应采取抽换加固措施。对出露式的锚头螺母和垫板，要定期涂刷防锈漆以防锈蚀。如锚头系用砂浆或沥青麻絮包裹的，要注意是否紧密，发现脱落，应及时修补。

(7)浸水挡土墙，除平时经常检查其有否损坏外，应在洪水期前后详细观察、检查。汛前检查的目的是确定其作用、效果和是否完整稳定，能否承受洪水的袭击和应采取的防护、加固措施；汛后检查的目的是观察其有否损坏，如有损坏，应及时修理和加固。

浸水挡土墙受洪水冲刷，出现基础被淘空，但未危及挡土墙本身时，可采取抛石加固或用块(片)石将淘空部分塞实并灌浆。当挡墙本身出现损坏，如松动、下沉、倒塌、开裂等，应按原样修复。

2.护岸的维护

护岸设施，应在洪水期前后，观察其作用和效果，检查是否完整稳固。当护岸受到洪水冲刷与波浪漂浮物等冲击损坏时，应采取抛石加固措施，其方法是用坚硬的石料堆成1:1～1:2的坡度，抛石体厚度不小于石块尺寸的二倍。

3.透水路堤的维护

透水路堤的边坡，应保持稳定和完好，若有损坏，应及时按原样修复。透水路堤伸出路基坡脚以外部分应保持完好，并经常清理路基边坡碎落之泥土杂物，防止淤塞缝隙，影响透水，见图2-11。

设置于透水层内的泄水管，应经常清除淤泥和杂物，保持良好的泄水性能。在北方严重冰冻地区，冬季封冰前应在管内无水时采用不透水材料将泄水管两头堵塞封闭，防止因积水冰冻膨胀而损坏泄水管，待春季融冻时再开放。

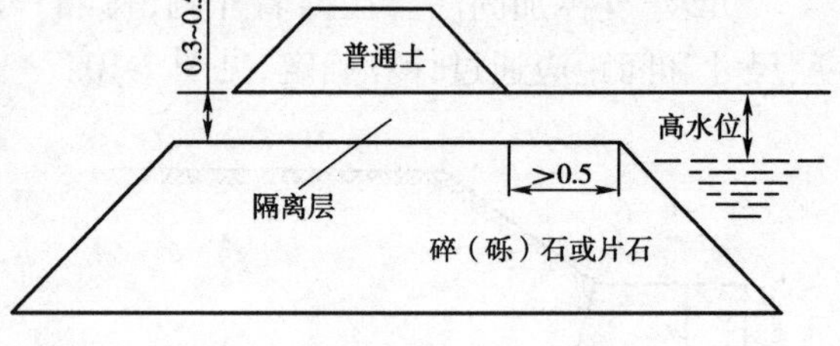

图2-11 透水路堤(尺寸单位:m)

压力式透水路堤上游一侧的路基护坡，应高出最高洪水位不小于1m，并保持其完好稳定状态。如有损坏，应及时修复。

透水路堤的上下游护底铺砌，必须保持平顺密实无淤泥(对上游护底尤为重要)。如有淤泥杂物沉积，必须及时清除，以防止淤泥杂物堵塞路堤而影响透水效果，护底铺砌层如有损坏，应及时修复。

透水路堤顶面与路基之间应设置厚30～50cm的隔离层，以防止毛细水上升而软化上部路基。如上部路基发软变形，说明隔离层失去作用，应及时进行修理。

透水路堤如失去透水作用，则应考虑改建为桥涵。

第三节 特殊地区的路基养护

一、盐渍土地区路基

在我国西北、东北的干旱气候地区及沿海平原地区分布大面积的盐渍土。当地表1m内含有容易溶解的盐类如 $NaCl$、$MgCl_2$、$CaCl_2$、Na_2SO_4、$MgSO_4$、Na_2CO_2、$NaHCO_3$(重碳酸钠)等超过0.3%时即属盐渍土。其含盐量通常是5%~20%,有的甚至高达60%~70%。由于土中含有易溶盐,土的物理、力学性质和筑路性质发生变化,引起许多路基病害。盐渍土在干旱季节和干旱地区,因盐类的胶结和吸湿、保湿作用,有利于路基稳定,但一旦受到雨水、冰雪融化的淋深,含水量急增,出现湿化坍塌、沉陷、路基发软,致使强度降低,丧失稳定,甚至失去承载力,导致路基容易出现下列病害:如道路泥泞,路基翻浆及冻胀病害加重;受水浸时,强度显著下降,发生沉陷;硫酸盐发生盐胀作用,使土体表面层结构破坏和疏松,以致产生路面被拱裂及路肩、边坡被剥蚀等。针对这些情况,主要采用下述措施:

(1)加密排水沟,排水沟底要保持0.5%~1%的纵坡;在低矮平坦排水困难的地段,应加宽、加深边沟,或在边沟外增设横向排水沟,其间距不宜大于500m,沟底应有向外倾斜2%~3%的横坡,如图2-12所示。

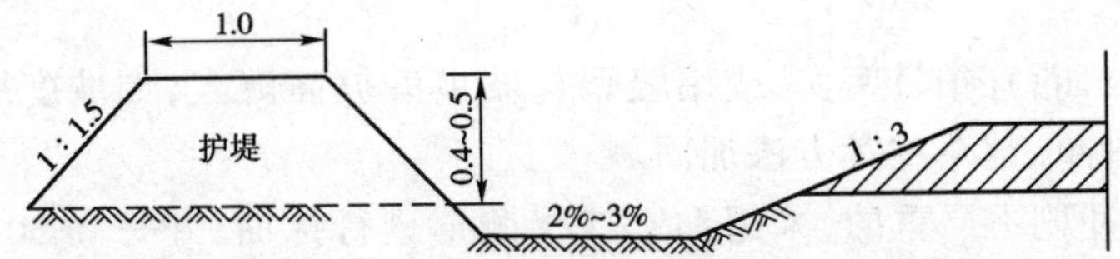

图2-12 加大排水沟及护堤(尺寸单位:m)

(2)对加深加宽边沟的弃土,可堆筑在边沟外缘,形成护堤,以保护路基不被水淹。

(3)在盐湖地区用盐晶块修筑的路基表面,原来没有覆盖层,或有而塌散了的,宜用砂土混合料进行覆盖和恢复。路肩出现车辙、坑凹、泥泞,应清除浮土,洒泼盐水湿粒,再填补碎盐晶块整平夯实,仍用砂、土混合料覆盖压实。

(4)秋冬季节或春融时期,路肩容易出现盐胀隆起,甚至翻浆,对隆起的应予铲去,使地面水及时排出。

(5)边坡经受雨水或化雪冲融后出现的沟槽、溶洞、松散等,可采用盐壳平铺或粘土掺砂砾铺土压密,防止疏松。

(6)为防止边坡水土流失,在坡脚处增设各侧宽2m的护坡道,护坡道高出常水位20cm以上。护坡道上可选择种植一些耐盐性的树木或草本植物如红杨、甘草、白茨之类,以增强边坡稳定,如图2-13。

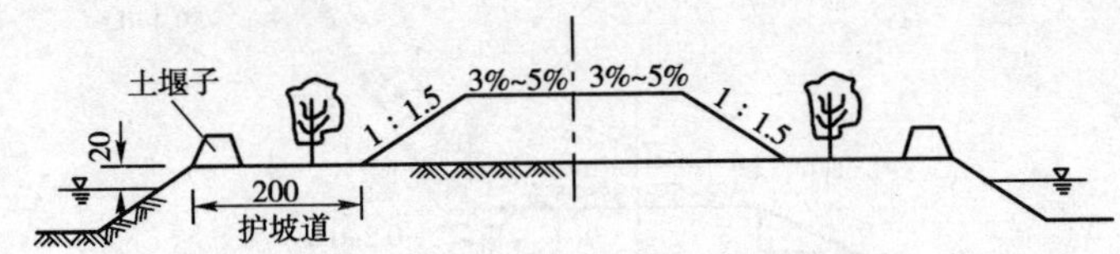

图2-13 设置护坡道并植树(尺寸单位:cm)

(7)在过盐地区,对较高等级的道路,为防止路肩吹蚀、泥泞以及防止水分从路肩部分下渗,而造成路面沉陷,其路肩可考虑采用下列加固措施:

①用粗粒渗水材料掺在当地土内封闭路肩表层;

②用沥青材料封闭路肩;

③就地取材,用15cm的盐壳加固。

(8)对硫酸盐渍土路基,为处治边坡疏松、风蚀和人畜踩跳而造成的破坏,可根据需要和可能采取把卵石、砾石、粘土或盐壳平铺在路堤边坡上等措施。

二、黄土地区路基

黄土主要分布在昆仑山、秦岭、山东半岛以北的干旱和半干旱地区，其中以黄土高原的黄土沉积最为典型。

1.常见病害

黄土具有疏松、湿陷、遇水崩解、膨胀等特性，故易出现以下病害：

(1)坡面在多次干湿循环后，出现裂缝、小块剥落、小型塌方、大小沟槽、陷穴；

(2)边沟被水冲深、蚀宽，使路肩、边坡脚受到破坏；

(3)边坡土体受积水浸泡后发生滑坍，或在地下水及地面水的综合作用下，形成泥流。

2.病害的治理

(1)对疏松的坡面，宜拍打密实，或用轻碾自坡顶沿坡面碾实，如坡度缓于1:1，雨量适宜草类生长的，可用种草、铺草皮等方法加固。

(2)雨量较小、冲刷不严重的，采用粘土掺拌铡草进行抹面，并每隔30～40cm，打入木楔，增强草泥与坡面的结合。

(3)雨雪量较大的地区，无论坡比大小，宜用石灰、黄土、细砂三合土或加炉渣的四合土进行抹面加固。

(4)对坡脚易受雨水冲刷或坡面剥落严重地段，按前述相应情况，进行修理加固。

(5)路基上出现的陷穴，首先要查清水的来源、水量、发展情况等，可采用灌砂、灌泥浆填塞或挖开填塞孔道后再回填夯实，设地下暗管、盲沟等。

(6)路肩上出现坑凹，宜用砂、土混合料，逐步改善表层，防止地表水侵蚀，产生凸凹不平。

(7)公路通过纵横向沟壑时，沟壑边坡疏松土层，应采用挖台阶办法清除，台阶宽度不小于1m，如图2-14。

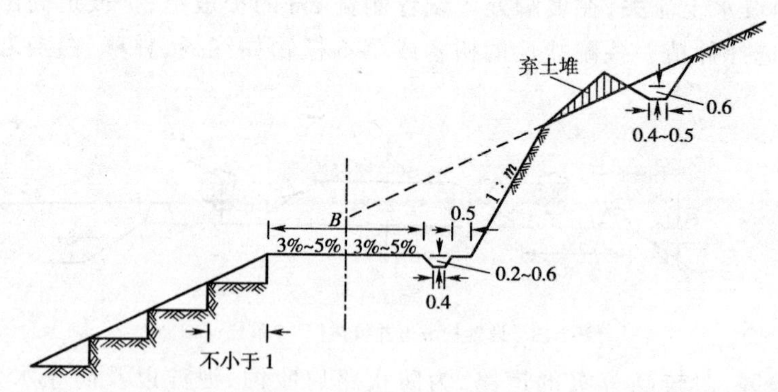

图2-14 边坡疏松土挖台阶(尺寸单位:m)

(8)因地表水侵蚀，路肩上出现坑凹，可采取下列措施：

①用砂、土混合料改善表层；

②路肩硬化采用无机结合稳定类半刚性基层、沥青表处面层或其他硬化结构。

路肩未硬化地段，为防止地表水渗入路底层中，应每隔20～30m设盲沟一处。盲沟口与边坡急流槽相接，盲沟与盲沟之间铺设土工布等防水层，见图2-15。

(9)在高路堤(大于12m)地段,为防止路基下沉,应在垫层下铺设土工布防水层,并必须设盲沟,路面宜采用水泥混凝土预制块铺砌。

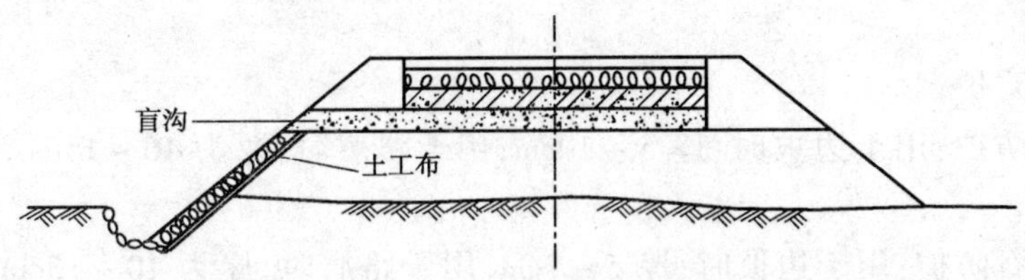

图 2-15 路肩未硬化,设置盲沟与铺土工布(尺寸单位:m)

(10)通过沟壑时,如未设置防护工程,应在上游一侧路基边坡底部先铺设土工布或其他隔水材料,然后贴着隔水层铺砌浆砌片石坡脚,铺砌高度高于水位20~50cm,见图2-16。

三、沙漠地区路基

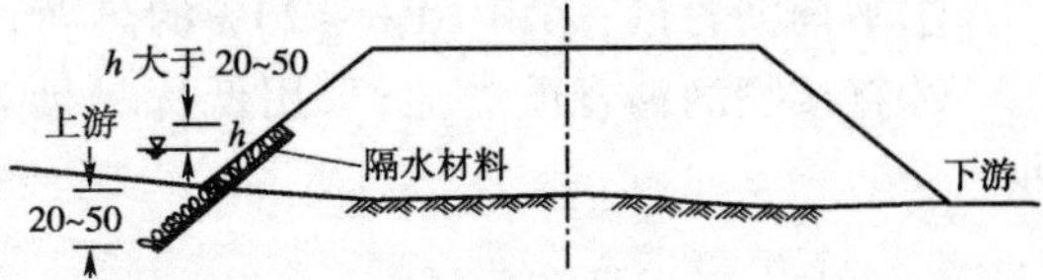

图 2-16 坡脚铺设土工布及片石铺砌(尺寸单位:cm)

我国沙漠地区主要分布在北方干旱、半干旱地区。沙漠地区筑路的基本方针是:"固、阻、输、导"等综合治理。由于气候比较干燥、雨量稀少、风沙大,地表植被均较稀疏、低矮,容易发生边坡或路肩被风蚀、整个路基被风沙掩埋等情况。沙漠地区路基的维护往往需要大量的防护材料。因此,在维护中要把备料工作做好。

1.沙漠路基病害的防治措施

(1)对路基两侧原有的沙障、石笼、风力防护堤、植被、防沙栅栏等一切防沙设施,如有被掩埋、倾倒、损坏和失效,应拔高、扶正或修理补充。

(2)对路基的砌石护坡或草格防沙设施,如有塌方破坏,应及时修理,保持完好状态。

(3)必须维护路基两侧现有植物的正常生长,并有计划地补植防沙树木和防护林。

(4)路基边坡上,出现的风蚀、空洞、坍缺应予填实,并加做护坡。

(5)路肩上严禁堆置任何材料或杂物,以免造成积沙。对公路上的积沙,应及时清除运到路基下风侧20m以外的地形开阔处摊撒平顺。

2.砂质路基的防护措施

(1)柴草类防护:

①层铺防护:采用麦草、稻草、芦苇、沙蒿、野麻或其他草类,将其基杆砍成30~50cm短节,从坡脚开始向上每层按5~10cm厚度层铺、灌沙、捣实。如采用沙蒿等带有根系的野生植物时,可将其根茎劈开,并使根篆向外,按上述方法进行层铺。沙蒿可用10年以上,其他多为3~5年,材料用量大。

②平铺植物束成笆块,采用各种枝条、芦苇、芨芨草等,扎成直径5~10cm的束把,或纺织成笆块,沿路基坡脚向上平铺,以桩钉固定,可用5~10年,材料用量大。

③平铺或叠铺草皮,以40cm×50cm为一块挖取草皮,其厚约10~15cm,沿路基坡脚向上错缝平铺或叠铺,一般可用3~5年,如能成活,可起永久稳固边坡作用。

(2)土类防护:

①粘土防护:采用塑性指数大于7的粘性土,用于边坡时,厚为5~10cm,用于路肩时,厚为10~15cm。为增加抗冲蚀强度和避免干裂,可掺10%~15%的砂或20%~30%的砾石(体

积比)。

②盐盖防护:可将盐盖打碎为5cm的碎块,予以平铺(松软的盐盖可直接平铺而形成硬壳)。

(3)砾、卵石防护:

①平铺卵石防护:用于边坡时,厚5~10cm;用于路肩时,厚为10~15cm,分平铺、整平、夯实几步进行。

②格状砾卵石防护:用于边坡时,厚5~7cm,用于路肩时,厚为10~15cm,先用10cm以上的卵石在边坡上做成1m×1m或2m×2m并与路肩边缘成45°角的方格,格内平铺粒径较小的砾石;路肩平铺砾石,应进行整平并夯(或拍)实。

(4)沥青防护:

①平铺沥青砂:采用10%~20%的热沥青与80%~90%的风积沙混合,直接平铺、拍实。

②直接喷洒沥青或渣油;采用低标号沥青、渣油,熬热后洒在边坡上,然后撒一薄层风积沙。

四、多年冻土地区

在我国的东北、西北及青藏高原的高寒地区,由于年平均气温在零摄氏度以下,地下形成一层能长期保持冻结状态的土,这种土叫多年冻土。低温地带的多年冻土往往含有大量水分,或夹有冰层,并有一些不良的物理地质现象。易引起的路基病害主要有:路堑边坡坍塌,路基底发生不均匀沉陷;或由于水分向路基上部积聚而引起冻胀、翻浆;路基底的冰丘、冰堆往往使路基鼓胀,引起路基、路面的开裂与变形,而溶解后又发生不均匀沉陷等。针对其病害的不同情况,可以采取以下措施:

(1)多年冻土地区的路基养护,应采取"保护冻土"的原则,做到"宜填不宜挖"。除满足不同地区、气候、水文、土壤等路基填筑的最小高度外,另加50cm保护层。路基填方高度不宜小于1m。

(2)养护材料尽量选用砂砾等非冻胀性材料,不应选用粘土、重粘土之类毛细作用强、冻胀性大的养护材料。

(3)加强排水,防止地表积水,保持路基干燥,减少水隔,做到最大限度地保护冻土。应完善路基侧向保护和纵横向排水系统,一切地表径流应分段截流,通过桥涵排出路基下方坡脚20m以外。路基坡脚20m以内不得破坏地貌,不得挖除原有草皮;取土坑应设在路基坡脚20m外;路基上侧20m处应开挖截水沟,防止雨雪水沿路基坡脚长流或向低处汇积,造成地表水下渗,路基下冻土层上限下降。疏浚边沟、排水沟时,应防止破坏冻层,导致冻土融化,产生边坡坍塌。

(4)受地形限制,路基填筑高度不够时,应铺筑保温隔离层。隔温材料可采用泥炭、炉渣、碎砖等,防止热融对冻土的破坏。

(5)防护构造物应选用耐融性材料。选用防水、干硬性砂浆和混凝土时,在冰冻深度范围,其强度等级应提高一级。

(6)涎流冰的治理宜采用的方法。将路基上侧的泉水、夹层和透水层的渗水,从保温暗沟(或导管)导流出路基外。如含水层下沿有不冻结的下层含水层,则可将上层水引入下层含水层中排出。具体做法是将泉水源头至路基挖成1m深沟,上面覆盖柴草保温材料,再修一小坝积水井(观察眼),路基下放导管(直径30cm),管的周围用保温材料包裹,防止结冰,避免冰丘的形成。

(7)提高溪旁路基的高度，使其高于涎流冰面60cm以上。因受地形或纵坡限制不能提高路基时，可在临水一侧路外筑堤埂或从中部凿开一道水沟，用树枝杂草覆盖加铺土保温，使水流沿水沟流动，避免溢流上路。如地形许可，可将溪流改至远离公路处通过。

在多年冻土区，可在公路上侧10～15m以外开挖与路线平行的深沟，以截断活动层泉在冬季使涎流冰聚集在公路较远处，保证公路不受涎流冰的影响。根据涎流冰的数量，在公路外侧修筑储冰池，使涎流冰不上公路。

五、泥沼及软土地基的防治

我国东北的大小兴安岭、长白山、三江平原、松辽平原等地及青藏高原和西北地区的湖盆洼地和高寒山地均分布有泥沼；在内陆湖塘盆地、江河湖海沿岸和山河洼地则分布有近代沉积的软土。泥沼、软土地带的路基，多因地面低洼、降水充足、地下水位高、含水饱和、透水性小、压缩性大、抗剪强度低，在填土荷载和行车荷载下，容易出现沉降、冰冻膨胀、弹簧、沉陷、滑动、基底向两侧挤出淤泥等病害。路基损坏的整治，应针对病害情况，采取下列措施。

(1)降低水位。当在路基两侧开挖沟渠的工程量不大时，可加深路堤两侧边沟，以降低水位，促进路基土渗透固结，达到稳固路基的效果。

(2)反压护道。当路堤下沉，两侧或路堤下坡一侧隆起时，可采取在路堤两侧或一侧填筑适当高度与宽度的护道，在护道重力作用下，使路堤两侧(或单侧)有被挤出隆起的趋势得以平衡，保证路堤稳定，见图2-17。

图2-17 用反压护道加固软土路堤

(3)换土。将病害处路堤下软土全部挖出，换填强度较高、渗透性较好的砂砾石、碎石，见图2-18。

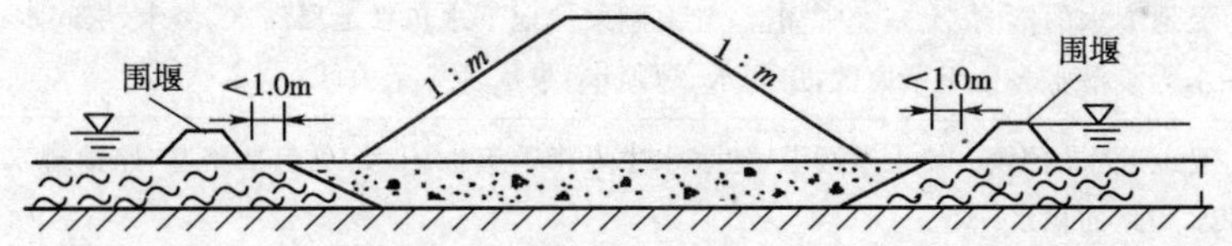

图2-18 换填砂砾石(碎石)

(4)抛石挤淤。抛石挤淤为强迫换土的一种形式，适用于软土液性指数大，层厚较薄，片石能沉达下卧层者。采用较大的片(块)石，直径一般不小于30cm。先将病害路段路堤挖到软土层，抛石自路堤中部开始，逐步向两侧展开，使淤泥挤出，在片(块)石抛至一定高度后(一般要露出淹没水面)，用压路机碾压，然后在其上铺设反滤层，再填土至路基原有高度，见图2-19。

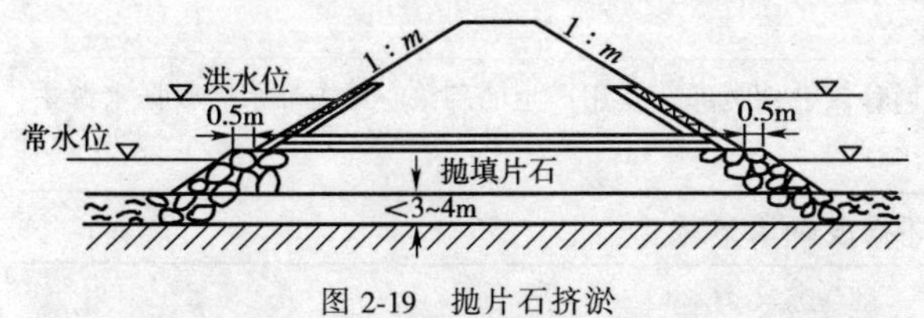

图2-19 抛片石挤淤

(5)侧向压缩。在路堤坡脚砌筑纵向结构，限制软土侧向挤出，可采用板桩、木排桩、钢筋混凝土桩、片石齿墙等，见图2-20。

(6)土工布法。土工布在高压下具有较大的孔隙率，透水性能好，有优越的垂直、水平排水能力，很高的抗拉强度及隔水作用，能提高路基整体强度，重新分布土基压力，增强路基稳定性。

(7)除以上方法外，还可采用砂石垫层、石灰桩、砂井(桩)、袋装砂井、塑料排水板以及土工织物(滤垫)等方法,以改善排水条件,稳定路基。路堤两侧边坡,宜栽植柳、枫、杨等亲水性好、根系发达的树木,以增强路基抵抗冲刷和侵蚀的能力。

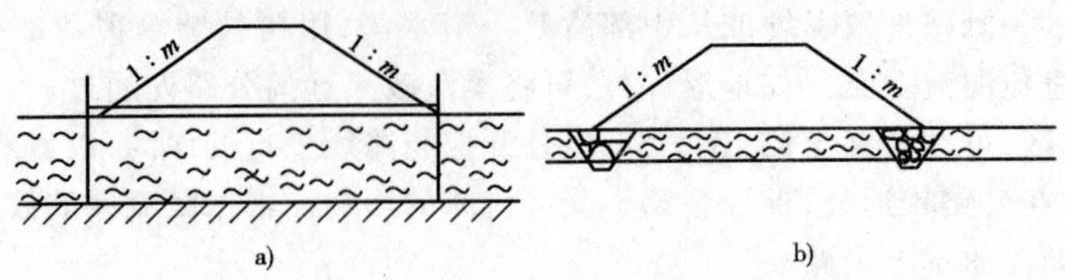

图 2-20 两种侧向压缩方法

第四节 几种常见路基病害及维护

一、路基翻浆

路基翻浆主要发生在季节性冰冻地区的春融时节,以及盐渍、沼泽、水网等地区。因地下水位高、排水不畅、路基土土质不良、含水过多,经行车反复作用,路基会出现弹簧(弹软)、裂缝、冒泥浆等现象,这就叫做路基翻浆。

1.路基翻浆的分类和分级

根据导致路基翻浆的水类来源不同,翻浆可分为 5 个类型,见表 2-5;根据翻浆高峰期路基、路面变形破坏程度,翻浆又可分为 3 个等级,见表 2-6。

根据水类来源不同翻浆分类 表 2-5

水类来源	翻浆类型
地下水类	受地下水的影响,土基经常潮湿,导致翻浆。地下水包括上层滞水、潜水、层间水、裂隙水、泉水、管道漏水等。潜水多见于平原区,层间水、裂隙水、泉水多见于山区
地表水类	受地表水的影响,使土基潮湿,地表水主要指季节性积水,也包括路基、路面排水不良而造成的路旁积水和路面积水
土体水类	因施工遇雨或用过湿的土填筑路堤,造成土基原始含水量过大,在负温度作用下使上部含水量显著增加导致翻浆
气态水类	在冬季强烈的温差作用下,土中水主要以气态形式向上运动,聚积于土基顶部和路面结构层内,导致翻浆
混合水类	受地下水、地表水、土体水或气态水等两种以上水类综合作用产生的翻浆。此类翻浆需根据水源主次定名

根据变形破坏程度翻浆分级 表 2-6

破坏程度	翻浆类型
轻	路面龟裂、湿润、车辆行驶时有轻微弹簧
中	大片裂纹、路面松散、局部鼓包、车辙较浅
重	严重变形、翻浆冒泥、车辙很深

2.路基翻浆的养护措施

当路面出现潮湿斑点,发生龟裂、鼓包、车辙等现象,表明路基已发软,翻浆已开始,此时应对其长度、起讫时间及气温变化、表面特征等进行详细的调查分析，作出记录，确定其治理方案，常采用以下养护措施防止翻浆加重。

(1)在路肩上开挖横沟，及时排除表面积水。横沟间距一般为 3 ~ 5m，沟宽 30 ~ 40cm，沟深至路面基层以下，高于边沟沟底。

(2)及时修补路面坑槽和路肩挖洼，保持路面和路肩平整，以利尽快排除表面积水。

(3)如条件许可，应控制重型车辆通过或令车辆绕道行驶。

(4)在交通量较小、重车通过不多的公路上，可用木料、树枝等做成柴排，铺于翻浆路段，再铺上碎石、砂土，维持通车。当翻浆停止，路基渐趋稳定，应及时拆除临时设施，恢复路基原状。

(5)砂桩防治。当路基出现翻浆迹象时，可在行车带部位开挖渗水井，随时将渗入井内的水掏出，边淘水、边加深，直至冰冻层以下；当渗水基本停止，即可填入粗砂或碎(砾)石，形成砂桩。砂桩可做成圆形或矩形，其大小以施工方便和施工时维持行车为度。一般其直径(或边长)为 30 ~ 50cm，桩距和根数可根据翻浆的严重程度而定，一般一个砂桩的影响面积为 5 ~ 10m^2。

当因各种原因造成了路基翻浆，应根据不同情况采取下列治理措施：

(1)因路基偏低、排水不良而引起的翻浆，若地形条件许可，可采用挖深边沟，降低水位的方法进行治理，或用透水性良好的土提高路基。

(2)路基土透水性不良、提高路基又困难时，可将路基上层 40 ~ 60cm 的土挖除，换填砂性土、碎(砾)石，压实后重铺路面。在翻浆严重路段应将翻浆部分软土全部挖除，填入水稳性良好的砂砾料并压实，然后重铺路面。

(3)设置透水性隔离层。其位置应在地下水位以上，一般在土基 50 ~ 80cm 深度处(在盐渍土地区的翻浆路段，其深度应同时考虑防止盐胀和次生盐渍化等要求)，用粗集料(碎石、砾石或粗砂)铺筑，厚度约 10 ~ 20cm，分别自路基中心向两侧做成 3% 的横坡。为避免泥土堵塞，隔离层的上下两面各铺 1 ~ 2cm 厚的苔藓、泥炭、草皮或土工布等其他透水性材料防淤层。连接路基边坡部位，应铺大块片石防止碎落。隔离层上部与路基边缘之高差 h 应不小于 50cm，底部高出边沟底 20 ~ 30cm，见图 2-21。

(4)设置不透水隔离层。在路面不透水的路基中，可设置不透水隔离层。设置深度与透水隔离层相同。当路基宽度较窄，隔离层可横跨全路基，称为贯通式，(见图 2-22a)；当路基较宽时，隔离层可铺至延出路面边缘外 50 ~ 80cm，称为不贯通式(见图 2-22b)。

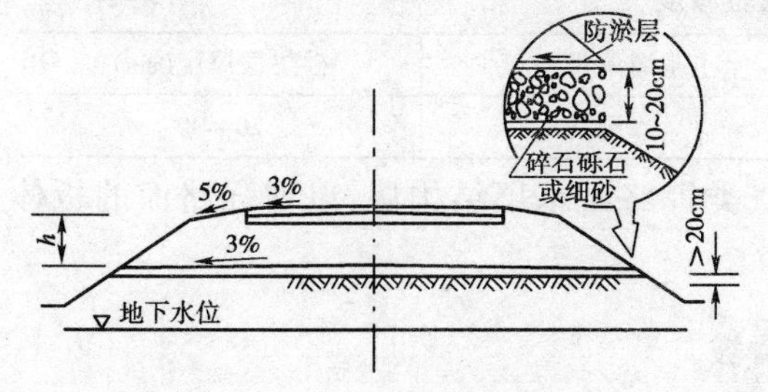

图 2-21　粗粒料透水性隔离层

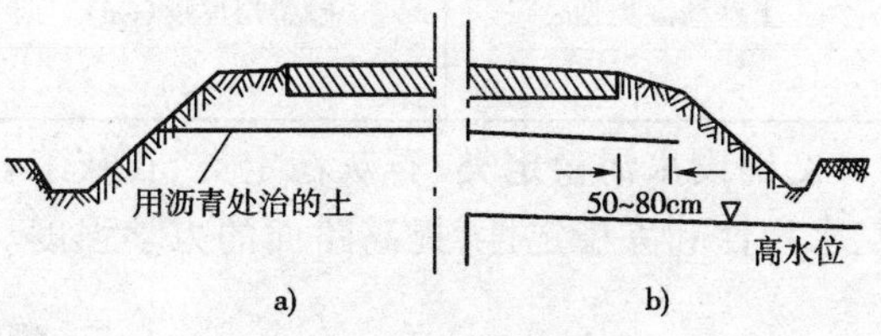

用沥青处治的土
50~80cm
高水位
a)
b)

图 2-22　不透水性隔离层

a)贯通式；b)不贯通式

不透水隔离层所用材料和厚度：

①沥青含量为 8% ~ 10% 的沥青土或 6% ~ 8% 的沥青砂，厚度 2.5 ~ 3.0cm。

②沥青直接喷洒，厚度 2 ~ 5mm。

③用油毛毡(一般为 2 ~ 3 层)或不易老化的特制塑料薄膜摊铺(盐渍土地区不可用塑料

薄膜)。

(5)为防止水的冻结和土的膨胀,可在路基中设置隔温层(一般为北方严重冰冻地区),以减少冰冻深度。厚度一般不小于15cm。隔温材料可用泥炭、炉渣、碎砖等,直接铺在路面下。宽度每边宽出路面边缘30~50cm。

(6)设置盲沟以降低地下水位,截断地下水潜流,使路基保持干燥。

①在路肩上设置横向盲沟,其位置应与路中心线垂直。当路基纵坡大于1%时,则与路中心线构成60°~75°的斜度(顺下坡方向)。两侧相互交错排列,间距为5~10m,深度20~40cm,宽40cm左右,填以透水性良好的砂砾等材料。横向盲沟出口按一般盲沟处理。盲沟往往容易淤塞,应经常观察其使用情况。

②当地下水潜流顺路基方向从路基外侧向路基流动,可在路基内设横向截水盲沟或在路基外设纵向沟,使其不侵入路基。盲沟的设置应与地下水含水层的流向成正交,并深入该层底部,以截断整个含水层,见图2-23。

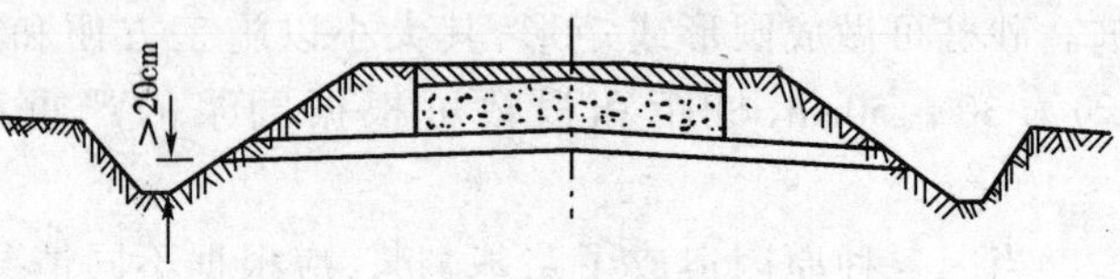

图2-23 横向盲沟布置图

③如因地下水位高,可在路基边沟底下设置纵向盲沟。其深度一般为1~2m,但应根据当地毛细作用高度的降低水位多少要求而定,见图2-24。

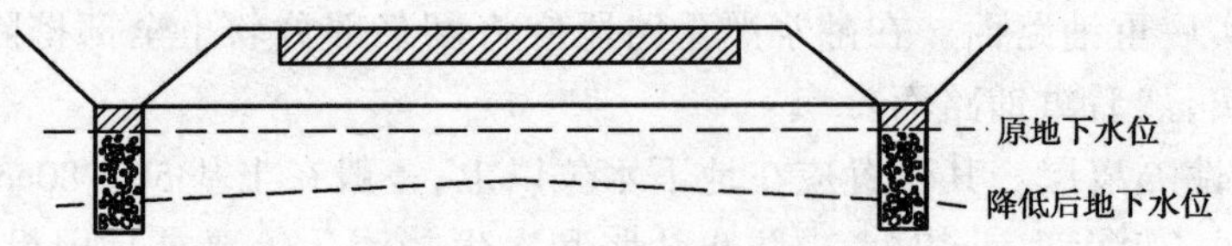

图2-24 路基两侧边沟下的盲沟

④盲沟应选择渗水良好的碎(砾)石填充。对较深的截水盲沟,则应按填充料颗粒的大小,分层填入(下大、上小);也可埋设带孔的泄水管。沟面用草皮反铺掩盖,覆以密实的结合料,以防止地面水渗入。

(7)改善路面结构:

①铺设砂(砾)垫层以隔断毛细水上升,增进融冰期蓄水、排水作用,减小冻结或融化时水的体积变化,减轻路面冻胀和融沉作用。砂垫层的铺设经验厚度见表2-7。

砂垫层的铺设经验厚度　　表2-7

土基潮湿类型	砂垫层厚度(cm)	土基潮湿类型	砂垫层厚度(cm)
中湿	15~20	潮湿	20~30

②铺设水泥稳定类、石灰稳定类、石灰工业废渣类等路面基层结构层,以增强路面的板体性、水稳性和冻稳定性,提高路面的力学强度。

二、坍方、滑坡

我国西南地区(云、贵、川、藏)是滑坡分布的主要地区,东南、中南的山岭、丘陵地区滑坡也比较多,西北黄土高原以及青藏高原和兴安岭的多年冻土地区,也都有滑坡分布。

坍方、滑坡成因很多,主要因水害而导致者较普遍。因此,重视导水、排水是防坍滑的主要措施。对易坍、易滑地段,每年必须在雨季前和雨季后进行仔细检查各一次,发现问题,针对原因采取相应的治理措施。

为防止地表水和潜流水流入坍体，应采取的措施如表 2-8 所示。

滑坡排水措施　　表 2-8

名　称	适用条件	布置及设计施工原则
环形截水沟	滑体外	截水沟应设在滑坡可能发展的边界 5m 以外，根据需要可设置数条。截段的地表水，向一侧或两侧的自然沟系排出。在坡度陡于 10% 的山坡上，采用陡坡排水槽来拦截山坡上方的坡面径流。沟槽断面以满足宣泄坡面径流为准，如土质渗水强，应采用粘性土、石灰三合土或浆砌片石铺砌防渗层
树枝状排水截水沟	滑体内	结合地形条件，充分利用自然沟系作为排水渠槽，汇集并旁引坡面径流于滑坡体外排出。排水沟布置应尽量避免横切滑体，主沟宜与滑移方向一致，支沟与主沟斜交 30°～45°。如土质疏松，可将土夯成沟形，上铺粘性土或石灰三合土加固。通过裂缝处，可采用搭叠式木质水槽或陶管、混凝土槽，以防山坡变形拉断水沟，使坡面水集中下渗
明沟与渗沟相配合的引水工程	滑体内的泉水或湿地	目的在于排除山坡上层滞水和疏干边坡土体含水。埋入地下部分类似集水渗沟，露出地面部分是排水明沟
平整夯实自然山坡坡面	滑体内	如山坡土质疏松，坡面水易于阻滞下渗，应对坡面整平夯实，填塞裂缝，防止坡面径流汇集下渗
绿化工程（植树、铺种草皮）	山坡滑体内	绿化工程是配合表面排水的一项有效措施，特别对渗水严重的粘土滑坡和浅层滑坡效果显著。在滑坡面种植灌木及阔叶果树，可疏平滑体水分，且根系起加固坡面土层的作用。铺种草皮可滞缓坡面径流流速，防止冲刷，减少下渗，避免坡面泥土淤塞沟槽

少量的坍方，要及时清除；大的坍塌，采用先抢通单车道维持通车，同时做好排水和安全行车。

对边坡裂缝，应用胶泥或砂浆填塞捣实，防止雨水渗入基体。

滑坍边坡上坍落的悬岩、危石，要严格注视其变化，对可能发生的崩塌，宜采取预先爆破或副坡的方法处理，以免危及行车和行人安全。

设置防治构造物，维持土体平衡。挡土墙尺寸应根据坍滑情况，经过计算确定。

打桩支持坍体滑坡，对于滑动显著而且厚度不大的，可在坍体滑坡的斜面上，用木桩或混凝土桩，穿过坍体，打入未移动的下层。桩间距离及打入深度，应按计算确定。

设置石笼挡土墙，可就地取材，利用毛竹、荆条、藤条等编成笼筐，内填片石或卵石，堆成挡土墙。笼与笼之间用铁丝联结，上下层用小木桩串联成整体，叠置时上层收进去 0.2～0.3m 或呈台阶状。

三、泥　石　流

泥石流是一种突然爆发性的含大量泥砂石块的洪流。其对路基的危害主要是通过堵塞、淤埋、冲刷、撞击等造成的，也可通过压缩、堵塞河路使水位壅升，淹没上游沿河路基，或者迫使主河槽改道，引起对岸的冲刷，造成间接水毁。我国泥石流主要分布在西南、西北及华北的山区，华南、台湾及海南岛等地区也有零星分布。

对泥石流病害应进行调查，通过访问、测绘、观测等获得第一手资料，掌握其活动规律。对泥石流可以采取以下措施进行防治：

(1)植树造林，封山育林。对流泥、流石的山坡，在春秋两季，应大量植树造林，铺植草皮，特别是在分水岭、山坡、洪积扇上及沟谷内。树木以生长快、根系多的柳树等为宜。铺草皮要先修整边坡，铺后要用木锤拍紧、拍平，使接缝紧密。但因草皮只能预防坡面冲刷、剥蚀，因此，对滑动没有停止的边坡，不宜种植。并应控制放牧，不允许在同一坡面上伐树采挖草皮，以防造成新的泥石流。

(2)平整山坡,填充沟缝,修筑梯阶、土埂,以控制水土流失,防止滑坡发展。

(3)修筑排水及支挡工程。修筑截水沟、边坡渗沟等排水工程,设置支撑挡墙,加固沟头、沟底、沟坡,稳定山坡。

(4)在地质条件好的上游,分级修建砌石或混凝土渣坝,以起到沉积、拦阻泥石的作用。坝址宜选在有充分停淤的沟谷狭窄处,基础要设置在可靠的地基上,沉积在坝后的泥石,要随时清除。

(5)小量的泥石流,应在路肩外缘设置碎落台或修建拦渣挡墙,并随时清除冲积的泥石。

(6)采用桥梁或涵洞跨越泥石流,但要考虑淤积的问题。

(7)采用明洞及隧道,一般用于路基通过堆积区,泥石流规模大、常发生、危害严重且采取其他措施有困难时的情况下。

(8)设置渡槽。

第五节　路基局部改善的要点

路基的局部改善一般是在维持通车的情况下进行的,应采取半幅施工、半幅通车交替进行。通车一侧应加强维护,其宽度应满足车辆通行要求,长度一般不宜超过1km。当交通量较大时,应加强施工路段道路交通管理。有条件时,可组织绕道通行或修筑临时便道通行。

(1)路堑加宽。开挖边坡必须自上而下进行,严禁放大炮,以利边坡稳定,并及时清理土石,以利车辆通行。

(2)路堤加宽。应将原边坡的草皮、杂物清除,挖成台阶,分层填筑压实,使新老土结合良好。分层厚度和应达到的密实度应符合现行《公路路基施工技术规范》(JTJ 033—95)的有关规定。

(3)调整纵坡又加宽路基,宜分别进行。当路堑降坡时,先将加宽部分边坡挖至与原路基同高,然后按半幅施工方法(下同)将原路基和加宽部分一起挖至设计高程;当路堑升坡时,先将加宽部分边坡挖至新设计高程,利用挖方将原路基填筑升坡至设计高程。当路堤降坡时,利用降坡挖方同时加宽路基;当路堤升坡时,应先将加宽部分填至与原路基同高,然后同时填筑原路基和加宽部分至新设计高程。

(4)在半填半挖路基上方,开挖边坡抛出的土石,应防止将外侧路肩打塌形成缺口。如有损坏,应及时修复,以避免阻碍行车。

(5)改善山嘴急弯或视距不良路段,应根据路线技术等级、地形条件,经过技术经济比较,可分别采用增大平曲线半径和视距、局部改线以路堑或短隧道穿越。

(6)沿河、沿沟、穿越农田及峡谷路段,应防止废方填塞河沟或过多占用农田,可与修筑挡土墙拓宽路基的方案进行技术经济比较。

思考题

1.高等级公路路基维护工作的内容与要求是什么?

2.高等级公路路肩维护的工作内容是什么?

3.高等级公路路基排水设施维护与加固的措施有哪些?

4.路基翻浆的原因及维护措施有哪些?

第三章

路面的维护

第一节　概　述

一、路面维护的目的和原则

1.路面维护的目的

路面维护是公路维护工作的中心环节,是维护质量考核的首要对象。路面是公路的重要组成部分,是在路基上铺筑成一定厚度的结构层,它直接承受交通荷载的作用,受气候、水文等自然因素的影响而损坏。尤其近几年来,随着国民经济的高速发展,道路交通量日益增大,车辆载重向大型化发展迅速,使公路路面面临严重考验,许多高等级公路路面建成通车不久,由于不适应交通快速发展的需要,发生了较为严重的早期破损现象。路面的破损对车辆的行驶速度、载荷能力、燃料消耗、机械磨损、行车舒适性,以及对交通安全、环境保护等都会造成较大的影响。因此,路面的维护就成为保证其服务质量和使用寿命的重要手段,对路面进行预防性、经常性的保养和修理,使其保持平整完好、横坡适度、排水畅通、具有足够的强度和抗滑性能;并有计划地对其进行改善,以提高技术状况,使行车安全、顺畅。

2.路面维护的原则

(1)路面维护应坚持“预防为主、防治结合、全面维护、综合治理”的原则,以经常性、预防性维护为主,认真做好路面的检查工作,及时处理各种病害,保持和提高路面的使用功能。

(2)路面维护实行计划管理。制订维护计划时应考虑到当地的气候特点、病害情况、发展状况、影响程度等,按照先重点、后一般的原则,对危及高等级公路通行安全及对沿线设施会造成严重损坏的应优先考虑。

(3)做好路面灾害应急抢修工作。对自然灾害造成路面的损坏及时进行抢修、疏通,尽可能减小损失、防止灾害扩大,保障高等级公路畅通。

(4)积极推行公路维护新材料、新技术、新工艺的应用。采用机械化维护有利于提高维护效率,保证维护质量。

(5)路面维护必须贯彻安全第一,做好安全生产,文明施工,保护环境。

二、路面维护的要求和主要内容

1.路面维护的要求

路面保养、修理和改善应符合下列要求。

(1)日常维护要做到：

①建立路面巡视检查制度，配备日常的检测仪器，建立完善的信息网络，及时、准确地掌握路面状况及信息。科学、客观地评定路面状况，有依据、有计划、有针对性地安排维护项目。

②树立高度的服务意识和安全意识，在路面养护作业中，应满足正常行车的需要，尽量避免完全封闭交通。

③严格按照有关技术规范和标准进行养护作业。高等级公路应采取机械化养护作业方式，迅速、优质、高效地处理各类路面损害和障碍，确保运行质量。

④不断探索和应用新材料、新设备、新技术、新工艺，提高维护作业的时效性、机动性、安全性和可靠性。

⑤路面的日常维护应根据实际需要配置适用的机具，做好适当的材料储备，并建立可靠的维护材料供应网络，以确保路面维护作业正常进行。

⑥每天应记录天气情况。在多风、多雨、多雾、多雪、多冰冻季节，应随时注意天气的变化。必要时应与当地的气象台、站取得并保持联系，随时获得最新气象信息，以便及时采取相应措施。

(2)沥青路面、水泥混凝土路面上出现的各类病害，必须及时、快速处理。当发现有危及行车安全的病害时，应立即修复或采取临时修复措施，并按有关规定安排修复。

(3)通过对路面的保养和修理，保持和提高路面的平整度和抗滑能力，确保路面安全、舒适的行驶性能。

(4)通过对路面的修理和改善，保持和提高路面的强度，确保路面的耐久性。

(5)防止因路面损坏和维护操作污染沿线环境。

2.路面维护的主要内容

路面维护是通过对路面各部分的日常检查、雨季前后检查、恶劣气候、灾害情况下的应急检查和定期检查，发现路面存在的病害及可能引起路面出现病害的因素，采取正确有效的预防、抢修、维修及加固措施，保证路面处于良好的技术状态及使用状态。路面维护的主要内容包括：

(1)清扫路面、路肩上的杂物和泥土。当设有中间带、变速车道、爬坡车道、应急停车道时，其上的泥土和杂物也应清扫干净。

(2)路面(包括路肩、中央分隔带)排水设施，应经常检查和疏通，防止积水，以保护路面不受地面水和地下水的损害。

(3)路面各种标线、导向箭头及文字标记，应及时清洗和恢复，经常保持各种标线、标志完整无缺，清晰醒目。凸起路标无损坏、松动和缺损，并保持其反射性能。

(4)对于路面、路肩和路缘石等的局部损坏，应查清原因，采取合适的材料和相应的措施进行修复，以保持路面具备所要求的使用状态。

(5)按规范对路面检查评定并确定维护对策；对于路面的较大损坏，应安排大、中修或专项工程，进行维修和整洁，局部路段路面损坏严重的，应予以翻修，以达到设施标准，整个路段路面平整度、抗滑能力不足的，可采用罩面、铺筑加铺层，以恢复其表面功能。

(6)对于承载能力不足或不符合交通发展要求的路面，可根据不同情况进行加铺、加宽，以提高承载能力和通行能力。

三、路面维护工程分类

由于高等级公路交通量大，运行车速高，为确保高等级公路的交通舒适、快捷、安全、畅通，应对高等级公路做好维护工作。按照维护性质及规模，高等级公路路面维护工作分为维修保养、专项工程和大修工程，各项内容见表3-1。

高速公路路面维护工程分类　　表3-1

维修保养内容	专项工程内容	大修工程内容
1.清除路面上的一切杂物 2.排除积水、积雪、积冰、铺防滑、防冻材料 3.水泥混凝土路面接缝的正常维护 4.处理沥青路面和水泥混凝土路面的局部、轻微病害 5.日常巡视与定期调查	1.处理路面严重病害 2.沥青路面整段罩面 3.处理桥头跳车	1.周期性或预防性的整段路面改善工程 2.黑色路面整段加铺面层 3.水泥混凝土路面板整块更换或改善 4.重大自然灾害造成的路面损坏的修复

第二节　沥青混凝土路面的维护

一、路面的小修保养

沥青路面是以道路石油沥青、煤沥青、液体石油沥青、乳化石油沥青、各种改性沥青等为结合料，粘结各种矿料修筑的路面结构。沥青面层的主要类型有沥青表面处治、沥青贯入式、热拌沥青混合料和乳化沥青碎石混合料路面。沥青路面应加强经常性、预防性小修保养，对局部的、轻微的初始破损必须及时进行修理。通常把清扫、保修、处理泛油、拥包、裂缝、松散等病害称作保养作业；修补坑槽、沉陷，处理波浪、啃边等病害作为小修作业。小修、保养是保持路面使用质量、延长使用周期的重要技术措施，具体来说可分为：初期保养、日常保养和预防性季节保养。

1.初期保养

(1)热拌沥青混合料路面的初期保养：

①热拌沥青混合料面层，必须充分压实，待摊铺层完全自然冷却、混合料表面温度低于50℃后方可开放交通。

②纵、横向的施工接缝是路面薄弱点，尤应加强初期维护，铲高补低，烙平压实，消灭缝空隙，保持平整密实。

(2)沥青贯入式路面的初期保养：

①开放交通初期，应控制车速不超过20km/h，直至路面完全成型。

②应设专人指挥交通或设锥形交通路标，按先边、后中控制车辆行驶，达到全面碾压密实。

③应随时将行车驱散的嵌缝料回扫、布匀、压实，以形成平整密实的上封层。如有泛油现象，应在泛油处补撒与最后一层石料规格相同的嵌缝料，并仔细扫匀；过多的浮动石料应扫出路面或回收，以免搓动已经就位的集料；如有其他破损，应及时进行修补。

④撒初期维护料时，应顺行车方向少撒、勤撒、薄撒、匀撒；撒料宜在当天最高气温时进行，同时控制行车碾压。

(3)沥青表面处治路面的初期保养：

①层铺法施工的沥青表面处治路面的初期保养与贯入式路面的要求基本相同，因表面处治路面较薄，更应加强初期维修。

②拌和法施工的沥青表面处治路面的初期保养与热拌沥青混合料路面的要求基本相同，

更应重视早期病害的及时修理。

(4)乳化沥青路面的初期保养:

对于乳化沥青贯入式路面、乳化沥青碎石混合料路面,由于其初期稳定性差,压实后的路面应做好初期保养,设专人管理,封闭交通2~6h;在未破乳成型的路段上,严禁一切车辆、人、畜通过;开放交通初期,应控制车速不超过20km/h,并不得制动和调头。当有损坏时,应及时修理。

2.日常保养

(1)加强路况巡查,及时发现病害,研究病害分析产生原因,并有针对性地及时对病害维修处理。

①巡查过程中,发现路面上有杂物,要及时清扫,保持路面清洁。

②沥青路面的日常清扫,应根据公路等级,采用机械或人工的方法进行清扫。

③沥青路面的清扫作业频率,应根据路面污染程度,交通量的大小及其组成,气候及环境条件等因素而定。长大隧道内、桥梁上沥青路面的清扫频率应适当增大。

④为了防止清扫路面时产生扬尘而污染环境,危及行车安全,机械清扫时若缺少洒水装置,应适当配备洒水装置,并根据路面的扬尘程度,确定适当的洒水量。

(2)严禁履带车和铁轮车在沥青路面上直接行驶,如必须行驶,应采取相应措施后才能行驶。

(3)雨后对路面积水的地方要及时扫除,以免下渗,破坏路面。

(4)排水设施的维护:

①排水设施分为地面排水设施和地下排水设施。地面排水设施通常有边沟、泄水槽、截水沟、排水沟、跌水及急流槽、拦水坝等;地下排水设施有盲沟、暗沟、渗水沟、渗井、雨涵水管等。

②无论是地面排水设施还是地下排水设施,在春融前,特别是汛前,应全面检查、疏通。雨天必须上路巡查,及时排除堵塞并疏通。防止水流直接冲刷路基、路面及路肩。暴雨过后应重点检查,如有冲刷、损坏,应及时修补。

(5)除雪防滑:

①每次降雪之后,都要由人工、机械及时清除路面积雪。

②在冬季降雪或下雨后,路面上有结冰现象时,应在桥面、陡坡、急弯、桥头引道撒一层砂等防滑料,以增大路面摩擦系数,在环保允许情况下,下雪时也可以采用撒布药剂(氯化钙、氯化钠等),以降低冻结温度,达到行车安全的目的。

(6)边坡维护:

①路基边坡的坡面应保持平顺、坚实无冲沟,其坡度应符合规定。应经常观察路堑,特别是深路堑边坡的稳定情况,如发现有危岩、浮石等,应及时清除,避免危及行车、行人安全和堵塞边沟。当土路堑边坡出现冲沟时,应及时用粘土填塞捣实;如出现潜流涌水,可开集水沟,将水引向路基以外。

②填土路堤边坡因雨水冲刷,易出现冲沟和缺口,应及时用粘结良好的土修补拍实。对较大的冲沟和缺口,修理时应将原边坡开挖成台阶形,然后分层填筑夯实,并注意与原坡面衔接平顺,并增加植物防护。

③边坡、碎落台、护坡道、沿河路堤等,易出现缺口、冲沟、沉陷、塌落滑坡或受洪水、河流、边沟流水冲刷及浸淹时,应根据水流、地质、边坡坡度等情况,选用种草、铺草皮、栽灌木丛、投

放石笼、干砌或浆砌片石护坡等措施。

3.预防性季节保养

沥青路面对气温比较敏感，应根据各地不同季节的气候特点、水和温度变化规律，按照“预防为主、防治结合”的原则，结合成功经验，针对季节性病害根源，因地制宜，采取有效的技术措施，做好预防性保养和修理。

(1)春季。应做好沥青路面温缩裂缝和其他裂缝的灌、封修理，并及时快速修补坑槽、松散和翻浆等病害。

(2)夏季。气温较高，是沥青路面维护工程施工的有利季节，应抓住高温期处治泛油、铲除拥包、波浪，及时修复冬寒春雨期临时修补的破损，恢复路面使用质量。

(3)秋季。由高温逐步降温，东南沿海地区易遭台风暴雨袭击，东北、西北地区将受北方冷空气活动影响，沥青路面修理必须密切注意天气预报，抓紧完成维护工程年度计划项目，适时做好冬季病害的预防性保养修理，如裂缝灌封修理、冻胀松脆的防治、及时修补坑槽和乳化沥青稀浆封层等。

(4)冬季。继续做好冬季病害的防治，做好防雪、防冰、防滑、疏阻、抢险及养路材料采备等工作。

二、路面常见病害的原因及其处治方法

1.裂缝

路面裂缝是路面早期破损最常见的病害之一，它的危害在于从裂缝中不断进入水分使基层甚至路基软化，导致路面承载能力下降，加速路面破坏。沥青路面产生裂缝的原因及其表现形式是很复杂的，按其成因可分为荷载型裂缝和非荷载型裂缝两大类；按其形式可分为纵向裂缝、横向裂缝、龟裂、网裂等几种。形成的原因不同，裂缝的分布形式也不一样。

(1)产生的原因：

纵向裂缝产生的主要原因，一是填土压实不够，特别是路基拓宽时新老土基压实度不匀产生的不均匀沉陷；二是因冻胀作用时的冻胀量不同所造成的；三是沥青混合料施工时接缝处理不当或碾压不够紧密，在重复行车作用下所形成。

横向裂缝产生的主要原因，一是由于路面设计不当和施工质量低劣；二是由于车辆严重超载，致使沥青面层或半刚性基层产生的拉应力超过其疲劳强度而形成裂缝；三是由于半刚性基层温缩和干缩引起的反射裂缝延伸而形成。

龟裂网裂产生的主要原因是由于路基或路面整体强度不足，沥青路面老化变脆，基层软化，稳定性不良等引起的。

(2)处治方法：

由于路面基层温缩、干缩引起的纵、横向裂缝，缝宽小于6mm的，宜将缝隙刷扫干净，用压缩空气(气压4~6MPa)吹去尘土后，采用热沥青或乳化沥青灌缝撒料法封堵；缝宽大于6mm的，剔除缝内杂物和松动的缝隙边缘，或沿裂缝开槽，再用压缩空气吹净，采用砂粒式或细粒式热拌沥青混合料填充、捣实，并用烙铁封口，随即撒砂、扫匀；也可用乳化沥青混合料填封。

对于轻微的裂缝，在高温季节可采用喷洒沥青撒料压入法修理，或进行小面积封层；在低温、潮湿季节宜采用阳离子乳化沥青封层或采用相应级配的乳化沥青稀浆封层。

因土基、路面基层的病害或强度不足引起的裂缝类破损，首先应处理土基或基层，然后再修复路面。

因路面用沥青性能不好或使用寿命较长，产生较大面积的裂缝，但强度尚好时，通过技术经济比较，可选用下列修理方法：

①乳化沥青稀浆封层，封层厚度宜为3～6mm；

②加铺沥青混合料上封层，或先铺设土工布后，再在其上加铺沥青混合料上封层；

③橡胶沥青薄层罩面。

2.麻面

(1)产生的原因：

面层沥青用量不足，矿料级配偏粗或嵌缝料规格不当，以及在低温、雨季施工时路面未能成型，致使粒料脱落，即形成麻面。如处理不及时，往往由于麻面渗水，沥青面层碎裂，可发展成为松散。

(2)处治方法：

对于大面积的麻面路段，可在气温上升（10℃以上）时将其清扫干净，重做喷油封层，洒布沥青0.8～1.0kg/m^{2}后，撒3～5(8)mm石屑或粗砂（5～8m^3/1000m^2），并用轻型压路机压实；如在低温潮湿季节可采用乳化沥青碎石混合料修理；小面积麻面可采用乳化沥青封层修理。

3.松散

(1)产生的原因：

松散多发生在沥青路面使用的初期，其原因是使用的沥青稠度偏低，用量偏少，与矿料的粘附力不足；或沥青加热过高失去粘性；或所用矿料过湿、铺撒不匀以及嵌缝料不合规格而未能被沥青牢固粘结所致。基层或土基湿软变形，也可导致松散产生。

(2)处治方法：

由于面层引起的大面积松散，可将松散材料清除，然后重铺沥青面层；轻微的可采用封面的方法处治。

由于基层或土基松软变形而引起的松散，应先处理基层或土基的病害，而后重做路面。

由于油温过高，粘结料老化而造成的松散，应挖除重铺。

如因采用酸性石料与沥青粘附性差造成的松散，则应在沥青中掺加抗剥落剂、增粘剂或用干燥的生石灰、消石灰粉、水泥作为填料的一部分，或用石灰浆处理粗集料等抗剥离措施，改善沥青矿料的粘附力，提高沥青混合料的水稳性。

4.拥包

(1)产生的原因：

拥包产生的原因，一是由于施工操作不慎，沥青洒漏而成；二是面层沥青用量过多；三是基层强度不足，水稳性不良等。

(2)处治方法：

属于施工操作不慎将沥青漏洒在路面上形成的拥包，将拥包除去即可。

已趋于稳定的轻微拥包，应将拥包用机械刨削或人工挖除。如果除去拥包后，路表不够平整，应予以处治。

因面层沥青用量过多或细料集中而产生较严重拥包，或路面连续多次出现拥包且面积较大，但路面基层仍属稳定，则应用机械或人工将拥包全部除去，并低于路表面约10mm。扫尽碎屑、杂物及粉尘后用热沥青混合料重做面层。

因基层局部含水量过大，使面层与基层间结合不良而被推移变形造成的拥包，应把拥包连同面层挖除，将水分晾晒干，或用水稳性较好的材料更换已变形的基层，再重做面层。

因基层局部强度不足或水稳定性不好，使基层松软而导致的拥包，应将面层和基层完全挖除。如土基中含有淤泥，还应将淤泥彻底挖除，换填新材料并夯实。在地下水位较高的潮湿路段，应采取措施引出地下水并在基层下面加铺一层水稳定性较好的材料，最后重做面层。

5.泛油

(1)产生的原因：

泛油是指沥青路面的表面基本上被一薄层沥青覆盖，未见或很少看到集料，路表光滑，容易引起行车滑溜等交通事故。泛油多是由沥青面层的沥青用量过大、稠度太低或热稳性差等原因所引起，但有时也可能由于低温季节施工，层铺法沥青路面的嵌缝料散失过多，在气温转暖后，在行车作用下多余沥青溢至表面而形成。泛油使路面在行车时产生轮迹和粘轮现象，并使路面抗滑性能下降，严重影响行车安全和周围环境。

(2)处治方法：

对于泛油路段，应先取样作抽提试验，求算出油石比，然后确定不同的处治措施。

含油量高的严重泛油路段，一般在高温季节撒料强压处理，先撒一层S10(10~15mm)或更粗些的碎石，用重型压路机强行压入，达到基本稳定后，再分次撒S12(5~10mm)的碎石，引导行车碾压成型。

泛油较重路段，根据情况可先撒S12(5~10mm)的碎石，待稳定后，再撒S14(3~5mm)石屑或粗砂，引导行车碾压。

轻度泛油，可撒S14(3~5mm)的石屑或粗砂，通过行车碾压至不粘轮为度。

处治泛油应注意以下事项：

①处治时间选择在泛油路段已出现全面泛油的高温季节。

②撒料应顺行车方向撒，先粗后细；做到少撒、薄撒、匀撒、无堆积、无空白。

③禁止使用含有粉粒的细料。

④引导行车碾压，使所撒石料均匀压入路面。

⑤在行车碾压过程中，应及时将飞散的粒料扫回，待泛油稳定后，将多余浮动的石料清扫并回收。

6.坑槽

(1)产生的原因：

坑槽是路面破坏而形成的深洼，由于路面松散、龟裂等破损，或被犁铲、履带车、铁轮车砸伤后未及时进行修复，在行车荷载和雨水等自然因素作用下不断扩展恶化而形成的一种路面损坏。

(2)处治方法：

对于路面基层完好，仅面层有坑槽时，可按以下方法修理：

①测定破坏部分的范围和深度，按"圆洞方补"原则(见图 3-1)，画出大致与路中心线平行或垂直的挖槽修补轮廓线(正方形或长方形)。若采用沥青混合料预制块修补，应画出尺寸等于预制块倍数的轮廓线。

②开槽应开凿到稳定部分，槽壁要垂直，并将槽底、槽壁清除干净。

③在干净的槽底、槽壁薄刷一层粘结沥青，随即填铺备好的沥青混合料或选用尺寸、形状相匹配的沥青混合料预制块铺平，并用细粒式沥青混合料填塞预制块四周接缝烙平压实；新填补部分应略高于原路面(高出量应根据坑槽深浅、用料粗细及压实程度而定)，待行车压实稳定后保持与原路面相平。

④填补用混合料级配类型，宜与原路面结构、层次相一致。制备工艺可根据实际条件采用热拌法、冷拌法(热油冷料拌和)或乳化沥青碎石混合料、袋装预拌乳化沥青混合料等，视坑槽深度采用单层或双层填补。

如路面基层甚至土基已遭破坏，应先将土基和基层分别妥善修理处治后，再铺补面层。

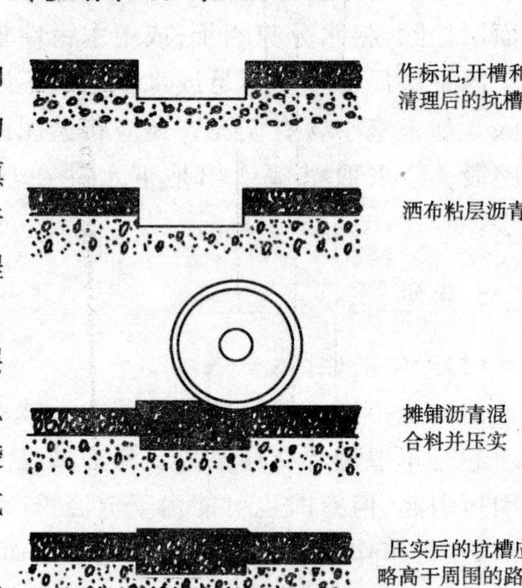

图 3-1　路面坑槽修理示意

在低温潮湿季节，可采用乳化沥青作结合料修补；在雨雪连绵的寒冷季节，为控制坑槽扩展，可采用现有路面材料临时填补坑槽，待气候好转后再按要求修复。

7.脱皮

(1)产生的原因：

脱皮是沥青面层在行车作用下产生大块的片状剥落现象。脱皮产生的原因有面层本身的原因，面层与基层或封层粘结不良的原因等。

(2)处治方法：

属于面层与基层之间粘结不良而脱皮的，应先清除脱落和已松动部分的面层，清扫干净，喷洒透层沥青后，重新铺面层。

属于面层本身颗粒重叠、油料分布不匀而脱皮的，应将面层翻修。

由于面层与封层没有粘结好，或初期维护不良而引起脱皮的，应先清除脱皮和松动部分，清扫干净后，洒(刷)上粘层沥青，重新封层。所作封层的沥青用量及矿料粒径规格应视封层的厚度而定。

8.沉陷

(1)产生的原因。沉陷是由于路基、路面产生竖向变形而导致路面下沉的现象。通常有三种情况：

①均匀沉陷。是由于路基、路面在自然因素和行车作用下，达到进一步密实、稳定的现象，这种沉陷不会引起路面的破坏。

②不均匀沉陷。是由于路基、路面不密实，碾压不均匀，在水的侵蚀下经行车作用所引起

的一种变形。

③局部沉陷。是由于路基下原来有墓穴、枯井、树坑、沟槽或填土路基碾压不密实，当受到水的浸透时而引起的变形。

(2)处治方法。

因路基不均匀沉降而引起的局部路面沉陷，若土基和基层已经密实稳定，不再继续下沉，可只修补面层，此时应根据路面的破损状况分别采取以下不同的处治措施：

①路面略有下沉，无破损或仅有少量轻微裂缝，可在沉陷处喷洒或涂刷粘层沥青，再用沥青混合料将沉陷部分填补到与原路面齐平并压实。

②因路基沉陷导致路面破损严重，矿料已松动、脱落形成坑槽的，应按照坑槽的维修方法予以处治。

因土基或基层结构遭到破坏而引起路面沉陷，应先将土基和基层修理好后，再修复面层。

桥涵台背因填土不实出现不均匀沉降的处理方法：

①对于台背填土密实度不够的，应重新作压实处理，台背死角处的压实采用夯实机械。

②对含水量和孔隙比均较大的软基或含有机物质的粘性土层，宜采用换土处理。换土深度应视软层厚度而定。换填材料首先应选择强度高、透水性好的材料，如碎石土、卵砾土、中粗砂及强度较高的工业废渣，填料要求级配合理。

③在对台背填土重作压实处理的基础上，加设桥头搭板。

9.车辙

(1)产生的原因：

车辙是沥青路面的一种主要损坏形式，多半是发生在实行渠化交通的高等级公路上。路面在车轮荷载的反复作用下，由于路面的磨损、路基与基层的压密、沉降，特别是高温季节下沥青面层的压密和侧向流动隆起，使路面沿行车轮迹逐渐产生纵向带状凹槽的车辙变形，在车辙达到一定的深度，辙槽内就会积水并影响车速和行车的舒适和安全。

(2)处治方法：

属于表面性磨损过度出现的车辙，应按以下方法修理：

①采用路面铣刨机或风镐翻松车辙表面一定深度(如 10~20mm)，并清除干净。

②铺筑前先喷洒 0.3~0.5kg/m^2 粘层沥青。

③采用与原路面结构相同的沥青混合料铺筑，恢复路面横坡。

④周围接茬处要烙平密全、碾压密实。

属于路面横向推挤形成横向波形车辙，且已稳定的，宜按铣高补低恢复路面横坡；如因不稳定夹层引起，则应清除不稳定层，重铺面层。

属于局部下沉而造成的车辙，可按处理路面沉陷方法进行修理。

10.波浪(搓板)

(1)产生的原因：

波浪是路面表面沿纵向形成成片的有规则的凹凸起伏的一种变形。波浪的产生，一是由于拥包未能及时处治，在行车作用下逐渐演变发展而形成；另外，在层铺法施工的路面中，由于沥青洒布不匀形成油垄，沥青多处矿料厚，沥青少处矿料较薄，经行车不断冲击、振动使其发展而造成。

(2)处治方法：

如因面层原因形成的波浪时可按下述方法进行处治。

路面仅有轻微波浪可采用以下方法之一予以处治：

①在高温季节路面发软时，利用重型压路机沿与路中心线成45°角的方向反复进行碾压以适当改善路面的平整度。

②在波谷部分喷洒沥青，并匀撒适当粒径的矿料、找平后压实。

③将凸起部分铣刨削平。

波浪的波峰与波谷高差起伏较大时，应顺行车方向将凸出部分铣刨削平，并低于路面约10mm。削除部分喷洒沥青，再匀撒一层粒径不大于10mm的矿料，扫匀，找平，并压实。

如因基层强度不足或稳定性差引起的波浪，应先处理基层，再铺面层。

如因面层和基层间有夹层引起的波浪，应挖除面层、清除不稳定夹层后，喷洒透层沥青，重铺面层。

对于小面积的波浪，也可在波谷内填补沥青混合料找平；起伏较大者，则铲除波峰部分进行重铺；大面积的波浪，有条件时也可采用路面铣刨机削波峰后重新罩面。

11.磨光

(1)产生的原因：

磨光是指集料被磨成圆滑或平滑状。其产生的原因多为所采用的集料不耐磨和车轮反复作用所造成。

(2)处治方法：

高速公路及一级公路抗滑能力降低、已磨光的沥青面层，可用路面铣刨机直接恢复其表面的粗糙度。

路面石料棱角被磨掉、路面光滑导致抗滑性能低于要求值时，应加铺抗滑层。

对表面过于光滑、抗滑性能特别差的路段，应作封层或罩面处理。封层可以采用拌和法或层铺法施工的单层表面处治，也可以采用乳化沥青稀浆封层；罩面宜采用拌和法。封层与罩面前，应先处治好原路面上的各种病害，若原路面有沥青含量过多的薄层，应将其刮除掉后洒粘层油。罩面及封层的技术要求应符合现行《公路沥青路面施工技术规范》(JTG F40—2004)的规定。

12.滑溜

(1)产生的原因：

滑溜主要起因于路面光滑，这是由于路面在行车水平力的作用下表层骨料被磨光或沥青表面泛油所造成的。

(2)处治方法：

处理路面滑溜的办法通常是加铺抗滑表层。抗滑表层采用热拌沥青混合料，矿料级配应符合规范要求；也可采用嵌压工艺的办法来构筑，但它只适用于夏季最高气温不超过25℃的地区，对于夏季气温较高，特别是渠化交通的高速公路、一级公路不宜采用；还可采用环氧树脂、聚氨基甲酸酯等粘结力强的人造树脂，涂布在沥青路面上，然后铺撒硬质粒料的办法予以处治，这种方法在树脂完全硬结后，将未粘着的粒料扫掉，即可开放交通，但由于成本较高，故只宜于环境不良易于发生滑溜行车事故的、特别重要的路段使用。

13.啃边

(1)产生的原因:

啃边是指由于路面宽度过窄,边缘强度不足,路肩碾压不密实,路肩和路面衔接不当以致路肩积水渗入使其湿软,在行车作用下,路面边缘破裂剥落,并逐步向路中发展而形成的现象。

(2)处治方法:

因路面边缘沥青面层破损而形成啃边,应将破损的沥青面层挖除,在接茬处涂刷适量的粘结沥青,用沥青混合料进行填补,再整平压实。修补啃边后的路面边缘应与原路面边缘齐顺。

因基层松软、沉陷而形成的啃边,应先对路面边缘基层局部加强后再恢复面层。

应加强路肩的维护工作,保持路肩稳定;随时注意填补路肩上的车辙、坑洼或沟槽;经常保持路肩与路面衔接平顺,并保持路肩应有的横坡,以利排水。

为防止路面出现啃边,宜采取以下措施:

①用砂石、碎砖(瓦)、工业废渣等改善、加固路肩或设硬路肩,使路肩平整、坚实。

②将路面基层加宽至其面层宽度外20~25cm,在行车量较小的路段可在路面边缘设置略低于路面的路缘石。

③在平交道口或曲线半径较小路面内侧,可适当加宽到路面。

14.冻胀和翻浆

(1)产生的原因:

地冻较深的地区,冬季由于冰冻作用将水分提到路面基层而结冰引起冻胀,到春季融化时,过多的水分使路基湿软,造成翻浆。土质、气温、水、路面结构和行车荷载是造成路面冻胀和翻浆的五个因素。而其中土质、气温和水是主要因素,如粉性土、膨胀土路基,由于其水稳性差,遇水后软化、膨胀,引起路面破坏。地下水位过高,排水不良的路基易产生翻浆。低温季节施工的半刚性基层,强度增长缓慢,而路面开放交通过早,在行车与雨水作用下使基层表面粉化,也会形成翻浆。沥青表面层厚度较薄,空隙率较大,未设置下封层和没有采取结构层内排水措施,促使雨水下渗,加速翻浆的形成。

(2)处治方法:

因路基冻胀使路面局部或大面积隆起影响行车时,应将冻胀的沥青路面刨平,待春融后按翻浆处理方法予以处治。

因冬季基层中的水结冰引起冻胀,春融季节化冻而引起的翻浆应根据情况采用以下方法之一予以处治:

①在有翻浆迹象的地方用人工或机械将2~5cm直径的钢钎打入(钻入)路面以下,穿透冻层(一般1.3m以上),然后灌入砂粒,使化冻的水迅速渗入冻层以下。

②局部发生翻浆的路段,可采用打石灰梅花桩或水泥砂砾桩的办法予以改善。桩的排列密度及深度,应视翻浆程度而定。

③加深边沟,并在翻浆路段两侧路肩上交错开挖宽30~40cm的横沟,其间距为3~5m,沟底纵坡不小于3%,沟深应根据解冻情况,逐渐加深,直至路面基层以下。横沟的外口应高于边沟的沟底。如路面翻浆严重,除挖横沟外,还应顺路面边缘设置纵向小盲沟。交通量较小的路段也挖成明沟。但翻浆停止后,应将明沟填平恢复原状。

因基层水稳定不良或含水量过大造成的翻浆,应挖去面层及基层全部松软的部分。将基层材料晾晒干，并适当增加新的硬粒料(有条件时应换透水性良好的砂砾或工业废渣等)，分层(每层不超过 15cm)填补并压实，最后恢复面层。

低温季节施工的石灰稳定类基层，在板体强度未形成时雨水渗入，其上层发生翻浆的，应将翻浆部分挖除，换用新材料予以填补，然后重作面层。

在条件许可时，应对翻浆的路段封闭交通或限制重车通过。

第三节 水泥混凝土路面的维护

一、路面的小修保养

随着高等级公路的大规模建设，水泥混凝土路面在高等级公路中得到使用。特别是高等级公路水泥混凝土大型滑模机械化施工技术的推广应用，使水泥混凝土路面在高等级公路中的应用迎来了突飞猛进的发展阶段。这主要是因为水泥混凝土路面更加适合我国的资源条件。所以水泥混凝土路面的维护也越来越受到重视。水泥混凝土路面在行车荷载与自然因素作用下，因混凝土板、接缝、基层、路基的缺陷产生各种类型的损坏，其中既有设计的原因，也有施工质量的问题，以及人为和外界的因素。水泥混凝土路面在维护良好的条件下，其使用年限要比其他路面长，一旦开始损坏，则会引起破损的迅速发展，因此，必须做好预防性、经常性的维护，通过经常的巡视检查，及早发现缺陷，查清原因，采取适当措施，清除障碍物，保持路面状态良好。

1.清扫保洁

(1)水泥混凝土路面必须定期清扫泥土和污物；与其他不同类型路面平面连接处及平交道口应勤加清扫；路面上出现的小石块等坚硬物应予以清除，以免车辆碾压而破坏路面表面；中央分隔带内的杂物应定期清除，保持路容整洁。

(2)路面清扫频率应根据公路状况、交通量大小及其组成、环境条件等确定。路面清扫宜采用机械作业，机械清扫留下的死角，应用人工清除干净。

(3)路面清扫时，应尽量减少清扫作业产生灰尘，以免污染环境，危及行车安全。清扫作业宜避开交通量高峰时段进行。

(4)路面清扫后的垃圾应运至指定地点进行处理，不得随意倾倒。

(5)当路面被油类物质或化学药品污染时，应清洗干净，必要时用中和剂或其他材料处理后再用水冲洗。

(6)交通标志牌、示警桩、轮廓标以及防撞栏等交通安全设施应定期擦拭，交通标志及标线受到污染后应及时清扫(洗)，保持整洁、醒目。

(7)应保持交通标志牌、标线、示警桩、轮廓标的完整，发生局部脱落、破损时应用原材料进行修复或更换。

2.接缝保养及填缝料更换

(1)水泥混凝土路面保养的重点在接缝，应对接缝进行适时的保养，保持接缝完好，表面平顺。

①填缝料凸出板面，高速公路、一级公路超出 3mm，其他等级公路超过 5mm 时应铲平。

②填缝料外溢流淌到接缝两侧面板,影响路面平整度和路容时应予清除。

③杂物嵌入接缝时应予清除,若杂物系小石块及其他坚硬物时,应及时剔除。

(2)应对填缝料进行周期性或日常性的更换。

①填缝料的更换周期一般为2~3年。

②填缝料局部脱落时应进行灌缝填补;填缝料脱落缺失大于三分之一缝长或填缝料老化、接缝渗水严重时应立即进行整条接缝更换。

③填缝料技术要求应符合规范的规定。

(3)填缝料的更换应做到饱满、密实、粘接牢固,清缝、灌缝宜使用专用机具。

①更换填缝料前应将原填缝料及掉入缝槽内的砂石杂物清除干净,并保持缝槽干燥、清洁。

②填缝料灌注深度宜为3~4cm,当缝深过大时,缝的下部可填2.5~3.0cm高的多孔柔性垫底材料或泡沫塑料支撑条。

③填缝料的灌注高度,夏天宜与面板平,冬天宜稍低于面板2mm,多余的或溅到面板上的填缝料应予清除。

④填缝料更换宜选在春秋两季,或宜在当地年气温居中且较干燥的季节进行。

3.路面排水

(1)必须对路面、路肩、中央分隔带、边沟、边坡、挡土墙以及所有排水构造物进行妥善的日常维护,保持系统的排水功能。当排水系统整体功能不能满足要求时,应通过改善或改建工程进行完善提高。

(2)对路面排水设施,应采取经常性的巡查并与重点检查相结合,发现损坏应及时安排修复,发现堵塞必须立即疏通,路段积水应及时排出。

(3)雨天应重点检查超高路段的中央分隔带纵向排水沟、横向排水管、雨水井、集水井等的排水状况,出现堵塞、积水,应及时排出。

(4)排水构造物及路肩修复宜采用与原构造物相同的材料。

(5)保持路面横坡及路面平整度。当快车道是水泥混凝土路面,慢车道或非机动车道是沥青路面时,应保持沥青路面横坡大于水泥混凝土路面横坡。

(6)保持路肩横坡大于路面横坡,路肩横坡应顺适,并及时修复路肩缺口。

(7)路面板裂缝应按要求进行缝隙封闭。

(8)路面接缝、路肩接缝及路缘石与路面接缝变宽出现接缝渗水时,应进行填缝处理。

4.冬季维护

(1)冰雪地区路段水泥混凝土路面冬季维护的重点是除雪、除冰、防滑作业,重点是桥面、坡道、弯道、垭口及其他严重危害行车安全的路段。

(2)除雪、除冰、防滑要根据气象资料、沿线条件、降雪量、积雪深度、危害交通范围等确定作业计划,并做好机驾人员培训、机械设备、作业工具、防冻防滑材料的准备。

(3)及时清除路面积雪,化雪时应及时清除雪水和薄冰,除冰困难的路段应以防滑措施为主,除冰为辅,除冰作业应防止破坏路面。

(4)路面防冻防滑的主要措施:

①使用盐或其他融雪剂降低路面上的结冰点。

②使用砂等防滑材料或与盐掺和使用,加大轮胎与路面间的摩擦系数。

③防冻、防滑料施撒时间,主要根据气象条件(降雪、风速、气温)、路面状况等来确定。一般可在刚开始下雪时就撒布融雪剂或与防滑料掺和撒布,或者在路面出现冻结前 1~2h 撒布。

④防止路面结冰时,通常撒布一次防冻料即可,除雪作业时,撒布次数可以和除雪作业频率一致。

(5)在冻融前,应将积雪及时清除路肩之外,以免雪水渗入路肩,冰雪消融后,应清除路面上的残留物。

(6)禁止将含盐的积雪堆积于绿化带。

二、路面常见病害的原因及其处治方法

1.裂缝

(1)产生的原因:

水泥混凝土路面裂缝包括纵向、横向、斜向和交叉裂缝。纵、横、斜向裂缝的损坏特征是指通底的裂缝,将板块分割为两块或三块,初期可能未贯通板面,但终将发展为贯通板面;交叉裂缝是将板分割为三块以上(又称破碎板)。产生裂缝的原因:一是重复荷载应力、翘曲应力及收缩应力等综合作用;二是水的侵入及过大的竖向位移的重复作用,使基层受到侵蚀产生脱空;三是土基和基层强度不够;四是接缝拉开后,丧失传荷能力,在板的周边产生过大的荷载应力;五是水泥质量差、不稳定,粗细集料质量差;六是施工操作不当,养生不好。

(2)处治方法:

对宽度小于 3mm 的轻微裂缝,可采取扩缝灌浆。即顺着裂缝扩宽成沟槽;清除混凝土碎屑,吹净灰尘后,填入清洁石屑;根据选用的灌缝材料进行配比,混合均匀后,灌入扩缝内;灌缝材料固化后,达到通车强度,即可开放交通。

对贯穿全厚的大于 3mm、小于 5mm 的中等裂缝,可采取条带罩面进行补缝(见图 3-2)。在裂缝两侧切缝时,应平行于缩缝,凿除两横缝内混凝土;每间隔 50cm 打一对钯钉孔,钯钉必须填满砂浆,方可将钯钉插入孔内安装;切割的缝内壁应凿毛,并清除松动的混凝土碎块及表面尘土、裸石;浇筑混凝土应及时振捣密实、抹平,并喷洒维护剂;修补块面板两侧,应加深缩缝,并灌注填缝料。

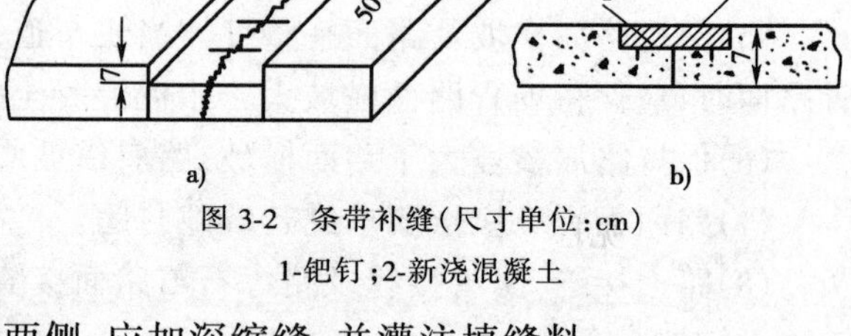

图 3-2 条带补缝(尺寸单位:cm)

1-钯钉;2-新浇混凝土

对宽度大于 15mm 的严重裂缝可采用全深度补块。全深度补块分集料嵌锁法、刨挖法、设置传力杆法,见图 3-3~图 3-5。

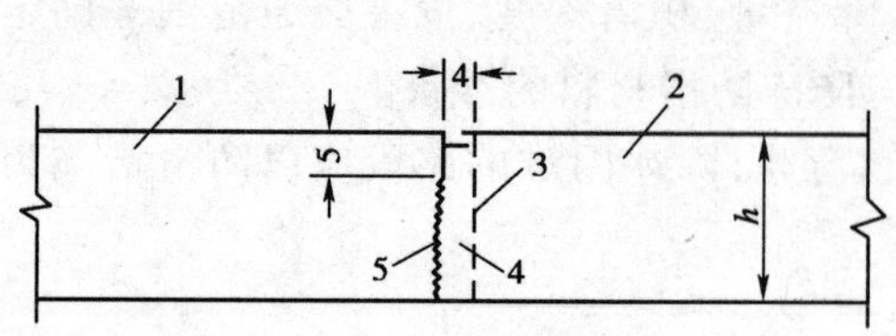

图 3-3 集料嵌锁法(尺寸单位:cm)

1-保留板;2-全深度补块;3-全深度锯缝;4-凿除混凝土;5-缩缝交错接面

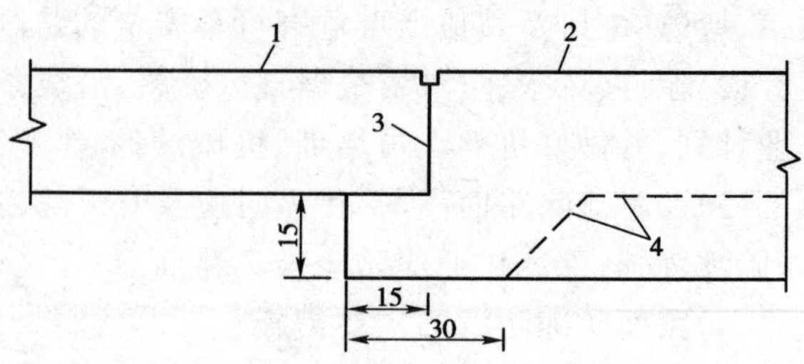

图 3-4 刨坑法(尺寸单位:cm)

1-保留板;2-补块;3-全深度锯缝;4-垫层开挖线

集料嵌锁法(见图 3-3):

①在修补的混凝土路面位置上,平行于缩缝画线,沿画线位置进行全深度切割。在保留板块边部,沿内侧 4cm 位置,锯 5cm 深的缝。

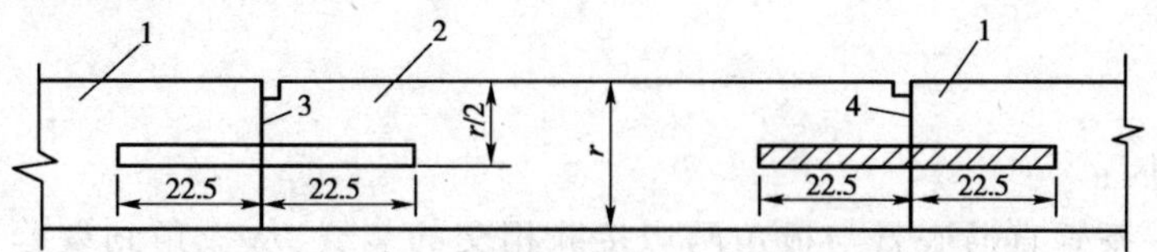

图 3-5 设置传力杆法(尺寸单位:cm)

1-保留板;2-全深度补块;3-缩缝;4-施工缝

②破碎、清除旧混凝土过程中,不得伤及基层、相邻面板和路肩。若破除的旧混凝土面当天完不成浇筑混凝土时,其补块位置应做临时补块。

③全深锯口和半深锯口间的 4cm 宽条混凝土垂直面应凿成毛面。

④处理基层时,基层强度应符合规范要求且整平;基层强度低于规范要求,应予以补强,并严格整平;若基层全部损坏或松软,应按原设计基层材料重新做基层,其技术要求应符合《公路路面基层施工技术规范》(JTJ 034—2000)的规定。

⑤混凝土的配合比应根据设计弯拉强度、耐久性、耐磨性、和易性等要求,先用原材料进行配比设计,各种材料的物理性能及化学成分应符合现行《公路水泥混凝土路面设计规范》(JTG D40—2003)规定。

⑥混凝土用水量应控制在运到工地时和易性最佳所需的最小值,最大水灰比为 0.4。如采用混凝土快速修补材料,水灰比以 0.30 ~ 0.40 为宜,坍落度宜控制在 2cm 内。混凝土 24h 弯拉强度应不低于 3.0MPa。

⑦混凝土摊铺应在混凝土拌和后 30 ~ 40min 内卸到补块区内,并振捣密实。

⑧浇筑的混凝土面层应与相邻路面的横断面吻合,其表面平整度应符合《公路工程质量检验评定标准》(JTG F80—2004)的规定,补块的表面纹理应与原路面吻合。

⑨补块养生宜采用养护剂,其用量根据养护材料性能确定。

⑩做接缝时,将板中间的各缩缝锯切到 1/4 板厚处,将接缝材料填入缩缝内。混凝土达到通车强度后,即可开放交通。

刨挖法(见图 3-4):

①施工要求按规范执行。

②在相邻板块横边的下方暗挖 15cm × 15cm 的一块面积用于荷载传递。

设置传力杆法(见图 3-5):

①施工要求按规范执行。

②处理基层后,应修复、安设传力杆和拉杆。

③原混凝土面板没有传力杆或拉杆折断时,应用与原规格相同的钢筋焊接或重新安设。安装时应在板厚 1/2 处钻出比传力杆直径大约 2 ~ 4mm 的孔,孔中心距 30cm,其误差不应超过 3mm。

④横向施工缝传力杆直径为 ϕ25mm,长度为 45cm,嵌入相邻保留板内深 22.5cm。

⑤拉杆孔直径宜比拉杆直径大 2 ~ 4mm,并应沿相邻板块间的纵向接缝板厚 1/2 处钻孔,中心距 80cm。拉杆采用 ϕ16 螺纹钢筋,长 80cm,40cm 嵌入相邻车道的板内。

⑥传力杆和拉杆宜用环氧砂浆牢牢地固定在规定位置,摊铺混凝土前,光圆传力杆的伸出

端应涂少许润滑油。

⑦新补板块与沥青路肩相接时,应和现有路肩齐平。

⑧传力杆若安装倾斜或松动失效,应予以更换。

2.板角断裂

(1)产生的原因:

板角断裂是一条垂直通底且与板角两边接缝相交的裂缝,从板角到裂缝两端点间的距离分别等于或小于端点所在板长的一半。其损坏原因通常是由于板角受连续荷载作用,基础支撑强度不足和翘曲应力等因素综合作用而产生。

(2)处治方法:

按破裂面的大小确定切割范围(见图 3-6),切缝后,凿除破损部分,保持缝壁垂直,避免切断钢筋;原有传力杆如有缺陷应予修理或另行设置。如为胀缝,应设置接缝板;如为缩缝,应对接缝涂刷沥青或铺以塑料薄膜,以防新旧混凝土粘连。最后填补混凝土并捣实、整平和养生,待混凝土硬化后用锯缝机切出接缝并灌注填缝料。

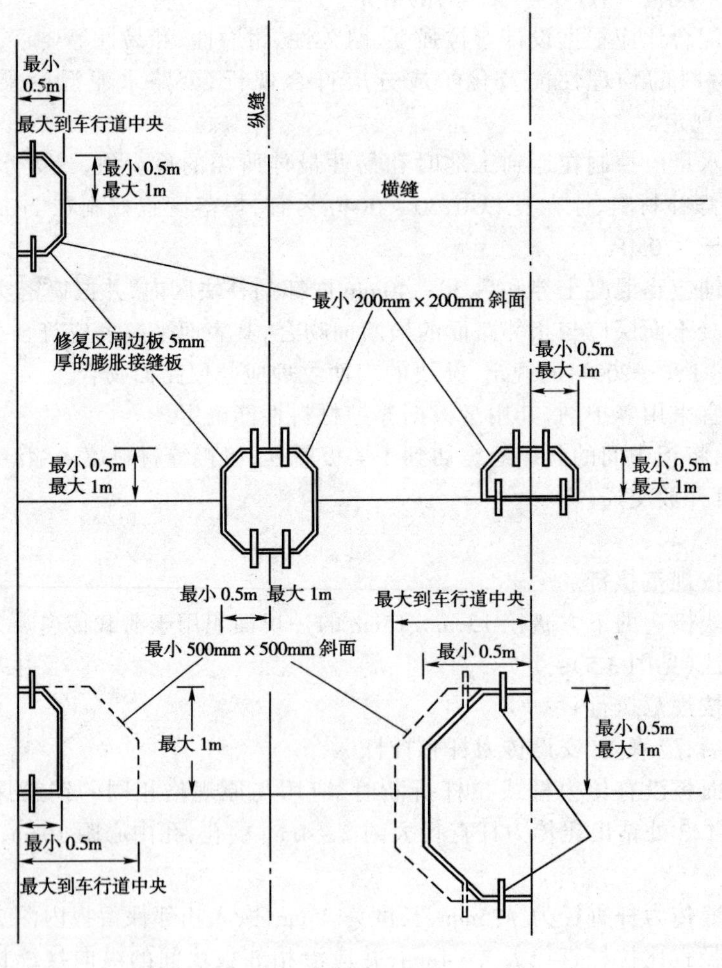

图 3-6 板角修补法

注:修复纵向边不能位于车轮轨迹上

3.接缝材料破损

(1)产生的原因:

水泥混凝土路面的接缝分为纵缝和横缝。横缝又分为胀缝(真缝)和缩缝(假缝)两种。胀缝在使用中随气温而变化,气温上升时填缝料会被挤出;当气温下降填缝料不能恢复使缝中形成空隙,泥、砂、石屑等杂物侵入,成为再次胀伸时的障碍,且雨雪水亦能沿此空隙渗入,损坏基层和垫层,造成路面板接缝处的变形和破损。缩缝的变化较小,但经过若干次收缩,能把假缝折断成真缝,填缝料自身的老化,也会造成像胀缝一样的后患。施工、维护不规范,切缝、清缝不及时或没有达到规定的深度,也是造成接缝损坏的原因之一。接缝料损坏主要是由于填料脆裂、老化、挤出与板边脱离造成。质量较差的填缝料,短时间内就会发生填缝料损坏现象。

(2)处治方法:

应对接缝进行适时的保养,保持接缝完好,表面平顺,还应对填缝料进行周期性或日常性的更换,填缝料的更换周期一般为 2~3 年,填缝料局部脱落时应进行灌缝填补,填缝料脱落缺失大于三分之一缝长或填缝料老化、接缝渗水严重时应立即进行整条接缝的填缝料更换。填缝料的更换应做到饱满、密实、粘接牢固。清缝、灌缝宜使用专用机具。

4.板块脱空

(1)产生的原因:

水泥混凝土路面产生板块脱空的原因主要是由于面板和基层之间出现空隙、空洞。

(2)处治方法:

水泥混凝土面板脱空位置可采用弯沉测定仪确定,凡弯沉值超过 0.2mm 的,应确定为面板脱空;采用沥青灌注法、水泥浆、水泥粉煤灰和水泥砂浆灌浆等方法进行板下封堵。灌浆孔布置见图 3-7 所示。

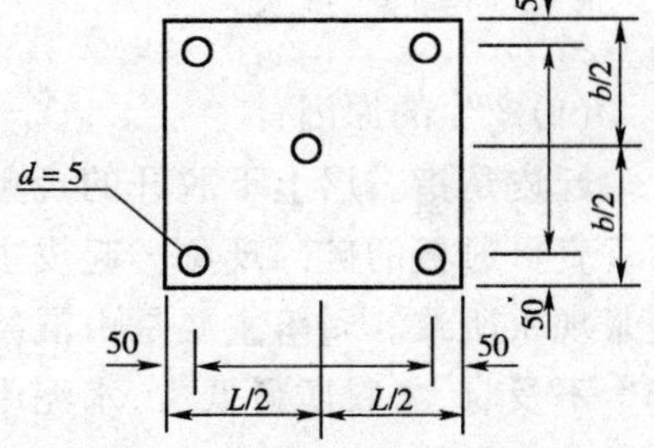

图 3-7 灌浆孔布置(尺寸单位:cm)

d-灌浆孔直径;*L*-板长;*b*-板宽

5.错台

(1)产生的原因:

错台是指接缝处相邻面板的垂直高差。其产生的原因:一是路面板在车辆轴载的作用下,造成接缝处板块不均匀下沉;二是在温度和湿度梯度作用下,板在接缝处产生翘曲;三是横缝处未设置传力杆;四是施工操作不当。

(2)处治方法:

错台的处治方法有磨平法和填补法两种,可按错台的轻重程度选定。

①高差小于等于 10mm 的错台,可采用磨平机磨平,或人工凿平。

②高差大于 10mm 的严重错台,可采取沥青砂或水泥混凝土进行处治。

6.唧泥

(1)产生的原因:

唧泥是指车辆通过时基层细料和水一起从板接缝处挤出,逐渐使基础失去支撑能力,在荷载的重复作用下,最终将产生板断裂的现象。产生的主要原因是填缝料损坏,雨水下渗和路面排水不良。

(2)处治方法:

水泥混凝土路面唧泥病害,应采取压浆处理,然后对接缝及时灌缝。设置排水设施要符合要求,路面和路肩应保持设计横坡,宜铺设硬路肩;路面裂缝、接缝以及路面与硬路肩接缝应进行密封;设置纵向积水管和横向出水管。

7.拱起

(1)产生的原因:

拱起是指横缝两侧的板体发生明显抬高的现象。其产生的原因主要是缝被硬物阻塞,或胀缝设置不当,使板受热时不能自由伸长。

(2)处治方法:

当板端拱起但路面完好时,应根据板块拱起高低程度,计算要切除部分板块的长度。先将拱起板块两侧附近 1~2 条横缝切宽,待应力充分释放后切除拱起端,逐渐将板块恢复原位,然后用填缝料填封接缝(见图 3-8)。

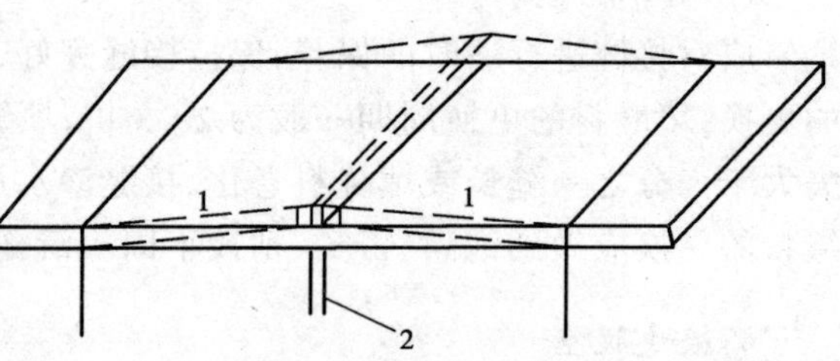

图 3-8　板体拱起修复

1-拱起板;2-切除部分

当板端拱起板块已经发生断裂或破损时,应根据破损情况分别按前述裂缝修理的方法予以处理。

8.表面起皮、剥落

(1)产生的原因:

起皮是指表层上下脱开的现象,剥落是指距接缝宽 40cm 宽度内的板边,板角 40cm 半径内不垂直贯通板的破碎现象。起皮主要是施工中水灰比过大或因混凝土施工时表面砂浆有洒水提浆现象所致。剥落主要是由混凝土强度不足,缝内进入杂物所致。混凝土成活时过度抹面、养生不及时、集料质量低劣、水泥中的碱与集料中某些特定矿物发生碱硅反应以及采用盐类融化路面冰雪等都可引起表面起皮与剥落。

(2)处治方法:

表面起皮、剥落处治,应根据公路等级和表面破损程度,采取不同的材料和施工方法进行,高速公路水泥混凝土板表面起皮、剥落宜采用改性沥青稀浆封层或沥青混凝土加以处治;对于较大面积的水泥混凝土面板起皮、剥落宜采取稀浆封层及沥青混凝土罩面措施。

9.坑洞

(1)产生的原因:

坑洞是指路面板表面呈现孔洞状的破损现象。直径一般为 2.5~10cm,深为 1~5cm。其产生原因:一是施工质量或混凝土材料中夹带朽木、纸张和泥块等杂物;二是指某些车辆的金属硬轮或掉落硬物的撞击。

(2)处治方法:

对个别的坑洞,应清除洞内杂物,用水泥砂浆等材料填充,达到平整密实;对较多坑洞连成一片的,应采取薄层修补方法进行修补。

10.沉陷

(1)产生的原因：

沉陷是多由基层湿软、水稳性不足，或板底出现空隙以及路基下有墓穴等坑洞，在行车作用下逐渐产生竖向变形所形成。

(2)处治方法：

沉陷处理应设置符合要求的排水设施。为使沉陷的混凝土板恢复到原来的位置，可采用预升施工法进行处治。当水泥混凝土整板沉陷并产生破碎时，应整板翻修。

思考题

1.简述路面维护的目的。
2.路面维护有哪些要求？
3.简述高等级公路路面维护的工作内容。
4.试述沥青路面初期维护要点。
5.试述沥青路面常见病害产生的原因及其处治方法。
6.试述水泥混凝土路面常见病害产生的原因及其处治方法。

第四章 桥涵构造物的维护

第一节　概　　述

地面水流经汇集流向公路时，须设置桥梁、涵洞给予正常宣泄。因此桥梁、涵洞是公路不可分割的重要组成部分，它直接影响到汽车在公路上的安全、舒适、快速和连续。为保持其能够经常处于完好的技术状态，必须对桥涵进行相应的维护、加固、抢修，以满足公路的承载能力和通行能力，延长桥涵的使用年限。

一、桥涵维护的工作内容

桥涵构造物的维护是为了保持桥涵及其附属物的正常使用而进行的经常性保养及维修工作，是治理桥涵灾害性损坏及提高桥涵使用质量和服务水平而进行的改造；加固是桥涵构造物局部损坏或承载力不足时进行的修复和补强工程措施；抢修是桥涵因水毁等自然灾害及超载、意外事故造成中断交通或严重影响通行时，采取的迅速恢复交通的工程措施。桥涵维护工作需要及时、快速、全面。其工作内容如下：

(1)技术状况的检查；

(2)建立和健全完善桥涵技术档案，辅助计算机建立相关管理系统；

(3)对桥涵构造物的安全防护；

(4)对桥涵构造物的经常性保养、维修和加固。

二、桥涵维护工程的分类

桥涵的维护按其工作性质、规模大小、技术难易程度划分如下。

1.小修、保养工程

对管养范围内的桥涵及其工程设施进行预防性保养和修补其轻微损坏部分，使之经常保持完好状态。通常是由维护单位(公司)在年度小修保养定额经费内，按月(旬)安排维护工作计划，是经常进行的维护工作。

2.中修工程

对管养范围内的桥涵及其工程设施的一般性磨损和局部损坏进行定期修理加固，以恢复原状的小型工程项目。通常由维护管理机构按年(季)安排计划并组织实施。

3.大修工程

对管养范围内的桥涵及其工程设施的较大损坏进行周期性的综合修理，以恢复原设计标准或进行局部改善和个别增建,逐步提高通行能力的工程项目。由公路管理机构或上级机构根据批准的年度计划和工程预算组织实施。

4.改善工程

对管养范围内的桥涵及其工程设施因不适应交通量和载重需要而分期逐段提高技术等级,或通过改善提高其通行能力的较大工程项目,由省级或地级公路管理机构根据批准的计划和设计预算或通过维护招标来完成。

按照交通部 2001 年下发的《公路养护工程管理办法》交公路发[2001]327 号文件,对桥涵维护工程分类的规定见表 4-1。

桥涵维护工程分类表　　表 4-1

小修保养	中修工程	大修工程	改建工程
保养: 1.清除桥面上的杂草、污泥、积雪、积冰,保持清洁整齐 2.通涵管保持洞口清洁,疏导桥下河槽通畅 3.伸缩缝维护,泄水孔疏通,钢支座加润滑油,栏杆油漆 4.桥涵的日常维护 小修: 1.修理、更换桥栏杆和修理泄水孔、伸缩缝、支座和桥面的局部轻微损坏 2.补墩、台及河床铺底和防护圬工的微小损坏 3.涵洞进出口的铺砌加固 4.通道的局部维修和疏通修理排水沟	1.修理、更换木桥的较大损坏构件及防腐 2.修理更换中小桥的支座、伸缩缝及个别构件 3.大中型钢桥的全面油漆除锈和各部件的检修 4.永久性桥墩、台侧墙及桥面的修理和小型桥面的加宽 5.建、增建、接长涵洞 6.桥梁河床铺底或调治构造物的修复和加固 7.涵道的修理和加固 8.排水设施的更新 9.各类排水泵站的修理	1.原技术等级内加宽、加高、加固大中型桥梁 2.改造、增建小型桥梁和技术性简单的中桥 3.改建较大的河床铺底和永久性调治构造物 4.吊桥、斜拉桥的修理与个别索的调整更换 5.大桥桥面铺装的更换 6.桥支座、伸缩缝的修理更换 7.通道改建	1.提高公路技术等级,加宽、加高大中型桥梁 2.改建、增建小型立体交叉桥 3.增建公路通道 4.新建渡口的公路接线、码头引线

第二节　桥梁的检查与检验

通过对桥梁进行检查与检验,可以系统地掌握桥梁的技术状况,较早地发现桥梁的缺陷和异常情况,从而提出合理的维护措施。因此桥梁的检查和检验是桥梁维护工作的两个重要环节,也是桥梁维护的基础性工作。

一、桥梁维护的内容与要求

公路桥涵维护工作的主要内容和基本要求:

(1)建立、健全公路桥涵的检查、评定制度。对公路桥涵构造物进行周期性检查,系统地掌握其技术状况,及时发现缺损和相关环境的变化。按桥梁检查结果,对桥梁技术状况进行分类评定,制订相应的维护对策。

(2)建立公路桥梁管理系统和公路桥梁数据库,实施桥涵病害监控,实行科学决策。逐步建立特大型桥梁荷载报警系统，地震、洪水和流冰等预防决策系统。

(3)公路桥涵维护应做到：桥涵外观整洁，桥面铺装坚实平整、横坡适度，桥头连接顺适，排水畅通，结构完好无损，标志、标线等附属设施齐全完好。

(4)桥涵构造物的维护，首先应使原结构保持设计荷载等级的承载要求及设计交通量的通行要求。根据交通发展的需要，也可通过改造和改建来提高承载能力和通行能力。

在确定改造或改建工程方案时，应注意新旧结构之间的关系，充分发挥原有结构的作用。

(5)维护作业和工程实施应注意保障车辆、行人的安全通行及环境保护。

(6)桥涵构造物维护应有对付洪水、流冰、泥石流和地震等灾害的防护措施，同时备有应急交通方案。

(7)新建或改建桥梁交工接养，应有完备的交接手续并提供成套技术资料。特大、大桥应配置维护设施、机具，设置维护工作通道、扶梯、吊杆、平台，设计单位应提供维护技术要点及要求。未配置或配置不能完全满足维护工作需要的，可根据实际需要予以增添。

(8)桥涵构造物的检查及技术状况评定、维护对策，维修、加固、改建的竣工验收等有关技术文件，均应按统一格式完整地归入桥梁维护技术档案及数据库。

公路桥涵维护应遵循下列技术政策：

(1)公路桥涵维护工作按"预防为主，防治结合"的原则，以桥面维护为中心，以承重部件为重点，加强全面维护。

(2)推广应用先进的维护技术和科学的管理方法，改善维护生产手段，提高维护技术水平，大力推广和发展公路桥涵维护机械。

(3)公路桥涵的维护按其工程性质、规模大小、技术难易程度划分为小修保养、中修、大修、改建和专项工程五类。

专项抢修工程是指采用临时性措施在最短的时间内恢复交通的工程措施。专项修复工程是指采用永久性措施恢复桥涵原有功能的工程措施。对于阻断交通的桥涵修复工程，应优先安排。

(4)桥涵维护工程应重视经济技术方案的比选，并充分利用原有工程材料和原有工程设施，以降低成本。

(5)重视环境保护和环境综合治理。

二、桥梁检查的一般规定

桥梁检查分为经常检查、定期检查和特殊检查：

(1)经常检查：主要指对桥面设施、上部结构、下部结构及附属构造物的技术状况进行的检查。

(2)定期检查：为评定桥梁使用功能、制订管理维护计划提供基本数据，对桥梁主体结构及其附属构造物的技术状况进行的全面检查，它为桥梁维护管理系统搜集结构技术状态的动态数据。

(3)特殊检查：特殊检查是查清桥梁的病害原因、破损程度、承载能力、抗灾能力，确定桥梁技术状况的工作。

特殊检查分为专门检查和应急检查。

①专门检查：根据经常检查和定期检查的结果，对需要进一步判明损坏原因、缺损程度或使用能力的桥梁，针对病害进行专门的现场试验检测、验算与分析等鉴定工作。

②应急检查：当桥梁受到灾害性损伤后，为了查明破损状况，采取应急措施，组织恢复交通，对结构进行的详细检查和鉴定工作。

桥梁管养单位应对辖区内所有桥梁建立“桥梁基本状况卡片”（参见《公路桥涵养护规范》(JTG H11—2004)附录 A)，将有关信息输入数据库，建立永久性档案。

三、桥梁结构的检查

1.经常检查

主要对桥面设施和桥台附属构造物的技术状况进行日常巡视检查，及时发现缺损，进行小型保养工作。

经常检查的周期根据桥梁技术状况而定，一般每月不得少于一次，汛期应加强不定期检查。

支座检查的工作条件较困难，在一般情况下将其经常检查周期定为一个季度。若支座技术状况较差且缺损发展较快，则应缩短检查周期。

桥梁设置观测用的标点、传感器及引线等也应作为桥梁附属设施，纳入管理检查维护。传感器的工作状态可用接受仪器来测定。

经常检查是以目测为主，也可配以简单工具进行测量，当场填写“桥梁经常检查记录表”《公路桥涵养护规范》(JTG H11—2004)，现场要登记所检查项目的缺损类型，估计缺损范围及维护工作量，提出相应的小修保养措施，为编制辖区内的桥梁维护（小修保养）计划提供依据。及时、准确收集信息，不允许事后回忆补填。发现并作出定性判断的缺损，检查应有序而严密，防止漏项。

经常检查中发现桥梁重要部件存在明显缺损时，应及时向上级提交专项报告。经常检查应包括下列内容：

(1)外观是否整洁，有无杂物堆积，杂草蔓生。构件表面的涂装层是否完好，有无损坏、老化变色、开裂、起皮、剥落、锈迹。

(2)桥面铺装是否平整，有无裂缝、局部坑槽、积水、沉陷、波浪、碎边；混凝土桥面是否有剥离、渗漏，钢筋是否漏筋、锈蚀，缝料是否老化、损坏，桥头有无跳车。

(3)排水设施是否良好，桥面泄水管是否堵塞和破损。

(4)伸缩缝是否堵塞卡死，连接部件有无松动、脱落、局部损坏。

(5)人行道、路缘石、栏杆、扶手、防撞护栏和引道护栏（柱）有无撞坏、断裂、松动、错位、缺件、剥落、锈蚀等。

(6)观察桥梁结构有无异常变形，异常的竖向振动、横向摆动等情况，然后检查各部件的技术状况，查找异常情况。

(7)支座是否有明显缺陷，活动支座是否灵活，位移量是否正常。支座的经常检查一般可以每季度一次。

(8)桥位区段河床冲淤变化情况。

(9)基础是否受到冲刷、外露、悬空、下沉，墩台及基础是否受到生物腐蚀。

(10)墩台是否受到船只或漂浮物撞击而受损。

(11)翼墙（侧墙、耳墙）有无开裂、倾斜、滑移、沉降、风化剥落和异常变形。

(12)锥坡、护坡、调治构造物有无塌陷，铺砌面有无缺损、勾缝脱落、灌木杂草丛生。

(13)交通信号、标志、标线、照明设施以及桥梁其他附属设施是否完好。

(14)其他损坏或病害。

2.定期检查

桥梁的定期检查是桥梁维护管理系统中,采集结构技术状况动态数据的工作,为评定桥梁使用功能、指定维护计划提供基本数据。

(1)按规定周期,对桥梁主体结构及其附属构造物的技术状况进行全面检查,主要检查各部件的功能是否完善有效;构造是否合理耐用;发现需要大、中修,改善或限制交通的桥梁缺损状况;同时检查小修保养状况。

定期检查的时间应符合下列规定:

①定期检查周期根据技术状况确定,最长不得超过3年,可依据桥梁技术状况在1~3年中安排;

②新建桥梁交付使用1年后,进行第一次全面检查;

③临时桥梁每年检查不少于一次;

④在经常检查中发现重要部(构)件的缺损明显达到三、四、五类技术状况时,应立即安排一次定期检查。

(2)定期检查以目测观察结合仪器观测进行,定期检查前必须创造接近各部件的条件,定期检查强调"必须接近各部件仔细检查其缺损情况",如使用桥梁检测车、搭设临时支架等。定期检查应按规范程序进行,检查前主持检查的专职桥梁维护工程师要认真查阅有关技术资料及上次定期检查的报告,做好人力、设备等各种准备,落实安全保障措施。

(3)特大型、大型桥梁的控制检测:

①设立永久性观测点,定期进行控制检测。控制检测的项目及永久性观测点见表4-2。特大型桥梁或特殊桥梁还可根据维护、管理的需要,增加相应的控制检测项目。

控制检测的项目及永久性观测点的规定 表4-2

检测项目		观测点
1	墩、台身、索塔、锚碇的高程	墩、台身底部(距地面或常水位0.5~2m)、桥台侧墙尾部顶面和锚碇的上、下游各1~2点
2	墩、台身、索塔倾斜度	墩、台身底部(距地面或常水位0.5~2m)的上、下游两侧各1~2点
3	桥面高程	沿行车道两边(靠路缘石处)按每孔跨中$L/4$、支点等不少于5个位置(10个点),测点应固定于桥面板上
4	拱桥桥台、悬索桥锚碇水平位移	拱座、锚碇的上、下游两侧各1点
5	悬索桥索卡滑移	索卡处设1点

②新建桥梁交付使用前,公路管理机构应事先要求桥梁建设单位在竣工时设置便于检测的永久性观测点。大桥、特大桥必须设置永久性观测点。测点的编号、位置(距离、高程和地物特征)和竣工测量数据,均应在竣工图上标明,作为验收文件中必要的竣工资料予以归档。

③未设永久性观测点的桥梁,应在定期检查时按规定补设。测点的布设和首次检测的时间及检测数据等,应按竣工资料的要求予以归档。

④桥梁主体结构维修、加固或改建前后,必须进行控制测量,以保持观测资料的连续性。

若控制点有变动，应及时检测，建立基准数据。

⑤桥梁永久性观测点的设置要牢固可靠，当永久性控制点与国家大地测量网联测有困难时，可建立相对独立的基准测量系统。

⑥特大、大、中桥墩(台)旁，必要时可设置水尺或标志，以观测水位和冲刷情况。

(4)桥面系构造的检查：

①桥面铺装层纵、横坡是否顺适，有无严重的裂缝(龟裂、纵横裂缝)、坑槽、波浪、桥头跳车、防水层漏水。

②伸缩缝是否有异常变形、破损、脱落、漏水，是否造成明显的跳车。

③人行道构件、栏杆、护栏有无撞坏、断裂、错位、缺件、剥落、锈蚀等。

④桥面排水是否顺畅，泄水管是否完好、畅通，桥头排水沟功能是否完好，锥坡有无冲蚀、塌陷。

⑤桥上交通信号、标志、标线、照明设施是否损坏、老化、失效，是否需要更换。

⑥桥上避雷装置是否完善，避雷系统性能是否良好。

⑦桥上航空灯、航道灯是否完好，能否保证正常照明。结构物内供维护检修的照明系统是否完好。

⑧桥上的路用通信、供电线路及设备是否完好。

(5)钢筋混凝土和预应力混凝土梁桥的检查：

①梁端头、底面是否损坏，箱形梁内是否有积水，通风是否良好。

②混凝土有无裂缝、渗水、表面风化、剥落、露筋和钢筋锈蚀，有无碱集料反应引起的整体龟裂现象。混凝土表面有无严重碳化。

③预应力钢束锚固区段混凝土有无开裂，沿预应力筋的混凝土表面有无纵向裂缝。

④梁(板)式结构的跨中、支点及变截面处，悬臂端牛腿或中间铰部位，刚构的固结处和桁架节点部位，混凝土是否开裂、缺损和出现钢筋锈蚀。

⑤装配式梁桥应注意检查联结部位的缺损状况。

a.组合梁的桥面板与梁的结合部位及预制桥面板之间的接头处混凝土有无开裂、渗水。

b.横向联结构件是否开裂，连接钢板的焊缝有无锈蚀、断裂，边梁有无横移或向外倾斜。

(6)拱桥的检查：

①主拱圈的拱板或拱肋是否开裂。钢筋混凝土拱有无露筋、钢筋锈蚀。圬工拱桥块有无压碎、局部掉块，砌缝有无脱离或脱落、渗水，表面有无苔藓、草木滋生，拱铰工作是否正常。空腹拱的小拱有无较大的变形、开裂、错位，立墙或立柱有无倾斜、开裂。

②拱上立柱(或立墙)上下端、盖梁和横系梁的混凝土有无开裂、剥落、露筋和锈蚀。中、下承式拱桥的吊杆上下锚固区的混凝土有无开裂、渗水，吊杆锚头附近有无锈蚀现象，外罩是否有裂纹，锚头夹片、楔块是否发生滑移，吊杆钢索有无断丝。采用型钢或钢管混凝土芯的劲性骨架拱桥，混凝土是否沿骨架出现纵向或横向裂缝。

③拱的侧墙与主拱圈间有无脱落，侧墙有无鼓凸变形、开裂，实腹拱拱上填料有无沉陷。肋拱桥的肋间横向联结是否开裂、表面剥落、钢筋外露、锈蚀等。

④双曲拱桥拱肋间横向联结拉杆是否松动或断裂，拱波与拱肋结合处是否开裂、脱离，拱波之间砂浆有无松散脱落，拱波顶是否开裂、渗水等。

⑤薄壳拱桥壳体纵、横向及斜向是否出现裂缝及系杆是否开裂。

⑥系杆拱的系杆是否开裂，无混凝土包裹的系杆是否有锈蚀。

⑦钢管混凝土拱桥裸露部分的钢管及构件检查参见钢桥检查有关内容,同时还应检查管内混凝土是否填充密实。

(7)钢桥的检查:

①构件(特别是受压构件)是否扭曲变形、局部损伤。

②铆钉和螺栓有无松动、脱落或断裂,节点是否滑动、错裂。

③焊缝边缘(热影响区)有无裂纹或脱开。

④油漆层有无裂纹、起皮、脱落,构件有无锈蚀。

⑤钢箱梁封闭环境中的湿度是否符合要求,除湿设施是否工作正常。

(8)通道、跨线桥与高架桥的检查:

通道、跨线桥与高架桥的结构检查同其他一般公路桥梁。通道还应检查通道内有无积水,机械排水的泵站是否完好,排水系统是否畅通。跨线桥、高架桥还应检查防抛网、隔音墙是否完好。通道、跨线桥与高架桥下的道面是否完好,有无非法占用情况等。

(9)悬索桥和斜拉桥的检查:

①检查索塔高程、塔柱倾斜度、桥面高程及梁体纵向位移,注意是否有异常变位。

②检测索体振动频率、索力有无异常变化,索体振动频率观测应在多种典型气候下进行。观测周期不超过6年。

③主梁或加劲梁的检查,按预应力混凝土及钢结构的相应要求进行。

④悬索桥的锚旋及锚杆有无异常的拨动,锚头、散索鞍有无锈蚀破损,锚室(锚洞)有无开裂、变形、积水,温湿度是否符合要求。

⑤主缆、吊杆及斜拉索的表面封闭、防护是否完好,有无破损、老化。

⑥悬索桥的索鞍是否有异常的错位、卡死、辊轴歪斜,构件是否有锈蚀、破损。

⑦悬索桥吊杆上端与主缆索的索夹是否有松动、移位和破损,下端与梁连接的螺栓有无松动。

⑧逐束检测索体是否开裂、鼓胀及变形,必要时可剥开护套检查索内干湿情况和钢索的锈蚀情况。检查后应做好保护套剥开处的防护处理。

⑨逐个检查锚具及周围混凝土的情况,锚具是否渗水、锈蚀,是否有锈水流出的痕迹,周围混凝土是否开裂。必要时可打开锚具后盖抽查锚杯内是否积水、潮湿,防锈油是否结块、乳化失效,锚杆是否锈蚀。

⑩逐个检查索端出索处钢护筒、钢管与索套管连接处的外观情况。检查钢护筒是否松动脱落、锈蚀、渗水,抽查连接处钢护筒内防水垫圈是否老化失效,筒内是否潮湿积水。

⑪索塔的爬梯、检查门、工作电梯是否可靠安全,塔内的照明系统是否完好。

(10)支座的检查:

①支座组件是否完好、清洁,有无断裂、错位、脱空。

②活动支座是否灵活,实际位移量是否正常,固定支座的锚销是否完好。

③支承垫石是否有裂缝。

④简易支座的油毡是否老化、破裂或失效。

⑤橡胶支座是否老化、开裂,有无过大的剪切变形或压缩变形,各夹层钢板之间的橡胶层外凸是否均匀。

⑥四氟滑板支座是否脏污、老化,四氟乙烯板是否完好,橡胶块是否滑出钢板。

⑦盆式橡胶支座的固定螺栓是否剪断,螺母是否松动,钢盆外露部分是否锈蚀,防尘罩是

否完好。

⑧组合式刚支座是否干涩、锈蚀,固定支座的锚栓是否紧固,销板或销钉是否完好。

⑨摆柱支座各组件相对位置是否准确,受力是否均匀。

⑩辊轴支座的辊轴是否出现不容许的爬动、歪斜。

⑪摇轴支座是否倾斜。

⑫钢筋混凝土摆柱支座的柱体有无混凝土脱皮、开裂、漏筋,钢筋及钢板有无锈蚀。

(11)墩台与基础的检查:

①墩台及基础有无滑动、倾斜、下沉或冻拔。

②台背填土有无沉降或挤压隆起。

③混凝土墩台及帽梁有无冻胀、风化、开裂、剥落、露筋等。

④石砌墩台有无砌块断裂、通缝脱开、变形,砌体泄水孔是否堵塞,防水层是否损坏。

⑤墩台顶面是否清洁,伸缩缝处是否漏水。

⑥基础下是否发生不许可的冲刷或淘空现象,扩大基础的地基有无侵蚀。桩基顶段在水位涨落、干湿交替变化处有无冲刷磨损、颈缩、露筋,有无环状冻裂,是否受到污水、碱水或生物的腐蚀。必要时对大桥、特大桥的深水基础应派潜水员潜水检查。

(12)调治构造物是否完好,功能是否适用,桥位段河床是否有明显的冲淤或漂浮物堵塞现象。

(13)桥梁检查中发现的各种缺损均应在现场用油漆等将其范围及日期标记清楚。发现三类以上桥梁及有严重缺损和难以判明损坏原因和程度的桥梁,应作影像记录,并附病害状况说明。

(14)桥梁定期检查后应完成下列文件工作:

①桥梁定期检查数据表。当天检查的桥梁现场记录,应在次日内整理成每座桥梁定期检查数据表。

②典型缺损和病害的照片及说明。缺损状况的描述应采用专业标准术语,说明缺损的部位、类型、性质、范围、数量和程度等。

③两张总体照片。一张桥面正面照片,一张桥梁上游侧立面照片。桥梁改建后应重新拍照一次。如果桥梁拓宽改造后,上下游桥梁结构不一致,还要有下游侧立面照片,并标注清楚。

④桥梁清单。

⑤应将本次检查的桥梁各部件技术状况评定结果登记在桥梁基本状况卡片内的本状况卡片内。定期检查完成后,应将本次检查的桥梁各部件技术状况评定结果登记在桥梁卡片内。

⑥定期检查报告。该报告应包括下列内容:

a.辖区内所有桥梁的保养小修情况。

b.需要大中修或改建的桥梁计划,说明修理的项目,拟用的修理方案,估计费用和实施时间。

c.要求进行特殊检查桥梁的报告,说明检验的项目及理由。

d.需限制桥梁交通的建议报告。

3.特殊检查

(1)特殊检查应根据桥梁的破损状况和性质,采用适当的仪器设备进行现场测试、荷载试验及其他辅助试验手段和科学分析方法,针对桥梁现状进行检算分析,查明桥梁病害原因、破损程度和承载能力，确定桥梁的技术状况，形成鉴定结论，以便采取相应的加固、改善措施。

(2)特殊检查应委托有相应资质和能力的单位承担。

(3)在下列情况下应作特殊检查：

①定期检查中难以判明损坏原因及程度的桥梁。

②桥梁技术状况为四、五类者。

③拟通过加固手段提高荷载等级的桥梁。

④条件许可时，特殊重要的桥梁在正常使用期间可周期性进行荷载试验。

桥梁遭受洪水、流冰、滑坡、地震、风灾、漂流物或船舶撞击，因超重车辆通过或其他异常情况影响造成损害时，应进行应急检查。

(4)实施专门检查前，承担单位负责检查的工程师应充分收集资料，包括设计资料(设计文件、计算所用的程序、方法及计算结果)、竣工图、材料试验报告、施工记录、历次桥梁定期检查和特殊检查报告，以及历次维修资料等。原资料如有不全或疑问时，可现场测绘构造尺寸，测试构件材料组成及性能，勘查水文地质情况等。

(5)桥梁特殊检查应从以下三方面做出鉴定：

①桥梁结构材料缺损状况：包括对材料物理、化学性能退化程度及原因的测试鉴定；结构或构件开裂状态的检测及评定。

②桥梁结构承载能力：包括对结构强度、稳定性和刚度的检算、试验和鉴定。

③桥梁防灾能力：包括桥梁抵抗洪水、流冰、风、地震及其他地质灾害等能力的检测鉴定。

(6)桥梁结构材料缺损状况鉴定，可根据鉴定要求和缺损的类型、位置，选择表面测量、无破损检测和局部取试样等有效可靠的方法。试样应在有代表性构件的次要部位获取。

(7)桥梁结构检算及承载力试验应按国家及行业有关标准和技术规范进行。

(8)桥梁抗灾能力鉴定一般采用现场测试与检算的方法，特别重要的桥梁可进行模拟试验。

(9)原设计条件已经变化的，所有鉴定都应针对当时桥梁的实际状况，不能套用原设计的资料数据。

(10)特殊检查报告包括下列主要内容：

①概述检查的一般情况：包括桥梁的基本情况，检查的组织、时间、背景和工作过程等。

②描述目前的桥梁技术状况：包括现场调查、试验与检测的项目及方法，检测数据与分析结果和桥梁技术状况评价等。

③详细叙述检查部位的损坏程度及原因，并提出结构部件和总体的维修、加固或改建的建议方案。

四、桥梁技术状况的评定

1.桥梁评定分类

桥梁评定分为一般评定和适应性评定。

(1)一般评定是依据桥梁定期检查资料，通过对桥梁各部件技术状况的综合评定，确定桥梁的技术状况等级，提出各类桥梁的维护措施。

(2)桥梁适应性评定包括以下内容：依据桥梁定期及特殊检查资料，结合试验与结构受力分析，评定桥梁的实际承载能力、通行能力、抗洪能力，提出桥梁维护、改造方案。

(3)一般评定由负责定期检查者进行，而适应性评定应委托有相应资质及能力的单位进行。

2.一般评定

全桥总体技术状况等级评定,宜采用考虑桥梁各部件权重的综合评定方法。亦可按重要部件最差的缺损状况评定,或对照桥梁技术状况评定标准(表4-3)进行评定。

技术状况评定标准　　表4-3

	一类	二类	三类	四类	五类
总体评定	完好、良好状态 1.重要部件功能与材料均良好 2.次要部件功能良好,材料(3%以内)轻度缺损或污染 3.承载能力和桥面行车条件符合设计指标	较好状态 1.重要部件功能良好,材料有局部(3%以内)轻度缺损或污染,裂缝宽小于限值 2.次要部件有较多(10%以内)中等缺损或污染 3.承载能力和桥面行车条件达到设计指标	较差状态 1.重要部件材料有较多(10%以内)中度缺损,裂缝宽超限值,或出现轻度功能性病害,但发展缓慢,尚能维持正常使用功能 2.次要部件有大量(10%～20%)严重缺损,功能降低,进一步恶化将不利于重要部件和影响正常交通 3.承载能力比设计降低10%以内,桥面行车不舒适	差的状态 1.重要部件材料有大量(10%～20%)严重缺损,裂缝宽超限值,风化、剥落、漏筋、锈蚀严重,或出现轻度功能性病害,但发展较快。结构变形小于或等于规范值,功能明显降低 2.次要部件有20%以上的严重缺损,失去应有功能,功能降低,严重影响正常交通 3.承载能力比设计降低10%～25%	危险状态 1.重要部件出现严重的功能性病害,且有继续扩张现象,关键部位的部分材料强度达到极限,出现部分钢筋断裂、混凝土压碎或杆件失稳变形的破损现象,变形大于规范值,结构的强度、刚度、稳定性和动力响应不能达到平时交通安全通行的要求 2.承载能力比设计降低25%以上
墩台与基础	1.墩台各部分完好 2.基础及地基状况良好	1.墩台基本完好 2.3%以内的表面有风化、麻面、短细裂缝,缝宽小于限制,砌体灰缝脱落 3.表面长有青苔、杂草 4.基础无冲蚀现象	1.墩台3%～10%的表面有各种缺损,裂缝宽超限值,有风化、锈蚀现象;砌体灰缝脱落,局部变形等 2.出现轻微的下沉、倾斜、滑动等现象,发展缓慢或趋向稳定 3.基础有局部冲蚀现象,桩基顶段被磨损	1.墩台10%～20%的表面有各种缺损,裂缝宽而密,剥落、漏筋、锈蚀严重,砌体大面积松动、变形 2.墩台出现下沉、倾斜、滑动、冻拔等现象,变形小于或等于规范值。台背填土有沉降裂缝或积压隆起,变形发展较快 3.基础冲刷大于设计值,基底冲空面在10%～20%以内。桩基顶段被侵蚀、露筋、索颈。或有环状冻裂,木桩腐蚀、蛀蚀严重	1.墩台不稳定,下沉、倾斜、滑动、冻拔等现象严重,变形大于规范值,造成上部结构和桥面变形过大,不能正常行车 2.墩台、桩基出现结构性裂缝,裂缝宽度超过限值 3.基底冲刷深度大于设计值,冲空面达到20%以上。地基承载力降低,桥面岸坡滑移
支座	1.各部分清洁完好,位置正确 2.支座工作状态正常	1.支座有尘土堆积、略有腐蚀 2.支座滑动面干涩	1.刚支座固定螺栓松动,锈蚀严重 2.橡胶支座开始老化 3.混凝土支座有剥落、漏筋、锈蚀现象	1.刚支座的组件出现断裂 2.胶支座老化开裂 3.混凝土支座有碎裂 4.活动支座坏死,不能活动 5.支座上下错位过大,有倾倒脱落的危险	支座错位、变形、破损严重,已失去正常支承功能,使上下部结构受到异常约束,造成支承部位的缺损和桥面的不平顺

续上表

	一类	二类	三类	四类	五类
砖、石、混凝土上部结构	1.结构完好,无渗水,无污染 2.次要部位有少量短细裂纹,裂纹宽度小于限值	1.结构基本完好 2.3%以内的表面有风化、麻面、短细裂缝,缝宽小于限值,砌体灰浆脱落 3.上下游侧表面有水迹污染,砌体滋生杂草	1.结构3%~10%的表面有各种缺损,裂缝宽超限值,有风化、剥落、露筋、锈蚀,桥面板裂缝渗水 2.石砌拱桥砌体灰缝脱落,局部松动、外鼓 3.横向联结件断裂、脱焊或松动,边梁或边拱肋有横移或外倾迹象	1.结构10%~20%的表面有各种缺损,重点部位出现接近全截面的开裂,裂缝宽超限值,顺主筋方向有纵向裂缝,钢筋锈蚀和混凝土剥落严重,砌体有较大松动、变形 2.结构存在明显的永久变形,变形小于或等于规范值,桥面竖向成波形	1.结构永久变形,变形大于规范值 2.重点部分出现全截面开裂,裂缝宽度超过限值,部分钢筋屈服或断裂,混凝土压碎。主拱圈出现四铰,成不稳定结构 3.受压构件有严重的横向扭曲变形 4.承载能力比设计降低25%以上
刚结构	1.各部件及焊缝均完好 2.各节点铆钉、螺栓无松动 3.各部分油漆均匀、完整、色泽均匀	1.各部件完好,焊缝无开焊 2.少数节点有个别铆钉、螺栓松动变形 3.油漆变色、起泡剥落,面积在10%以内	1.个别次要构件有局部变形,焊缝有裂纹 2.联结铆钉、螺栓损坏在10%以内 3.油漆失效面积在10%~20%之间	1.个别主要构件有扭曲变形,损伤裂纹、开焊、严重锈蚀 2.联结铆钉、螺栓损坏在10%~20%之间 3.油漆失效面积在20%以上	1.主要构件有严重扭曲变形、开焊,锈蚀削弱截面10%以上,钢材变质,强度性能恶化。油漆失效面积在50%以上 2.节点板及联结铆钉、螺栓损坏在20%以上 3.结构永久变形大于变形值 4.结构振动或摆动过大,行车和行人有不安全感
人行道栏杆	完整清洁,无松动,少数构件局部有细裂纹、麻面	个别构件破损、脱落,3%以内构件有松动、开裂、剥落和污染	10%以内构件有松动、开裂、剥落、露筋、锈蚀、破损、脱落	10%~20%的构件严重损坏、错位、变形、脱落、残缺	
桥面铺装、伸缩缝	1.铺装层完好、平整、清洁、或有个别细裂缝 2.防水层完好,泄水管完好、畅通 3.伸缩缝完好、清洁 4.桥头平顺,无跳车现象	1.铺装层10%以内的表面有纵横裂缝 2.防水层基本完好;泄水管堵塞,周围渗水 3.伸缩缝局部完好 4.桥头轻度跳车,台背路面下沉在2cm以内	1.铺装层10%~20%的表面有严重的龟裂、深坑槽、波浪 2.桥面板接缝处防水层断裂渗水,泄水管破损、脱落 3.伸缩缝普遍缺损 4.桥头跳车明显,台背路面下沉在2~5cm	1.铺装层在20%以上的表面有严重的破坏,桥面普遍坑洼不平、积水 2.防水层老化失效,普遍断裂、渗水,泄水管脱落,泄水孔堵塞 3.伸缩缝严重破损、失效,难以修补 4.桥头跳车严重,台背路面下沉大于5cm	
调治构造物	1.构造设置合理,功能正常 2.构造物完好	1.构造功能基本正常 2.构造物局部砌体松动、变形	1.构造本身抗洪能力不足,基础局部冲蚀 2.构造物20%以内出现下沉、倾斜、局部坍塌	1.构造本身抗洪能力太低,基础冲蚀严重 2.构造物20%以上被破坏,部分丧失功能或功能下降	

续上表

	一　类	二　类	三　类	四　类	五　类
翼(耳)墙、锥(护)坡	1.翼(耳)墙完好无损,清洁 2.锥(护)坡完好,无垃圾堆放,无草木滋生 3.桥头排水沟和行人台阶完好	1.翼(耳)墙出现个别裂缝,缝宽小于限值,局部脱落,砌体灰缝脱落,面积在10%以内 2.锥(护)坡局部塌陷,铺砌缺损,垃圾堆积,草木丛生 3.桥头排水沟堵塞不畅通,行人台阶局部塌落	1.翼墙断裂与桥台前墙脱开,但无明显外倾、下沉、砌体灰缝脱落;局部松动外鼓,面积小于20% 2.锥(护)坡出现大面积塌陷,铺砌缺损,形成冲沟或积水坑,坡脚有局部冲蚀 3.桥头排水沟和行人台阶损坏,功能降低	1.翼墙断裂、下沉、外倾失稳,砌体变形,部分严重倒塌 2.锥(护)坡体和坡脚冲蚀严重,有滑移、坍塌,坡顶下降较大,作用明显减小 3.桥头排水沟和行人台阶全部损坏,功能几乎消失	
照明、标志、附属设施	完好无缺,布置合理	照明灯泡坏,灯柱锈蚀,标志不正、脱落,附属设施基本完好	灯柱歪斜不正,灯具损坏,标志倾斜损坏,附属设施需保养维修	照明线老化破断或短路,灯柱、灯具残缺不齐,标志损坏严重,附属设施需维修与更换	

(1)桥梁各部件技术状况的评定方法如下:

①根据缺损程度(大小、多少或轻重)、缺损对结构使用功能的影响程度(无、小、大)和缺损发展变化状况(趋向稳定、发展缓慢、发展较快)等三个方面,以累加评分方法对各部件缺损状况做出等级评定。评定方法见表4-4。

桥梁部件缺损状况评定方法　　表4-4

缺损情况及标度			组合评定标度					
缺损程度及标度		程度	小→大 少→多 轻度→严重					
		标度			0	1	2	
缺损对结构使用功能的影响程度	无、不重要	0			0	1	2	
	小、次要	+1			1	2	3	
	大、重要	+2		1	2	3	4	
以上两项评定组合标度			0	1	2	3	4	
缺损发展变化状况的修正	趋向稳定	-1			0	1	2	3
	发展缓慢	0			1	2	3	4
	发展较快	+1		1	2	3	4	5
最终评定结果			0	1	2	3	4	5
桥梁技术状况及分类			完好	良好	较好	较差	差的	危险
			一类	二类	三类	四类	五类	

注:"0"表示完好状态,或表示没有设置的构造部件。当缺损程度标度为"0"时,不再进行叠加;

"5"表示危险状态,或表示原未设置,而调查表明需要补设的部件。

②重要部件(如墩台与基础、上部承重构件、支座)以其中缺损最严重的构件评分;其他部

件，根据多数构件缺损状况评分。

③推荐的各部件权重见表 4-5，各地区也可根据本地区的环境条件和维护要求，采用专家评估法修订各部件的权重。

推荐的桥梁各部件权重及综合评定方法 表 4-5

部件	部件名称	权重 W_i	桥梁技术状况评定方法
1	翼墙、耳墙	1	(1)综合评定采用下列计算式： $D_r = 100 - \sum R_i W_i/5$ 式中：R_i——按表 4～4 方法对各部件确定的评定标度(0～5)； W_i——各部件权重，$\sum W_i = 100$； D_r——全桥结构技术状况评分(0～100)；评分高表示结构状况好，缺损少 (2)评定分类采用下列界限 $D_r \geqslant 88$ 一类 $88 > D_r \geqslant 60$ 二类 $60 > D_r \geqslant 40$ 三类 $40 > D_r$ 四、五类 $D_r \geqslant 60$ 的桥梁，并不排除其中有评定标准 $R_i \geqslant 3$ 的部件，仍有维修的需要
2	锥坡、护坡	2	
3	桥台及基础	23	
4	桥墩及基础	24	
5	地基冲刷	8	
6	支座	3	
7	上部主要承重构件	20	
8	下部一般承重构件	5	
9	桥面铺装	1	
10	桥头与路堤连接部	3	
11	伸缩缝	3	
12	人行道	1	
13	栏杆、护栏	1	
14	灯具、标志	1	
15	排水设施	1	
16	调治构造物	3	
17	其他	1	

(2)桥梁技术状况评定等级分为一类、二类、三类、四类、五类。桥梁总体及部件技术状况评定标准见表 4-3。

(3)梁、拱、墩台裂缝的最大限值规定如表 4-6。裂缝超过表列数值时应进行修补或加固，以保证结构的耐久性。

裂缝限值 表 4-6

结构类型	裂缝种类	允许最大缝宽(mm)	其他要求
钢筋混凝土梁	主筋附近竖向裂缝	0.25	
	腹板斜向裂缝	0.30	
	组合梁结合面	0.50	不允许贯通结合面
	横隔板与梁体端部	0.30	
	支座垫石	0.50	
预应力混凝土梁	梁体竖向裂缝	不允许	
	梁体纵向裂缝	0.20	
砖、石、混凝土拱	拱圈横向	0.30	
	拱圈纵向	0.50	
	拱波与拱肋结合处	0.20	

续上表

<table>
<tr><th>结构类型</th><th colspan="3">裂缝种类</th><th>允许最大缝宽(mm)</th><th>其他要求</th></tr>
<tr><td rowspan="7">墩台</td><td colspan="3">墩台帽</td><td>0.30</td><td rowspan="7">不允许贯通墩身截面一半</td></tr>
<tr><td rowspan="5">墩台身</td><td rowspan="2">经常受侵蚀性水影响</td><td>有筋</td><td>0.20</td></tr>
<tr><td>无筋</td><td>0.30</td></tr>
<tr><td rowspan="2">常年有水,但无侵蚀性水影响</td><td>有筋</td><td>0.25</td></tr>
<tr><td>无筋</td><td>0.35</td></tr>
<tr><td colspan="2">干沟或季节性有水河流</td><td>0.40</td></tr>
<tr><td colspan="3">有冻结作用部分</td><td>0.20</td></tr>
</table>

注:表中所列除特指外适用于一般条件。对于潮湿环境和空气中含有较强腐蚀性气体条件下的缝宽限制应要求严格一些。预应力混凝土梁指全预应力或部分预应力 A 结构。

3.桥梁适应性评定

对桥梁的承载能力、通行能力、抗洪能力应周期性地进行评定。评定周期一般为 3~6 年。评定工作可与桥梁的定期检查、特殊检查结合进行。

承载能力、通行能力的评定一般采用现行荷载标准及交通量,也可考虑使用期预测交通量。承载能力、通行能力评定方法见《公路旧桥承载力评定规程》。抗洪能力评定的具体要求参见《公路桥涵养护规范》(JTG H11—2004)第 11 章。

4.对桥涵所提出的维护对策

(1)对一般评定划定的各类桥梁,分别采取不同的维护措施。

一类桥梁进行正常保养;二类桥梁需进行小修;三类桥梁需进行中修,酌情进行交通管制;四类桥梁需进行大修或改造,及时进行交通管制,如限载、限速通过,当缺损较严重应关闭交通;五类桥梁需要进行改建或重建,及时关闭交通。

(2)对适应性不能满足的桥梁,应采取提高承载力,加宽、加长基础防护等改造措施。若整个路段有多座桥梁的适应性不能满足,应结合路线改造进行方案比较和决策。

五、桥梁的检验

公路桥梁检验包括桥梁结构的检查和验算,以及桥梁荷载试验和量测等;对桥梁的运营状况、承载能力和耐久性能进行的技术评定。结构检查的设备在 19 世纪以前是相当简陋的,还没有直接量测结构应变的仪器。直至 20 世纪 20~40 年代才出现各种类型的应变计。桥梁荷载实验已有 100 多年的历史,例如 1850 年英国建造的最大跨径为 140m 的箱形连续梁铁路桥(不列颠桥),原设计是一座有加劲梁的吊桥,在建造过程中,曾进行荷载试验,改变了原设计方案。

1.检验程序

首先检查桥梁各部分构造的技术状况,然后根据桥梁的现状进行结构检算。初建的新型桥梁和缺乏技术资料的旧桥,必要时需进行荷载试验。通过桥梁结构的变位(线位移和角位移)、应变(或转换为应力)、动力特性参数(频率、振幅、阻尼比和动力系数等)、裂缝和损害等项目的检测,来证实桥梁在强度、刚度、稳定性、耐久性和动力性能等方面能否满足安全运营的要求。

2.检验内容

包括桥梁结构检查和荷载试验。

(1)结构检查的主要内容有:桥梁上部结构和下部结构总体尺寸和变位状况的检查;桥梁承重构件截面尺寸及其细部组合的偏差检查;桥面的平整度检查;材料的物理力学性能和可能存在的裂缝、缺陷、渗漏、锈蚀和侵蚀等损害的检查;必要时还应进行地基和河床冲刷等状况的复查。

结构检查大致可分为无破损检查和局部破损检查。

无破损检查主要用于结构材料强度、质量和缺陷等检查。无破损检查应用的技术有:回弹仪检查技术;超声波探测技术(脉冲传送、脉冲衰减和全息摄影等方法);射线照相或衰减测定技术(电磁放射线有 X 射线、γ 射线、红外线和紫外线;核子放射线有中子、质子和正电子束等);磁力或磁通量探测技术;染色渗入法;探测锈蚀状况的半电池电位测量;激光全息摄影技术;光学孔径仪与光纤维和小型闭路电视录像机组合的观测技术;振动法检验技术等。无破损检查技术往往需要几种方法综合运用才能得到可靠的结果,并且需要有经验的检验人员。因此,用一般的量具和放大镜等辅助工具进行外观的检查诊断仍是最广泛的检查手段,必要时才应用无破损检查技术来辅助判断。为了检查与试验作业的方便,有专用的桥梁检测车和轻型拼装式悬吊检查架。

局部破损检查是在构件上采取试样进行物理化学分析和力学性能实验的检查方法。如测定材料的强度、弹性模量、混凝土的水泥含量、氯化物含量、碳化深度和渗水等,都需在构件上取样。又如混凝土或防水层电阻率的测量等,往往需要在构件上钻孔插入探测仪器进行测量。

(2)荷载试验:桥梁静力荷载实验的加载设备常用大型货车、拖挂车、翻斗车、水车和施工机械等各种普通装载车;也有专用的单轴或多轴加载挂车和测定结构影像线的自行式单点荷载设备;有的场合也用压重物等。桥梁自振特性的试验测定方法大致有三类:

①常用的突然加载或卸载的方法激振桥梁,如跳车、释放、撞击和小火箭等冲击荷载;

②用运转频率可调的起振机或专用的单轴电-液惯性加振挂车进行谐振实验;

③用脉动信号测试与分析的方法,用磁带机记录桥梁无载时的脉动随机信息,并用信号处理机进行频谱分析,可取得多谐振型的特征值。

桥梁受迫振动相应的试验测定常用接近运营条件的车辆,以不同车速通过桥梁进行行车试验,测定桥梁的动力系数与车速的关系;或在桥梁动力相应最大的部位进行起动或制动试验;也可利用平时交通荷载或风荷载等随机荷载,测定桥梁的随机振动。

检测桥梁受载及相应的仪器大体可分为静态测量仪器和动态测量仪器两种,也有相互组合和兼用的类型。

荷载和力的测量:静态测量时常用杠杆式地磅、液压型轮重秤和各种机械式或液压式测力计等;电子秤和各种电学的测力传感器及指示计可用于静态或动态测量。直接测定由于车辆荷载本身的振动同桥面不平整状况组合作用于桥梁动力轴重规律的激光测量装置,以及测定风载规律的三向风速测量装置等正在逐渐被采用。

变位测量:静态测量时常用游标卡尺、百分表、钢丝挠度计、精密水准仪、经纬仪、水准式倾角仪、摄影测量与分析设备等。激光位移测量装置,以及各种电学的位移、倾角的传感器和指示器可用于静态测量和动态测量。还有在长期观测中采用连通管水平面法测量竖向位移的自动记录装置。

应变应力测量:采用千分表、手持式应变计、杠杆引伸计、刻痕应变计(也可用于动态测量)、电阻应变计与静态应变计、振弦式应变计与频率(或过期)测定仪、差动电阻式应变计和比例电桥等各种电学的应变传感器与指示器。此外,还有光弹和激光的应变测量装置,但应用不多。用电学应变计组装的各种应力计可直接测量应力,还有用应力松弛法测定结构剩余应力(如自重应力)。

裂缝观测:静力试验过程中裂缝常用读数显微镜观测,也可用应变计(如手持式应变计、一般电阻应变计或裂缝电阻应变计等)检测混凝土裂缝的扩展,还可应用声发射技术探测裂缝的发生;或用纤维断裂法检测裂缝的扩展。此外,还用测缝计测量构造缝的伸缩。

结构环境温度测量:常用日记(或周记)的双金属气象温度计。结构表面温度测量可用普通温度计和半导体测温计。混凝土结构内部温度测量一般采用热电偶、热敏电阻和其他类型的温度传感器和指示器。

测量动位移、速度和加速度的仪器有机械式的万能测振仪和各种电学的拾振器及其放大器和记录器。测量动应变常用动态电阻应变仪和振弦式应变仪器等。

检测、演算和分析,实验数据的记录、储存、处理与显示的方法,依照量测技术设备的先进性可分为三类:

①手工记录与处理的方法,使用非自动检测的静态测量仪器获得的数据多用这种方法。

②自动记录和手工处理的方法,对于自动检测的仪器,记录模拟数据采用笔式或光线式记录器,记录数字化数据采用电传打印机时,数据的处理往往仍用手工方法进行。

③利用微型计算机处理数据,动态数据处理有专用的信号处理机。脱机处理时,试验数据(模拟的或数字的)必须记录存储在磁带、纸带磁盘或穿孔纸带上,以便输入计算机处理。计算机输出处理结果的显示设备有 X-Y 函数标绘器、热显示波器和电传打印机等。

为了现场试验与量测方便,将各种测试仪器与数据处理设备组装成测试车,能改善野外测试条件和提高试验效率。对于长期监测的桥梁可建立遥测中心试验站。

检验的成果包括结构检查报告、结构检算书和荷载试验报告。检验成果的分析应遵循有关桥梁检定规范和设计标准。

静力试验的一般要求:桥梁在荷载作用下,结构显示良好的弹性工作状态,结构的弹性变形、残余变形和总变形量应满足规定的指标;结构的刚度要满足运行的要求;结构的应力和变形不超过设计标准的容许值;出现的裂缝宽度应小于相应使用环境下的许可值,应满足耐久性的要求等。

动力试验的一般要求是:桥梁实测动力系数应不大于设计取用值;在正常交通量下,桥梁的振动(频率与振幅的组合)不使行人有不愉快和不安全的感觉;结构的最低谐自振频率应大于有关标准的限值,以避免发生可能的共振现象;结构的动应力应小于相应的疲劳极限值等等。但是,桥梁的最终评定必须是根据桥梁检验成果的分析,同时结合桥梁的运营环境和使用要求等条件进行综合判断。

如果桥梁检验评定结果不能满足运营安全性和耐久性的要求,那么,就需根据检验评定结果采取必要的措施,如降低通行荷载重量,限制车速和进行必要的修理或加固等。

第三节　桥梁上部构造的维护与加固

一、栏杆的维护

栏杆的作用有利于行车安全,它的维护应满足:

(1)人行道块件应牢固、完整,桥面路缘石应经常保持完好状态。若出现松动、缺损应及时进行修整或更换。

(2)桥梁栏杆应经常保持完好状态。栏杆柱应竖向立直,扶手应无损坏、断裂,伸缩缝处的水平杆件应能自由伸缩。栏杆柱、扶手如有缺损,应及时补齐。因栏杆损坏而采用临时防护措施时,使用时间不得超过三个月。

(3)钢筋混凝土栏杆开裂严重或混凝土剥落,应凿除损坏部分,修补完整。

(4)钢质栏杆应涂漆防锈,一般每年一次。

(5)护栏、防撞墙应牢固、可靠,若有损坏应及时修理或更换。钢护栏与钢筋混凝土护栏上的外露钢构件应定期涂漆防锈,一般每年一次。

(6)桥梁两端的栏杆柱或防撞墙端面,涂有立面标记或示警标志的,应定期涂刷,一般一年一次,使油漆颜色保持鲜明。

二、桥面伸缩缝的维护

桥面伸缩缝的维护应满足下列要求:

(1)应经常清除缝内积土、垃圾等杂物,使其发挥正常作用,若有损坏或功能失效应及时修理或更换。

(2)以下几种伸缩装置出现下列病害时,应及时进行更换:

①U形锌铁皮伸缩装置的锌铁皮老化、开裂、断裂。

②钢板伸缩装置或锯齿钢板伸缩装置的钢板变形,螺栓脱落,伸缩不能正常进行。

③橡胶条伸缩装置的橡胶条老化、脱落,固定角钢变形、松动。

④板式橡胶伸缩装置的橡胶板老化开裂,预埋螺栓松脱,伸缩失效。

(3)更换的伸缩装置应选型合理,伸缩量应满足桥跨结构变形需要,安装应牢固、平整、不漏水。

(4)维修或更换伸缩装置时,应采取措施维持交通。

三、桥面排水系统的维护

桥面排水系统的维护应满足下列要求:

(1)桥面的泄水管、排水槽如有堵塞,应及时疏通,并经常保持畅通。

(2)桥面应保持大于1.5%的横坡,以利于桥面排水。

(3)桥梁上设置的封闭式排水系统,应保持各排水管道畅通、排水设备应工作正常,若有堵塞应及时疏通,若有损坏则应及时更换。

四、桥面铺装的维护

桥面铺装的维护应满足下列要求:

(1)桥面应经常清扫,排除积水,清除泥土、杂物、冰棱和积雪,保持桥面平整、清洁。

(2)沥青混合料桥面出现泛油、拥包、裂缝、波浪、坑槽、车辙等病害时,应及时处治。当损坏面积较小时,可局部修补;损坏面积较大时,可将整跨铺装层凿除,重铺新的铺装层。一般不应在原桥面上直接加铺,以免增加桥梁恒载。

(3)水泥混凝土桥面出现断缝、拱胀、错台、起皮、露骨等病害时,应及时处理。损坏面积较大时,应将原铺装整块或整跨凿除,重铺新的铺装层。

(4)桥面防水层如有损坏,应及时修复。

五、支座的维护与加固

1.日常维护

(1)支座各部应保持完整、清洁,每半年至少清扫一次。清除支座周围的油污、垃圾,防止积水、积雪,保证支座正常工作。

(2)滚动支座的滚动面应定期涂润滑油(一般每年一次)。在涂油之前,应把滚动面都擦干净。

(3)对钢支座要进行除锈防腐。除铰轴和滚动面外,其余部分均应涂刷防锈油漆。

(4)及时拧紧钢支座各部接合螺栓,使支承垫板平整、牢固。

(5)应防止橡胶支座接触油污引起老化、变质。

(6)滑板支座、盆式橡胶支座的防尘罩,应维护完好,防止尘埃落入或雨、雪渗入支座内。

2.支座维修与更换

(1)支座如有缺陷或产生故障不能正常工作时,应及时予以修整或更换。

①支座的固定锚销剪断,滚动面不平整,轴承有裂纹或切口,辊轴大小不合适,混凝土摆柱出现严重开裂、歪斜,必须更换。

②支座座板翘起、变形、断裂时应予更换,焊缝开裂应予整修。

③板式橡胶支座出现脱空或不均匀压缩变形时应进行调整。

④板式橡胶支座发生过大剪切变形、中间钢板外露、橡胶开裂、老化时应及时更换。

⑤油毡垫层支座失去功能时,应及时更换。

(2)调整、更换板式橡胶支座、钢板支座、油毛毡垫层支座时采用如下方法:

在支座旁边的梁底或端横隔处设置千斤顶,将梁(板)适当顶起,使支座脱空不受力,然后进行调整或更换。调整完毕或新支座就位正确后,落梁(板)到使用位置。

(3)需要抬高支座时,可根据抬高量的大小选用下列几种方法:

①垫入钢板(50mm 以内)或铸钢板(50~100mm)。

②更换为板式橡胶支座。

③就地浇筑钢筋混凝土支座垫石,垫石高度按需要设置,一般应大于 100mm。

六、桥跨结构的维护与加固

1.钢筋混凝土梁桥的维护与加固

1)日常维护与维修

(1)钢筋混凝土桥梁日常维护内容：清除表面污垢；修理混凝土空洞、破损、剥落、表面风化以及裂缝；清除暴露钢筋锈渍、恢复保护层；处理各种横、纵向构件的开裂、开焊和锈蚀。

保持箱梁的箱内通风，未设通风孔的应补设。梁体的污垢应用清水洗刷，不得使用有腐蚀性的化学清洗剂。

(2)钢筋混凝土梁桥常见病害的处理方法：

①对梁(板)体混凝土的空洞、蜂窝、麻面、表面风化、剥落等应先将松散部分清除，再用高强度等级混凝土、水泥砂浆或其他材料进行修补。新补的混凝土要密实，与原结构应结合牢固、表面平整。新补的混凝土必须实行养生。

②梁体若发现漏筋或保护层剥落，应先将松动的保护层凿去，并清除钢筋锈迹，然后修复保护层。如损坏面积不大可用环氧砂浆修补，如损坏面积过大可用喷射高强度等级水泥砂浆的方法修补。

③梁(板)体的横、纵向联结件开裂、断裂、开焊，可采取更换、补焊、帮焊等措施修补。

④钢筋混凝土梁桥的裂缝处理：当裂缝的宽度大于限值及裂缝分布超出正常范围时，应做处理。钢筋混凝土梁桥的裂缝最大限值见前表4-6。

当裂缝宽度在限值范围内时，可进行封闭处理，一般涂刷环氧树脂胶。

当裂缝宽度大于限值规定时，应采用压力灌浆法灌注环氧树脂胶或其他灌缝材料。

当裂缝发展严重时，应加强观测，查明原因，按照规范的有关规定进行加固处理。

(3)空气、雨水、河流水中含有对混凝土和钢筋有侵蚀的化学成分时，应对桥梁结构进行防护。

(4)钢筋混凝土构件的修补：

①在昼夜平均气温低于5℃时，对桥梁修补的混凝土构件应采取保温措施，保证混凝土的凝固硬化。

②用于修补加固的混凝土、钢材，其强度和其他质量指标应不低于原桥材料。修补用的混凝土强度等级应比原等级提高一级，在pH值小于5.6的地区，所用水泥应根据环境特点采用耐酸的硅酸盐水泥、抗铝酸盐水泥等。

③受拉区修补用的混凝土宜用环氧树脂配制，受压区修补用的混凝土可用膨胀水泥配制。用水泥混凝土或砂浆修补的构件应加强养生，有条件时宜用蒸汽养生或封闭养生。

2)加固方法及适用范围

梁桥加固可采用以下几种方法：

(1)浇筑钢筋混凝土加大截面加固法。用于加强构件，应注意在加大截面的同时自重也相应增加了。

(2)增加钢筋加固法，用于加强构件。

(3)粘贴钢板加固法。钢板与原结构必须可靠连接，并作防锈处理。是普遍采用的方法。

(4)粘贴碳纤维、特种玻璃纤维加固法。主要用于提高构件抗弯承载力。使用此法加固几乎不增加原结构自重。

(5)预应力加固法。对于提高构件强度、控制裂缝和变形的作用较好。

(6)改变梁体截面形式加固法。一般是将开口的T形截面或Π形截面转换成箱形截面。

(7)增加横隔板加固法。用于无中横隔或少中横隔梁的加固，可增加桥梁整体刚度，调整荷载横向分配。

(8)在桥下净空和墩台基础受力许可的条件下，采用在梁(板)底下加八字支撑加固法。

(9)桥梁结构由简支变连续加固法。

(10)当支座设置不当造成梁体受力恶化时,可采用调整支座高程的加固方法。

(11)更换主梁加固法。

(12)其他可靠有效的加固法。

2.预应力混凝土梁桥的维护与加固

1)日常维护与维修

(1)预应力混凝土梁桥日常维护范围及内容见钢筋混凝土梁桥日常维护的范围及内容,此外应对预应力锚固区的破损及开裂、沿预应力钢束纵向的开裂进行修补。

(2)预应力混凝土梁桥常见病害:

①混凝土表面剥落、渗水,梁角破碎、露筋,钢筋锈蚀、局部破损等。

②预应力钢束应力损失造成的病害。

③预应力混凝土梁出现裂缝。全预应力及部分预应力 A 类构件正常使用条件下不允许出现裂缝,只有 B 类构件允许出现裂缝。裂缝的类型除了同于钢筋混凝土梁桥外,还有沿预应力钢束的纵向裂缝,锚固区局部承压的劈裂缝。

(3)常见病害的维修同钢筋混凝土梁桥。对于不允许出现裂缝的桥梁,不论裂缝宽窄,都应查明原因进行处理或加固。

2)预应力混凝土梁桥的加固方法

(1)预应力混凝土梁桥的一般加固方法及适用范围参见钢筋混凝土梁桥的加固。

(2)因为预应力部分失效而进行加固时,若原结构有预留孔,可在预留孔内穿钢束进行张拉;采用无粘结钢束的可对原钢束重新张拉;或增设齿板,增加体外束进行张拉。

(3)腹板抗剪强度不够时,可采用加竖向预应力加固。

3)钢—混凝土组合梁桥的维护与加固

(1)日常维护与维修:

钢—混凝土组合梁桥的日常维护参见钢筋混凝土桥和钢桥的有关部分。应注意对其结合部位的保养维修,防止桥面水渗漏造成钢构件锈蚀及钢和混凝土之间的联结失效。

(2)加固方法及适用范围:

钢—混凝土组合梁桥的钢结构部分加固,可采用钢桥的加固方法。

钢筋混凝土桥面板可按下列方法加固:

①若钢筋混凝土桥面板小范围开裂,将开裂部分及周围一个板厚范围内的混凝土凿除,用高强度等级微膨胀混凝土填补。

②钢筋混凝土桥面板大面积开裂,可参照原桥的施工工艺采用更换预制板或重新浇筑混凝土板的方法。

③采用更换预制桥面板的方法,应在拆除旧桥面板 4~6 个月前将预制板预制完成。宜对预制板施加临时预压应力,待接缝混凝土浇筑完毕后,再释放临时预压应力。

④采用重新浇筑混凝土桥面板的方法,应在拆除旧桥面后,使钢梁产生反拱,再浇筑混凝土。在混凝土的浇筑过程中,必须设置强度足够的临时支架,以减小浇筑过程中恒载对结构产生的不利影响。

⑤在钢梁顶面增设剪力键,加强桥面板与钢梁的整体性,这种方法可与以上方法联合使用。

拱桥、钢桥、斜拉桥的有关维护与维修的内容详见 JTG H11—2004 年规范。

第四节　墩台基础的维护与加固

一、墩台基础的日常维护

墩台、基础的维护内容如下：

(1)墩台表面应保持清洁,及时清除青苔、杂草、荆棘和污秽。

(2)圬工砌体长期受大气影响、雨水侵蚀而发生灰缝脱落,应及时勾缝。

(3)混凝土表面发生侵蚀剥落、蜂窝麻面等病害,应及时将周围凿毛洗净,用水泥砂浆抹面。

(4)圬工砌体镶面部分严重风化和损坏时,应予更换。可用混凝土预制块补砌,并结合牢固,色泽与质地与原砌体基本一致。

(5)梁式桥墩台顶面没有流水坡或坡面凹凸不平、有裂缝时,应及时采用水泥砂浆或混凝土填补,并做成横坡以利排水。

二、基础的维修与加固

(1)基础局部被冲空。

①基础周围被冲空范围较小：

a.水深在3m以下,可在桥墩基础周围一定范围内现浇水泥混凝土护基,也可在桥墩周围抛片石护基。

b.水深3m以上,可在桥墩基础处采用混凝土预制块防护。

c.当基础置于风化岩上,可在桥墩基础周围采用浆砌块、片石防护。

②基础周围被冲空范围较大,如图4-1：

a.打梅花桩,桩间块、片石砌平卡紧。

b.浆砌块、片石或混凝土预制块。

c.用铁丝、毛竹石笼,或以长鲜柳枝、荆条编成捆,内装片石或卵石。

(2)墩台周围河床冲刷严重,危及基础。

(3)严寒地区要进行保温防冻。

(4)为防止桥墩台被流冰和漂浮物撞击,设置菱形破冰体,以保护桥墩。

(5)当地基承载力不足而引起墩台基础沉降时,可采取下列措施：

①在刚性实体式基础周围加石砌圬工或混凝土基础,以扩大基础的承压面,如图4-2。

图4-1　基础冲刷图

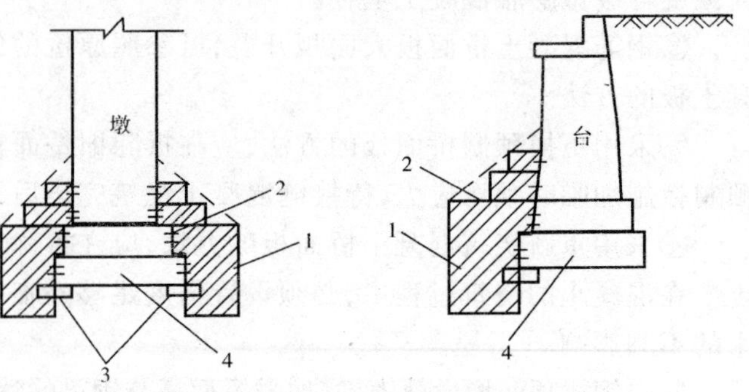

图4-2　基础加固

1-加宽加深新基础;2-结合部分;3-钢筋或钢销;4-原基础

②桩式基础周围加钻孔灌注桩或打入钢筋混凝土桩,并扩大原承台,如图4-3。

③在墩台基础之下,向墩台中斜向钻孔或打入压浆管,压注水泥砂浆、加热的沥青、土的固化剂等提高地基承载力,如图4-4。

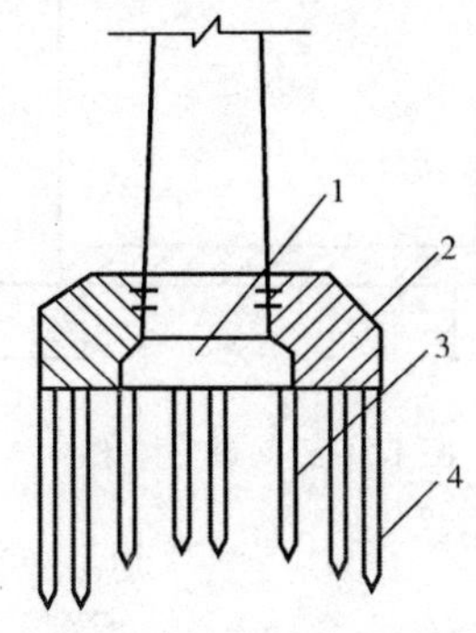

图4-3　增补桩基

1-原承台;2-新桥台;3-原桩基;4-新加打入桩

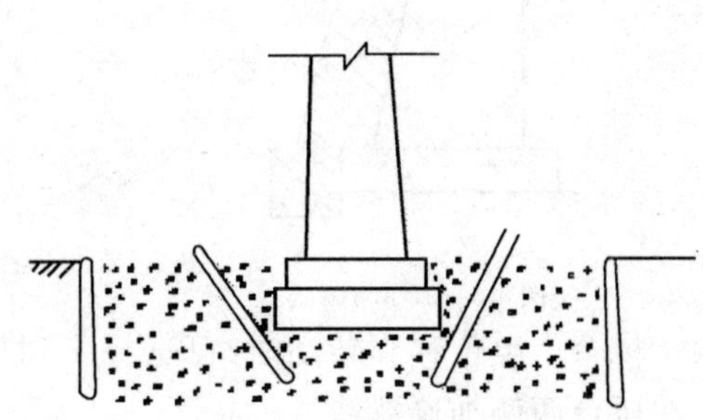

图4-4　加固地基土

三、墩台的维修与加固

(1)表面风化剥落,深度在3cm以内的可喷刷10号以上的水泥砂浆修补;如损坏面积较大,深度超过3cm的须浇注混凝土层予以裹覆,如图4-5。

(2)当墩台出现变形,应查明原因:

①由于桥台台背填土遇水膨胀而变形应挖去膨胀土,检修排水设施,修好损坏部位。

②由于冻胀原因,应挖去冻土,填矿渣砂砾等,并封闭表面不使其渗水,修好损坏部位。

③属于砌筑不良的,应凿去或拆除变形部分,重新砌筑或浇筑。

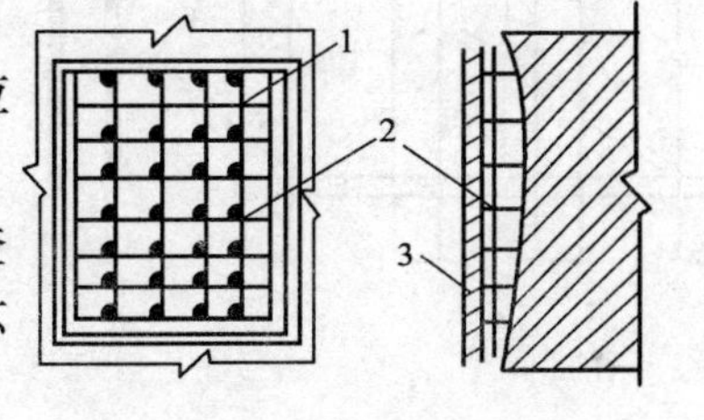

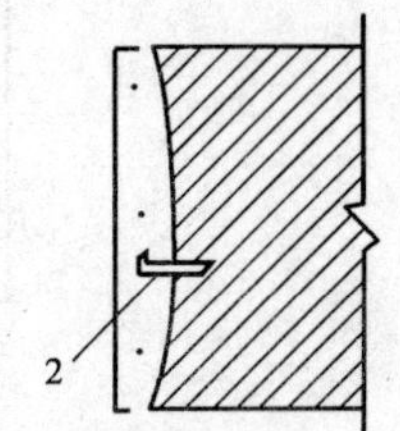

图4-5　混凝土缺损修补

1-钢筋网 $\phi8 \sim \phi12$;2-牵钉;3-模板

④由于砌筑填缝不实,墩台有空洞的,可择空洞部位附近,开凿通眼,以压浆机压注水泥砂浆或环氧树脂修补。

(3)当墩台由于水泥混凝土温度收缩、局部应力集中及施工质量不良等原因产生裂缝时:

①裂缝小于规定值,应以水泥砂浆封闭。

②裂缝大于规定值,应做好记录,观察其变化,如无发展,可扩缝灌以水泥砂浆或环氧树脂。

③石砌圬工出现通缝和错缝不足时,应拆除部分石料,重新砌筑。

④由于活动支座失灵而造成墩台拉裂应修复或更换支座,并处理裂缝。

⑤由于基础不均匀沉降而产生的自下而上的裂缝,应先加固基础,再视裂缝发展程度,确定灌缝或加固墩台。对已贯通墩台的裂缝,可用钢筋混凝土围带或钢箍进行加固。

(4)墩台发生水平位移和倾斜时,应分析原因按照具体情况确定加固方案。

梁式桥由于台背土压力大,造成桥台向桥孔方向移位时,可采取下列方法加固:

①挖去台背填土,加厚桥台胸墙,更换内摩阻角大的填料,减小土压力,如图4-6。

②小跨径简支梁桥可在台间加设钢筋混凝土支撑梁,顶住桥台,以平衡台后土压力,如

图 4-7。

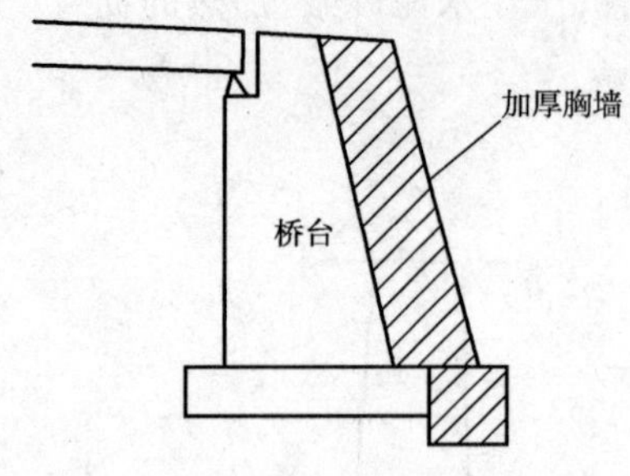

图 4-6 加厚胸墙

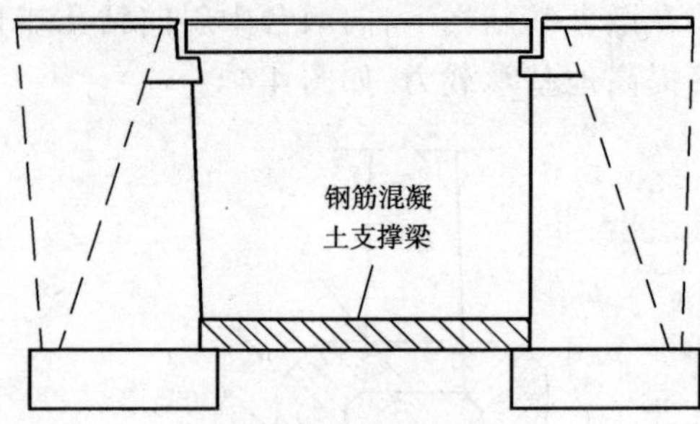

图 4-7 台间设支撑梁

拱桥桥台产生位移和转动时,可选择下列加固方案:

①在桥台两侧加厚翼墙。

②当桥台的位移转动尚未稳定时,在台后增设小跨引桥和增设摩阻板。

桩式墩台,如结构强度不足或桩柱有被碰撞折断等损坏,可选择下列加固方案:

①桩柱式墩台结构的整体稳定性不足时,可采用加固整个桩柱式墩台的方法,如图 4-8。

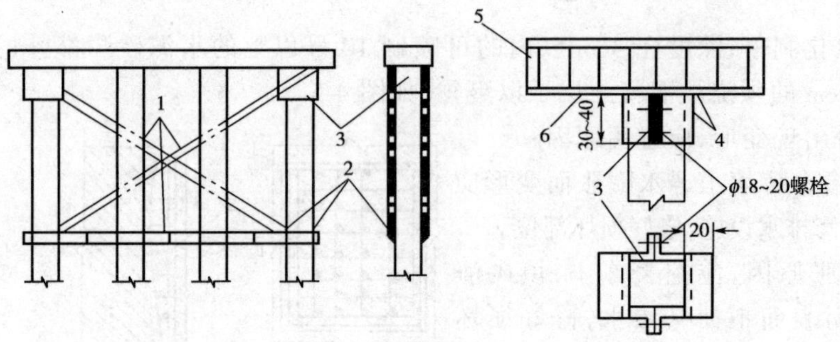

图 4-8 桩柱式墩加固

1-支撑;2-钢筋箍套;3-连接钢销;4-箍套间的拉杆;5-钢筋;6-钢筋混凝土板

②迎水侧桩、柱被船只或流冰等碰撞损伤,以至折断时:

a.将损伤或折断的桩柱,凿除松动部分混凝土,添加必要的钢筋,立模浇筑混凝土按原式修复。

b.在桩柱损伤处,将原混凝土凿毛,外面加设钢筋混凝土围带,使损伤部位得以加强。

第五节 涵洞的维护与加固

一、涵洞的检查

1.涵洞的检查

对涵洞进行检查,特别是不利季节,例如在洪水和冰雪季节之前,要对所有的涵洞进行全面检查,针对情况及时采取维护措施,以保证水流的畅通。

涵洞的检查有经常检查和定期检查。

(1)经常检查每月至少进行两次,在洪水、冰雪前后及洪水期间应加强检查。

经常检查的内容有：

进水口是否堵塞、沉砂井有无淤积、洞内有无淤塞及排水不畅、洞口周围是否有杂物堆积，涵洞是否清洁、漏水；周围路基填土是否稳定和完整；涵洞结构是否有损坏。

如发现有排水堵塞或有较大损坏需要进行维修的，应做好记录并及时报告。

(2)定期检查每年至少一次，在有较大损坏情况报告后应加强检查。

定期检查的内容有：

①检查涵洞的过水能力，包括是否适当，孔径是否足够，涵底纵坡是否合适。若过水能力明显不足，经常造成路基冲毁的，应考虑改造。

②进水口铺砌、翼墙、护坡、挡土墙、沉砂井等是否完整，洞口连接是否平整顺势。

③进水口铺砌、挡土墙、翼墙、护坡等是否完整，排水是否顺畅。

④涵底侧墙是否渗漏水、开裂、变形或倾斜，墙身砌体砂浆是否脱落，石块是否松动，基础是否冲刷淘空。

⑤涵身顶部盖板或拱顶是否开裂、漏水、变形下挠，拱顶砌块是否松动脱落。

⑥涵底是否淤塞阻水，涵底铺砌是否完整。

⑦洞口附近填土是否有渗水、冲刷、空洞，填土是否稳定。

⑧涵洞顶路面是否开裂、下沉，行车是否安全。

定期检查中，检查人员应当场填写"涵洞定期检查表"(见规范附录 D)；实地查明损坏情况，根据涵洞的技术状况及排水适应状况，参照桥梁技术状况评定标准相关结构类型，对涵洞的技术状况综合做出好、较好、较差、差、危险等五个级别的评定，提出日常维护、加固、改建等建议。

2.涵洞维护的要求

涵洞维护的要求是：保证水流在任何情况下都能畅通地通过涵孔，排到低洼地带或就近河流的适当地点，保证涵洞洞身、涵底、进出水口、护坡和填土的完整、密实、清洁、不漏水。

为达到涵洞的维护要求，应完成下列工作：

(1)经常和定期地对涵洞进行检查，及时发现问题，确定处理方案。

(2)建立健全完整的技术档案，掌握涵洞各方面的技术情况。

(3)对涵洞进行必要的安全防护及防止水毁。

(4)对涵洞进行经常性的保养、修理和加固。

二、涵洞的维修

1.疏通清理

当涵洞进出口或洞身中淤积有泥砂或杂物、积雪时，应及时进行清理，疏通孔道，以保持流水畅通。洞底铺砌层、洞口上下游路基护坡引水沟、泄水槽、窨井和沉砂井等处如发生淤积变形、坍陷，致使排水受阻，应及时清理，疏通所有排水设施，并对破损部分加以修理。

2.堵漏

当涵底和涵墙出现渗水，要立即查明原因视情况采取下列办法进行处治：

(1)疏通水道，使洞口铺砌与上下游水槽坡道平齐顺适。

(2)保持洞中底面平顺，并有一定纵坡，使水流不发生漩涡。

(3)用水泥砂浆铺底，涵墙抹面、勾缝。

3.修理

涵洞受水流的冲刷和大气的风化，出现一些破损和脱落应及时修补，以避免病害的加剧。

浆砌石拱涵的表面如发生局部风化、裂缝及灰缝剥落，局部石块松动、脱落，或砌体渗漏水，可采用下列方法修理：

(1)用水泥砂浆重新勾缝或修补抹面，或局部拆除后重砌。

(2)洞顶如有漏水，应挖开填土，对砌体用水泥砂浆修理处治，并加设做防水层。

(3)在砌体背后压注水泥砂浆或化学浆液，也可加设防水层。

混凝土管涵的接头处和有铰涵管的铰点接缝处发生填缝料脱落，引起路基渗水时，应用干燥麻絮浸透沥青后填实，及时封堵，不宜用灰浆抹缝，以免再次碎裂脱落。管涵的管节，如有因基础被压沉陷而发生严重错裂，应挖开填土处理地基后重建基础。

三、涵洞的加固

在涵洞的维护作业中，当翼墙、端墙有较大的变形或因承载力不足时就要进行必要的加固和防治。

(1)砖石、混凝土及钢筋混凝土端墙和翼墙，如有离开路堤倾斜等变形情况，应查明原因视情况加固。如因填土未夯实发生沉落，或填土中水分过多土压力增大而引起的，应更换透水性好的填土并夯实，也可采取加固基础等措施；如属基础变形引起的，则需要修理或加固基础。

(2)砖石拱涵因承载力不足，一般可采用拱圈上加拱的方法。

(3)涵洞因承载力不足，可采用下列方法加固：

①挖开填土，用混凝土或钢筋混凝土加大原涵洞断面。

②涵内用混凝土或钢筋混凝土预制块衬砌加固或用现浇衬砌进行加固。

③挖开填土，用新构件分别进行更换改建。

(4)若涵洞进、出水口处已严重冲刷，可采用下列方法维修加固：

①位于陡坡上的涵洞或直接受水流冲击的涵洞，其入口处应采取适当的防护措施。

②用浆砌块石铺底，并用水泥砂浆勾缝。铺砌长度视土质和流速而定，铺砌的末端应设置混凝土或浆砌块石抑水墙。

③流速特别大的涵洞，应在出水口处加设消力设施，如急流槽、消力池等。

④涵洞经常发生泥砂淤积时，可在进水口设沉砂井，以沉淀泥砂、杂物。

(5)因加宽或加高路基导致涵洞长度不足时，应接长处理。一般可将原涵洞洞身接长，两端新建洞口端墙和路基护坡；当路基加高、加宽不多时，也可采用只加高两端洞口端墙或加高加长洞口翼墙的方法。

(6)对涵洞开挖修理加固时，应采取边施工，边维持通车方式，并设立相应的交通标志、护栏以保证安全。

第六节　调治构造物的维护与加固

调治桥梁附近的水流的构造物，如：导流坝、丁坝、网坝、梨形坝、截水坝、长堤等，其作用主要是整治河道，使水流均匀顺畅的通过桥孔，防止桥位附近的河床和河岸产生不利的变形，保证桥梁墩台和桥头引道的正常使用以及附近河堤、建筑、农田免受水害。受自然因素和水流的冲刷，其破坏在所难免，为保证其作用的正常发挥，维护就尤为重要。

一、调治构造物的日常维护

调治构造物的日常维护包括下列内容：

(1)导流坝、丁坝、格坝和透水坝等调治构造物能引导水流均匀、顺畅地通过桥孔，防止和减少桥位附近河床和河岸的变位，保证桥梁、桥头引道和河岸的安全与稳定，具有良好的技术状况。

(2)特殊情况下，像洪水前后应巡察，及时清除调治构造物上的漂流物。

(3)调治构造物改变水流的时候同样受到水流的冲刷，边坡易造成失稳，可及时抛填块石或采用石笼防护加固。

(4)对河道改变而增设的护岸工程，要经常检查基础是否稳固、坡面风化情况，做好处治。

(5)可有计划地种植生长迅速、根系发达、枝叶茂密的树木，对适宜草木生长的河滩、护岸的路堤边坡外侧进行防护。

二、调治构造物的维修与加固

调治构造物属于防护工程中的间接防护，改变水流的同时也承受水流的冲刷，冲刷过度易产生冲空、坍塌、失效。在其维护工作中还要进行相应的维修与加固。其作业内容如下：

(1)采用植草皮、干砌或浆砌片石、抛石、石笼等，亦可用柴排、混凝土或钢筋混凝土板、土工织物等进行加固。加固时，应综合考虑水深、流速及波浪冲击等因素。加固的高度，淹没式的应加固至坝顶，非淹没式的应高于设计洪水位以上至少50cm。

(2)有条件时可有计划地将临时性的调治构造物改为浆砌块、片石或混凝土的永久性结构。

(3)由于洪水冲刷及漂浮物的撞击，发生基础冲空、砌体开裂时，应及时维修护体，避免扩展。

(4)河床冲刷严重，危及墩台基础时，可分别进行下列处治：

①水深较浅的，选择枯水季节修整墩台基础冲空部分，也可对桥下河床做单层或双层片石铺砌，必要时可铺设挑坎防护。

②水深较深、施工困难的，可采用沉柴排、沉石笼、抛石护基等方法。

③对于流速过大或河床纵坡过大，冲刷严重的河段，若无通航要求，可在下游适当地点修筑拦砂坝。拦砂坝的高度、间距应根据高程和纵坡确定，下游坝顶高程一般应与上游桥址处河床的高程相等。

(5)位置设置不当，不能发挥其正常作用时，应在枯水季节或洪水退后进行改善。

思考题

1.简述桥梁的检查和检验的方法。

2.简述桥梁上部结构的维护措施。

3.简述支座的检查内容。

4.简述桥梁基础维护的目的和任务。

5.简述桥梁墩台维护的方法。

6.简述桥梁基础根据不同情况的破损采取的维护维修方法。

7.简述涵洞的养护内容。

8.简述涵洞的维护方法和各部分出现问题的处治措施。

病害处治

1.针对梁桥上部结构出现的严重破坏,试分析其产生的原因;针对破坏原因制订措施,并进行验证;对可能形成的后果做一分析,并提出检测方法和处治意见。

2.针对桥梁的下部结构受到水流的冲刷而形成的破坏,试分析其形成的原因,并提出相应的处理及加固的措施和方法。

第五章

灾害的预防与治理

在高等级公路维护中，对于水毁、大雾、冰冻、雨雪及风沙等灾害的预防占有重要的位置。日常的维护工作中要注意调查研究、积累资料，针对不同的灾害特点采取相应的措施；以"预防为主，防治结合"，保障高等级公路的正常运营。

第一节　水毁的预防、抢修与治理

水毁是指暴雨、洪水对高等级公路造成的各种损毁。水毁预防是在雨季和洪水来临之前为防止或减轻暴雨和洪水对公路的危害而进行的工作。防洪应根据当地的水文气候条件、季节特点、公路状况，分析掌握公路、桥涵的抗灾害能力，作必要的预防措施和应急抢修技术方案。对于重要工程和水毁多发路段，宜事先储备必要的材料和机械设备，一旦发生毁阻，应及时组织抢修，以保证高等级公路正常通行。在抢修时，应充分利用抢修工程，争取抢修时间，降低费用。

一、水毁的预防

1.洪水前检查及材料储备

1)洪水前检查和防治的基本经验

公路水毁，应坚持以"预防为主，防治结合"的原则，雨前抓预防，雨中抓检查，雨后抓恢复，做到提前预防，积极抢修，彻底根治，从而增强公路本身的抗洪能力。在日常维护工作中，以疏导为主，及时消除堵塞物。从检查水毁隐患入手，思想上高度重视，在人力、物力上提前做好准备。

2)雨季前应做好准备

(1)每年雨季前进行一次预防水毁的技术检查，内容包括：

①河流上游堆积物、漂浮物情况。

②桥梁墩台、调治构造物、涵洞、引道、护坡基础和挡墙基础有无被冲空或损坏。

③桥下有无杂草、树枝、石块等杂物堆积；涵洞、透水路堤有无淤塞。

④河床冲刷情况和傍河路段急流冲击处有无基础被淘空或下沉现象。

⑤陡边坡路段的路基有无松裂。

⑥边沟、盲沟、跌水等排水系统有无淤塞，路拱度、路肩横坡度是否适当，路肩上的临时堆积物是否阻碍排水。

⑦维护管理生产、生活用房屋等沿线设施的基础有无掏空沉陷，墙体有无破裂倾斜、剥落，

屋顶有无漏水等现象。

(2)针对查出的水毁隐患,制订具体防治措施,预防性工程必须赶在雨季前完成,以防患于未然。

(3)加强日常维护工作,不断完善排水系统和防护设施,发现隐患或薄弱环节,立即消除,做到“堵小洞,防大害”。

3)雨季应加强观测

(1)观测洪水的目的:

①掌握洪水的动态,分析判断洪水对公路的危害程度。

②注意水文观测中获得的水文资料,可作为以后进行公路改建和加固的依据。

(2)观测内容:

①大桥以及处于不良河床上的中、小桥应作水位变化、河床断面、洪水的流速、流向以及洪水通过时特征(如浪高、漂浮物等)的观测。

②一般的桥梁,只观测和记录当年的最高洪水位。

③对导流坝、排水坝、丁坝和护岸调治构造物,则要观察其洪水流过时的工作情况。

4)建立制度,备足材料设备

(1)每年汛期到来之前,应储备抢修所需用的材料、机具以及救生、照明和通信设备等,以备急需。

(2)雨季养路要认真贯彻“四防、三勤、二及时”的原则。

四防:防坍、防冲、防滑、防浮。

三勤:勤保养、勤检查、勤巡路。

二及时:及时汇报、及时抢修。

(3)雨季值班制度:

在雨季,各级公路管理部门都要建立日夜值班制度。发生水毁,应立即向公路管理部门及上级管理部门汇报,并调配劳力、材料、机具进行抢修。

(4)雨天巡路制度:

在雨天和洪水期间,公路维护部门应建立日夜巡路制度,及时发现和处理小型坍方、缺口和边沟阻塞等。如发现较大的水毁灾情,应立即向上级汇报,在水毁地点两端树立危险警告标志,以保证交通安全。

(5)报告制度:

维护管理部门在接到水毁阻车报告后,一面立即派人落实组织抢修;一面向上级主管部门报告,并通知有关运输部门。报告内容包括:路线名称、地点桩号、工程项目、水毁情况、损失数量、抢修情况和预计恢复通车时间,需要的劳力、机具、抢修费用。

2.防洪中巡查及排险

1)巡视检查的目的

在防洪中为了及时发现因洪水对公路及其附属设施的破坏和对交通的影响情况,准确地掌握、收集、分析和判断公路洪期路况和交通信息,以便及时采取相应对策或向上级主管部门汇报,供主管部门及时作出决策,保证交通畅通。

2)巡查及排险的主要内容

巡视和检查可分为日常巡视、夜间巡视、定期检查和特殊检查四种。

(1)日常巡视:指平常为了掌握公路路况和交通运行状况等进行的巡视。

(2)夜间巡视:指为了检查夜间照明和标志、标线的技术状况进行的巡视,平时每月进行一次,汛期每周一次。

(3)定期检查:指为了掌握公路及其附属设施的技术状况,制订维护工程计划和评定公路使用质量而实施的检查。

(4)特殊检查:指发生大的洪水、台风、地震等自然灾害和有可能对公路及其附属设施造成较大破坏的异常情况时所进行的检查。

二、水毁的抢修

公路水毁紧急抢修要做到:采取应急措施,不使水害扩大;尽快抢修,维持安全通车。

1.路基水毁抢修

如路基发生一般水毁坍陷,应迅速使用已备好的土料进行修补,如路基行车部分已泥泞难行,应将稀泥挖出,撒铺砂粒维持通车。

对靠近河流,湖塘及洼地的路基,因洪水猛涨并不断冲刷路基,使路基发生塌陷时,可以根据具体情况,适当采用几种方法进行抢修。

(1)在受水冲刷的部分抛石笼、砂袋、土袋等。

(2)在受水浪冲击的部分,用绳索挂满芦苇编成的芦排或带树头的柳树,以防水浪冲打。

(3)在路基边坡已大部分塌陷毁坏部分,顺路方向每米打木桩一根,桩里面铺设秸料或树枝,并填上挡水(如图 5-1)或用草袋装上砂石、粘土等材料填筑。

(4)在被洪水淹没危险时,可在临河一面的路肩上,用草袋或粘土筑成土埂临时挡水。

根据漫水的深度,路基宽窄,材料取运难易,可适当采用几种方法:

(1)填土赶水法。路基漫水长度不大,漫水深度在 0.3m 以下时,可以直接从两头填土把水赶出,填土厚度要比现有水面再高 0.3~0.5m。填土后先将表层维持通车,或填砂砾、碎砖、炉渣等矿料,提高路基以维持通车。

(2)打堤排水法。如路基漫水较长,漫水深度在 0.5m 以下时,可在漫水路段的两侧路肩上,用草袋装土填起两道土堤,先把路基上面的水围起来,然后将土堤里面的水排除,露出原路面后,有的可以直接维持通车,如土壤较湿软时可以再撒铺一层沙或碎砖、炉渣后再维持通车(如图 5-2)。

(3)打桩筑堤排水法。如果路基浸水深度在 1m 左右,可采取打桩筑堤。每道必须先打两行木桩,间距和行距都是 1m 左右,木桩直径一般为 10~15cm,打好水桩后,在桩里面铺秸料,然后在中间填土踏实,达到堤不漏水,以后再把围起来的水从路上排出,并在原路上铺一层砂料、碎砖等维持通车。

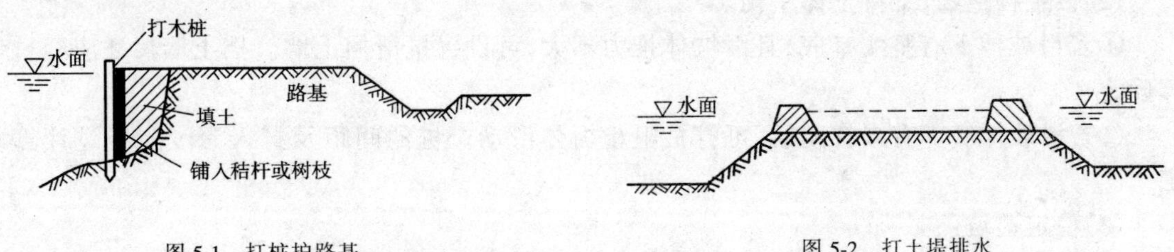

图 5-1　打桩护路基

图 5-2　打土堤排水

2.桥涵等构造物水毁抢修

漂浮物通过桥下时,用竹竿、钩杆等引导其顺利通过桥孔,防止其聚集在桥墩附近。堵塞在桥下的漂浮物,必须随时移开捞起。

桥涵墩台、引道、护坡、锥坡或河床发生冲刷危及整个构造物时,应采取紧急防护措施,如抛石块、砂袋及沉放柴排等。但不能抛填过多,以免减少泄水面积而增大冲刷。抛填块石时,可沿临时设置的木槽滑下,以控制抛填位置。

遇有特大洪水,采取防护措施不能保全的重要桥梁,在紧急情况经上级主管部门批准,可用炸药炸开桥头引道,以增加泄水面积,保护主桥安全度汛。

冲毁的路基、桥涵,需立即抢修便道便桥,便道便桥是维持通车的临时措施,能够保证在使用期间的行车安全即可。便桥可用打桩或石笼做桥墩,并不宜过高,应尽量省工钱,以免增加施工困难和拖延时间。

三、水毁的主要成因及治理对策

一般水毁,应及时修复。路基、桥涵、护岸和挡土墙等构造物大型水毁工程,应在分析水毁原因的基础上,制订修复方案,进行测量、设计,编制概预算,上报省市公路管理部门审批。根据批准的方案和实施计划,严格按照操作规程和工程质量要求进行施工,必须保证工程质量,做到恢复一处,根治一处。

1.坍方、滑坡的成因及治理

1)坍方、滑坡的成因

坍方、滑坡产生的主要原因是地表水或地下水浸入土体,土体单位重增大,内部土体抗剪强度降低所致。在开挖、开荒种植不当等人为因素或地震、水冲击等自然力作用下,土体平衡条件受到破坏也能形成坍方和滑坡。

2)坍方、滑坡的治理(小型)

(1)设置截水、排水沟,防止地表水、地下水流渗入滑体。

①在坍、滑体上方,按其汇水面积及降雨情况,结合地形设置一道或几道截水沟,使地表水全部汇入截水沟,引至路基边沟或涵洞排出。截水沟断面一般可取深0.4~0.6m,沟底宽0.5m左右,边坡1:1~1:1.5。在坍、滑体范围内,根据水量大小开挖树枝状排水沟,尺寸可略小于截水沟,其主沟与滑动方向一致,以免滑坡体滑动时水沟破裂水量集中下渗。水沟跨过裂缝,可用搭叠形渡槽引过。填平坡体上的洼地、水塘,整平夯实山坡坡面。

②坍、滑体内地下水丰富且层次较多时,可设支撑盲沟,用于排水和支撑。当坍、滑体上方有地下水时,在垂直于地下水流的方向设截水盲沟,将地下水引向两侧排出。

(2)设置构造物,维持土体平衡。

①若滑坡体下有坚实基底,且滑坡体推力不大,可设置抗滑挡土墙。挡土墙尺寸应经过计算确定。

②若滑坡体底部有未扰动层,可打桩阻止坍体滑动。桩的间距及打入深度应经过计算确定。

(3)稳定边坡:

①土质边坡可植草皮,风化石质或泥质页岩坡面可植树种草,利用植物根系固定表土,并

减少地表水下渗。

②岩石风化碎落坡面区,可用表面喷浆、三合土抹面或黄泥拌稻草抹面;土质坡面可采取铺砌块石护坡。

③根据边坡地形特点和地质条件,采用刷方减缓坡度或在滑坡体上部挖去一部分土体,减轻滑坡体重力,以减少下滑力,增强滑坡体的稳定性。

2.泥石流的成因及治理

1)泥石流的成因

山岭地区,暴雨或融雪水挟带大量土、石等固体物质汇入沟谷,形成突然的、短暂的、间歇的破坏性水流称为泥石流。

泥石流是在坡面土体疏松、植被稀少、边坡陡峻(30°~35°以上)、细沟微谷发育条件下,由大强度暴雨或融雪水的作用而形成。

2)泥石流的治理

(1)在泥石流形成区,平整山坡、填塞沟缝,修建阶梯、土埂等控制水土流失和滑坍发展。

(2)泥石流流通区,在地形、地质及储淤条件较好处,可修建拦挡坝或停淤场。

(3)当桥梁跨过泥石流的山前堆积体离其顶端很远时,可根据实际情况采用挑导坝、丁坝、导流堤相结合的综合调治措施。

(4)路侧的小量泥石流,应在路肩外缘设置碎落台或修建挡渣挡墙,并随时清除冲积的泥石。

3.沿河路基水毁的成因及治理

1)沿河路基水毁成因

(1)受洪水顶冲、淘刷的路段,路基缺少必要的防护构造物。

(2)路基防护构造物基础处理不当或埋置深度不足而破坏,引起路基水毁。

(3)半填半挖路基地面排水不良,路面、边沟严重渗水,路基下边坡坡面渗流普遍出露,局部管涌引起路基坍垮。

(4)风浪袭击路基边坡,边坡过量水蚀而坍垮。

2)沿河路基水毁治理

(1)不漫水丁坝防治路基水毁。丁坝防治沿河路基水毁具有防护长度大,自身遭水毁时易于及时抢修,不造成被保护路基水毁而中断交通的优点。

(2)漫水丁坝防治路基水毁。漫水丁坝具有坝身短矮、基础埋置深度浅、易于施工、既有良好的防护作用又能提高自身安全的优点。

(3)浸水挡土墙防治路基水毁。浸水挡土墙既是支承路基填土以防填土变形失稳,又是防止路基因水流冲刷或淘刷而失稳的构造物。

4.桥梁水毁成因及治理

1)桥梁水毁成因

桥梁受洪水冲击,墩台基础冲空危及安全或产生桥头引道缺、断,乃至桥梁倒坍,称为桥梁水毁。主要成因有:

(1)桥梁压缩河床、水流不顺,桥孔偏置时,缺少必要的水流调治构造物。

(2)基础埋置深度浅,又无防护措施。

2)桥梁水毁治理

(1)稳定、次稳定河段上桥梁水毁防治。在稳定、次稳定河段上桥梁水毁防治措施,可根据调整桥下滩流、河床冲淤分布的实际需要,以及水流流向等分别情况加以选择。

(2)不稳定河段上桥梁水毁防治。在不稳定河段上桥梁水毁防治,可根据河岸条件、河床地貌以及桥孔位置等分别情况采取下列措施:

①桥梁位于出山口附近的喇叭形河段上,封闭地形良好,宜对称布置封闭式导流堤。

②引道阻断支岔,上游可能形成"水袋"。为控制洪水摆动,防止支岔水流冲毁桥头引道,视单侧或双侧有岔及地形情况,可对称或不对称设置封闭式导流堤。

③一河多桥时,为防止水流直冲两桥间引道路基,可结合水流和地形条件,在各桥间设置分水堤。

④桥梁位于冲积漫流河段的扩散淤积区,一河多桥而流水沟槽又不明显时,宜设置漫水隔坝,并加强桥间路堤防护。

四、评 定 标 准

为了预测水毁的程度和分析水毁成因及制定治理对策,公路管理机构应组织力量,每五年对所辖公路、桥涵进行一次抗洪能力评定。如遇设计洪水及超设计洪水年,宜结合水毁开展调查,当年进行一次抗洪能力评定。公路可根据水文、地质、路基、路面等条件基本类同的原则,划分成若干路段,按表 5-1 进行评定。桥涵以工程为单元,按表 5-2 进行评定。

路段抗洪能力评定标准　　表 5-1

等　级	评 定 标 准
强	1.路基坚实、稳定,高度达到设计计算高程;路面为半刚性基层、高级路面 2.边坡稳定、平顺无冲沟;坡度合乎规定的高限值(缓);边坡有良好的防护加固 3.边沟、截水沟、排水沟完善,纵坡适度,无淤塞,水流畅通,进出口良好 4.支挡结构物布设合理、齐全、完整无损坏,泄水孔无堵塞 5.防冲结构物布设合理、齐全、完整无损坏,基础冲刷符合设计
可	1.路基坚实、稳定,高度低于设计的计算高程不超过 0.5m;路面为半刚性基层、次高级路面 2.边坡稳定、平顺无冲沟;坡度不低于规定的低限值(陡);边坡有必要的防护加固 3.边沟、截水沟、排水沟完善,纵坡适度,有淤塞但易于清除,进出口良好 4.支挡结构物布设合理,有缺损易于修理,泄水孔基本畅通 5.防冲结构物重点布设合理,基础冲空面积不超过 10%,结构物无断裂、沉陷、倾斜等变形
弱	1.路基高程低于设计计算高程 0.5m,高于次一技术等级的设计洪水高程,无明显沉降,路面为柔性基层、次高级路面 2.边坡有冲沟或少量坍塌,坡度接近规定的低限值 3.边沟、截水沟、排水沟有短缺,或淤塞量较大,或进出口有缺损,影响正常排水 4.支挡结构物缺损、或损坏严重,但无倾斜、沉陷等变形 5.防冲结构物短缺,或基础冲空面积达到 10% ~ 20%,或结构物局部断裂、沉陷、但无倾斜等变形
差	1.路基有明显沉陷,高度低于次一技术等级的设计洪水高程;路面为柔性基层、砂石高级路面 2.边坡沟洼连片,局部坍塌,坡度陡于规定的低限值 3.边沟、截水沟、排水沟应设而没有设 4.支挡结构物应设而没有设,或基础冲空面积达到 20% 以上,或结构物断裂、倾斜、局部坍塌 5.防冲结构物应设而没有设,或基础冲空面积达到 20% 以上,或结构物折裂、倾斜、局部坍塌

桥涵抗洪能力评定标准　　表 5-2

等　级	评　定　标　准
强	1.孔径大小:桥下实际过水面积满足设计排水面积,桥下净空高度、最小净跨合乎规定 2.孔、涵位置:布局合适,水流调治构造物设置合理齐全 3.墩、台基础埋深足够,深基础的冲刷深度线在设计冲刷线以上;浅基础已做防护,防护周边的基础深度线在设计冲刷线以上 4.墩、台水线以下部分无明显冲蚀、剥落
可	1.孔径大小:桥下实际过水面积满足设计排水面积,上部结构底高程与设计计算水位相同,或净跨偏小但不超过规定值的 10% 2.孔、涵位置略有偏置,设置了调治构造物,其基础的冲刷深度线在基底最小埋深安全值的 30%以内,或调治构造物有局部缺损,河床无大的不利变形 3.深基础的冲刷深度线在规定的基底最小埋深安全值的 30%以内;浅基础防护周边冲刷深度线在规定的基底最小埋深安全值的 30%以内,防护有局部缺损 4.墩、台水线以下部分,有明显冲蚀剥落,面积小于 10%,深度小于 2cm
弱	1.孔径大小:桥下实际过水面积小于设计排水面积 20%以内,上部结构底高程与设计水位相同,或净跨小于规定的 10%~20% 2.孔、涵位置偏置,水流调治构造物短缺,或调治构造物局部损坏,河床发生严重的不利变形 3.深基础冲刷深度线在规定的基底最小埋深安全值的 30%~60%内;浅基础防护周边冲刷深度线在规定的基底最小埋深安全值的 30%~60%内,或防护体损坏明显 4.墩、台水线以下部分,冲蚀剥落露筋,面积超过 10%,钢筋严重锈蚀
差	1.孔径大小:桥下实际过水面积小于设计排水面积 20%以上,上部结构底高程低于设计水位,或净跨小于规定值的 20%以上 2.孔、涵位置偏置,无必要的水流调治构造物 3.深基础的冲刷深度线在规定的基底最小埋深安全值的 60%以上;浅基础未做防护,冲空面积在 20%以上 4.墩、台水线以下部分,冲蚀剥落严重,桩有缩颈,砌体松动脱落或变形

评定方法,可采用现场检查、量测取得数据,按路段、桥涵原有技术等级标准,用现行有关技术规范进行验算评定。

第二节　大雾的危害及防治

一、大雾对公路的危害

雾是空气中接近地面后水蒸气遇冷凝结后形成漂浮在大气中的大量粒状水或冰晶,它弥漫在大气中,能见度减弱,使视野不清,难以正确判识路上标志、标线或其他信号,影响汽车行驶在道路上的速度与安全,造成交通阻塞,甚至发生事故,造成财产损失和人员伤亡。高速公路上车辆密度大、车速快,事故发生时会产生连锁反应,形成追尾连环相撞,往往形成多辆车相撞、人员伤亡惨重,造成特大交通事故,迫使高速公路暂时封闭,严重影响高速公路的正常运营。

雾是有地区性、季节性和时限性的。它多在大河、山区和个别特殊地形区域内出现。因此人们应了解雾的规律性及其特点，采取一定措施加以防范，化解一些不利因素，提高运行的安全度，减少及减轻事故的发生。

由于大雾部分水蒸气凝结在路面上，造成路面潮湿，冬季易形成一层薄冰，使路面的摩擦系数降低，对高速公路行车造成潜在危险。尤其在桥涵通道上下凌空处，路面薄冰多，也是故事多发地方，往往造成车辆追尾和侧向滑移甚至翻倒，这也是冬季雾天防范的重点部位。

二、能见度及其量测

能见度是正常人的视力在当时天气条件下，将目标物的轮廓从天空背景中区别出来的最大水平距离，能见距离的相应等级称能见度。根据能见度的不同将雾划分为6个等级并相应推荐的行车速度见表5-3。

雾的等级表　　表5-3

雾的等级	0	1	2	3	4	5
能见度距离(m)	>500	200~500	120~200	80~120	50~80	<50
推荐车速不超过(km/h)	110	100	80	60	40	20

注：路面结冰情况下最大行车时速不得超过40km/h。

一般雾的能见度在300m以上时，虽然路面潮湿，但基本不影响高速公路行车。能见度在200m以上，春秋季车辆仍可采取80km/h以上的速度运行。当能见度再低时，因行车视距不能满足，车辆均应降低速度行驶，否则容易发生事故，潮湿路面能见度与推荐车速见表5-4。

潮湿路面能见度与推荐车速表　　表5-4

能见度(m)	推荐车速(km/h)	能见度(m)	推荐车速(km/h)
30	30	110	70
40	30	130	70
50	40	150	80
70	50	170	80
90	60	180	90

三、大雾的防治

1.雾天安全行车的措施

(1)加强气象预报：应与当地气象部门建立密切联系，以及时得到雾的信息，转告给沿线驾驶员，减速慢行，并打开雾灯通行。

(2)及时采用可变情报板，可变限速牌，向来往车辆提供雾讯，使其在思想上有所准备，在技术上有所措施。

(3)在多雾小区内或有雾山区的隧道口、大桥上，安装黄色照明灯具，以增强能见度。

(4)在事故高发区的路段(如桥涵、通道等处)埋设路面温度感应器和冰探测器，以观测收集多种路面气象资料。如当路面出现薄冰时会自动在可变情报板中提醒驾驶员降低车速、保持车距、不准超车等信息，以减少事故的发生。

(5)在有薄冰路段，喷洒盐水或盐砂混合物，以降低路面冰点，增强路面抗滑能力。这种措施费用低，且除冰效果良好。

(6)在未设可变情报板的路上，当出现大雾天气时，可在其进口处设置雾警示牌，并在收费口由收费人员通知驾驶员注意行车安全。

(7)在接近雾区200m处，设立可移动的闪烁式警告标志，并用锥形标和标志牌按规范逐渐变窄车道，降低车速，形成一定间距的车流安全过渡，可防止车辆在刚进入雾区时因紧急制动而发生事故。

(8)在雾天能见度较低的环境开启雾灯，可有效地减少车辆追尾事故发生。高速公路的管理部门、路政人员，应配合公安交警在雾天加强巡逻，监督驾驶员严格保持车距，减速行驶，不得超车，车多时可施行有序疏导的措施，如有事故也可得到及时处理。

(9)在大雾天，为了行车安全，必要时可实行交通管制措施。交通措施可采取全线或分段封闭，也可采取间断放行办法，控制在每分钟放行4辆车的办法，以策安全。

2.雾天行车注意事项

(1)当能见度在200~500m时，开启眩目近光灯、后雾灯和尾灯，时速不超过80km/h，与同一车道之前车必须保持150m以上的距离。

(2)当能见度在100~200m时，须开启眩目近光灯、后雾灯和尾灯，时速不得超过60km/h，与同一车道之前车必须保持100m以上的距离。

(3)当能见度在50~100m时开放各种灯与前相同，时速不得超过40km/h，与同一车道之前车必须保持50m以上的距离。

(4)当能见度小于50m时则采取局部或全部封闭交通的措施。

第三节　冰害的防治

在寒冷地区，河水冻结可对桥梁浅桩产生冻拔，使小桥涵形成冰塞，引起构造物冻裂。解冻时大量流冰对桥梁墩台产生巨大冲击，以致形成冰坝威胁桥梁安全。在地下水或地面水漫溢到地面或冰面时，逐层冻结而形成涎流冰。涎流冰覆盖道路，会造成行车道凸凹不平或形成冰块、冰槽等，严重影响行车的安全。若堵塞桥孔则会挤压上部结构导致损坏。

为防治桥基冻拔，可适当加大桩深。对于冰塞现象，除经常清除涵内冰冻外，必要时可适当加大孔径和涵底纵坡，或在上游采用聚冰池或冰坝等构造物。

为避免因气温突变而解冻的流冰对桥梁墩台、桩的冲击，一般可在桥位上游设置破冰体，并在临近解冻前，在桥位下游对封冻冰面用人工或爆破方法开挖冰池及时疏导。冰池长度为河宽的1~2倍，宽为河宽的1/3~1/4，并不小于最大桥跨。如水面宽度小于30m时，冰池长度宜增加到水面宽的5倍，并在接近冰池下游开挖0.5m宽的横向冰沟。在危急时，应在下游将冰块凿开逐一送入冰层下冲走，在上游将流冰人工撬开或用炸药炸开予以清除。

公路上的涎流冰面积一般有数平方米到数千平方米，有的可达数万平方米，其厚度一般为数厘米到数米。涎流冰主要分布在我国东北大小兴安岭和长白山地区及西藏、川西和西北地区海拔2500~3000m的山地和高原上。

涎流冰可分为河谷涎流冰和山坡涎流冰，前者主要危害桥涵，后者主要危害公路路面。

对于河谷涎流冰可选择以下方法防护：

(1)桥梁上游如有大片地形低洼的荒地，可用土坝截流。

(2)河床纵坡不大的河流，可于入冬初，在桥下游筑土坝，使桥梁上下游各约 50m 范围形成水池，水面结冰坚实后，在水池部位上游开挖人字形冰沟，以利集中水源。同时挖开下游河床最深处的土坝，放尽池内存水，保持上下游进出口不被堵塞，使水从冰层下流动。

(3)桥位上下游各 30 ~ 50m 的水道中部顺流开挖冰沟，用树枝柴草覆盖，再加铺土或雪保温，并经常检修，保持冰沟不被冻塞，于解冻时拆除。

山坡涎流冰的主要防治措施有：

1. 聚冰沟与聚冰坑

聚冰沟多用于拦截冲积扇沟口处的泉水涎流冰和地势较缓的山坡涎流冰；聚冰坑多用于积聚冰量较小、边坡不高的堑坡涎流冰，不使涎流冰上路，见图 5-3 及图 5-4。

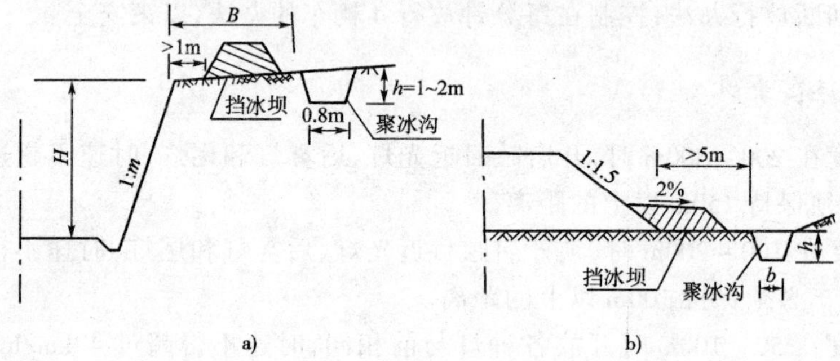

图 5-3 聚冰沟

注：干土处 $B > 3m$；湿土处 $B \geqslant H + 5m$；H 为路堑高度。

2. 挡冰墙

挡冰墙适用于涌水量不大的山坡涎流冰和挖方边坡涎流冰，用以阻挡和积聚涎流冰，防止其上路(见图 5-5)。

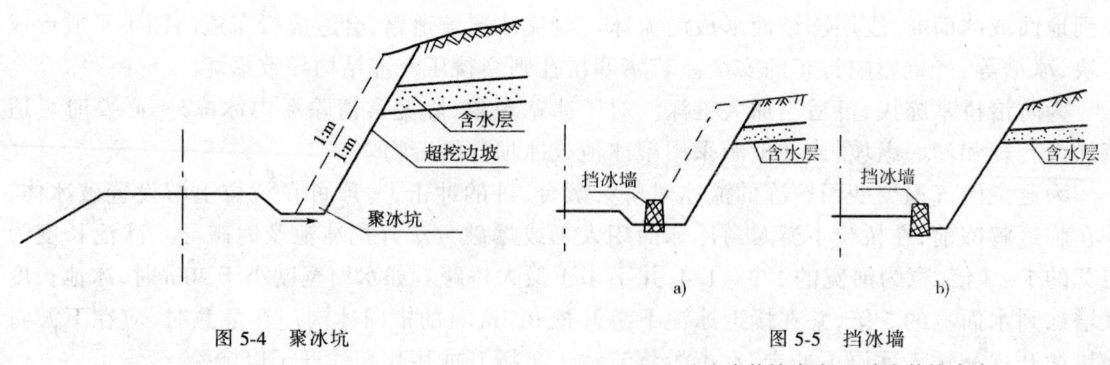

图 5-4 聚冰坑

图 5-5 挡冰墙

a)边沟外挡冰墙；b)路肩外挡冰墙

挡冰墙一般用浆砌片石、块石筑成，高度须根据冰量而定，一般为 60 ~ 120cm，顶宽 40 ~ 60cm。基础埋置深度按土质、积冰量及当地冰冻深度等情况确定。当积冰量较大时，可与聚冰坑配合使用。

3. 挡冰堤

挡冰堤适用于地势平坦、涌水量不大的山坡涎流冰和径流量不大的小型沟谷涎流冰。挡冰堤修筑在路基外、山坡地下水露头的下侧或沟谷内桥涵的上游，用以阻挡涎流冰，减小其漫延的范围(见图 5-6)。

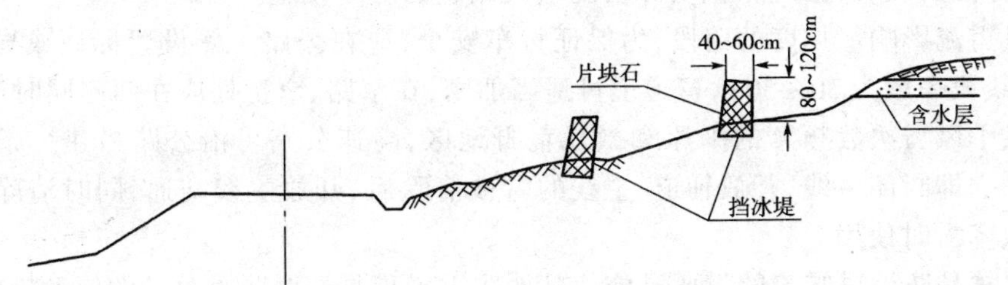

图 5-6　挡冰堤

山坡上的涎流冰，可采用柴草、草皮或石砌的长堤予以拦截。在沟谷内一般采用干砌石堤，以利秋夏排水。挡冰堤的长、宽、高和道数按当地的地形及涎流冰数量确定，基础埋置深度按当地土质和冰冻深度而定。

4. 设置地下排水设施

适用于一般寒冷和严寒地区，常用的有集水渗井、渗池、排水暗管和盲沟等。必要时在出口处设置保温措施或出口集水井。

5. 涎流冰清除

对流至路面的涎流冰要及时清除，撒布砂、炉渣、矿渣、石屑、碎石等防滑材料或氯化钙、氯化钠等盐类防冻剂，以防行车产生滑溜，并设置明显标志。当冰层在盐类物质和行车作用下变软时，应立即将冰层铲除，以防降温时重新冻结，并应重撒防滑材料。

第四节　雪害的防治

各类雪害的防治应通过全面的调查研究，摸清雪害的成因与基本规律，了解现有防雪设施的效果，保持防雪设施的完好，增加必要的防雪设施，以减少雪害对公路及交通的危害。

一、积雪的防治

受风雪流影响的公路，路基边坡应尽量放缓，与路肩交接处应筑成和保持流线型。清除公路两旁影响风雪流顺畅通过的草木和堆积物等。公路维护材料应堆放在路外的堆料台上，堆放高度不得高于路基高程。如需堆放在路肩上时，应堆放在下风一侧，并使料堆顶部呈流线型。

受风雪流影响的路段，在路旁一定范围内不得植树，公路的分隔带不得种植有碍风雪流通过的树木。防雪林带也应该按规定的位置种植。

风雪流的预防应采取下列措施：

(1)设置阻雪设施，使风雪通过路基时无大量雪的沉积。

(2)设置下导风板，以加大路基附近的贴地风速，使风雪流通过路基时不沉积，并吹走路上疏松的积雪。

(3)迎风或背风山坡的坡角处和距离坡度转折点5～10m处最易积雪，开阔地区低于该地平均积雪深度或草丛深度0.6m的路堑也易积雪。在有条件的地方，可采取局部改线或提高路基高程的办法解决，否则应根据实际情况增设相应的防雪设施。

(4)在风雪流影响能见度的路段，为保证行车安全，应在公路一侧设置标柱或导向桩。设置间距在直线段一般为30～50m，弯道上可适当加密，在窄路、窄桥处应在两侧同时设置标柱。

(5)在冬季风雪次数频繁的平原和微丘荒野地区，高速公路可沿公路另建一条平行的辅道。降雪时，立即封闭主线，开放辅道，主线的雪被清除后，开放主线交通，同时清除辅线的积雪，以备下次降雪时使用。

(6)防雪林是防治风雪流的重要措施。其他防雪工程是配合防雪林带的辅助措施，防雪林带应指定专人养护管理，保证林木的成活和正常生长，并控制林带的高度和透风度，使其保持最佳的阻雪状态。

二、雪崩的防治

雪崩的防治应遵循下列原则：

(1)原路线，特别是盘线多次通过同一雪崩地带时，应尽量将公路移出。

(2)对危害公路的雪崩生成区，应于雪季前和雪季后，对防雪崩工程措施(如水平台，稳雪栅栏等)进行维修。保护森林、植被，以充分发挥稳定积雪体的作用。

(3)对雪崩运动区，应保持防雪崩工程(如：土丘、楔、钢丝网和排桩等)的完好，以减缓和拦阻雪崩体的运动。

(4)对雪崩的运动区与堆积区，应保持使雪崩体从空中越过公路的工程措施(如防雪走廊)或将雪崩体引向预定的堆雪场地的导雪堤的完好。

(5)在大的雪崩发生前，制造一些小规模的"人工雪崩"，化整为零，以减轻雪崩对公路的危害。

(6)各种防治雪崩的工程措施，都应注意保持原有植被和山体的稳定，避免造成人为的滑坡、泥石流与碎落坍方。

山坡坡面上栽植大量树木，对雪体的滑移和运动起阻滞作用，是防治雪崩的有效措施。对山坡上树木，应注意加强管理和抚育。

在雪崩发生后，应及时清除路面积雪，尽快恢复交通。同时应将发生日期、时间、雪崩量、危害情况及各项防雪崩工程设施的使用效果等详细地记录在技术档案内，为进一步防治雪崩积累资料。

第五节　沙害的防治

多风沙地区，沙害是公路常见的病害之一。防沙害应贯彻预防为主，防治结合；因地制宜，因害设防；先治标，后治本，标本兼治的原则。

以工程措施防治沙害能及时解决路线的通阻问题，是治标的措施。采用工程措施必须从沙丘的特点出发，并根据各地区防护材料来源、性能，做到就地取材、因材施用、力求经济、耐用和便于维修。

以植物措施防治沙害，是治本的措施。但应具备一定的条件，且见效时间较长。

两种措施的采用，可按地区的自然条件和沙区的特点，区分主与辅，并以主辅相结合的原则进行。

防治风沙应先调查流沙的移动方式、方向、年移动距离、输沙量、沙丘形态、风向和风速等，并摸清其变化规律，绘制年风向和风速的玫瑰图。根据积累资料，经过综合分析，制定防治风沙的最优方案。

一、路基风蚀及防护

1.路基风蚀

因路基表面受风力作用，使路基表面土层被风剥蚀，造成路基变窄变低，可将路基表面进行封固，以抵御风蚀。

2.路基防护

(1)柴草类防护：用稻草、枝条及草皮等覆盖加固路基表面。

(2)土类防护：用粘性土或天然矿质盐等覆盖路基土表面。

(3)砾卵石类防护：平铺砾卵石或栽砌卵石后填砂砾。

(4)无机结合料防护：用水泥土、石灰土以及水玻璃加固土等封固。

(5)有机结合料防护：用石油沥青土、煤沥青土等封固。

二、路侧沙害防护措施

1.固沙

(1)覆盖物固沙：利用柴草、土类和砂砾石等材料覆盖于沙面上来隔离风与沙面的作用。

(2)沙障固沙：用柴草、粘土、树枝等材料设置成沙障，以减小地表风速，削弱风沙流活动能力，并阻挡部分外来流沙，可因地制宜，选用下列沙障：

①草方格沙障：在流动沙丘上，将麦草等扎成 1～2m 见方的草方格(方格的一边必须与主风向垂直)。这种半隐蔽式沙障，防沙效果良好。

②粘土沙障：用粘土碎块在沙丘上堆砌成小土埂。它不但设置简便、耐用，且固沙与保水性能较好。

③草把子沙障：将芦苇绑扎成束，铺设于流动沙丘上，将束径的二分之一埋入沙中，以增加地面的粗糙度来阻止沙丘的移动。

④树枝条高立式沙障：用树枝条或芦苇按行列式或格状插入沙内。其外露高度要在 1m 以上，达到削弱风沙活动能力，并阻挡部分路外流沙侵入。

2.阻沙

(1)高立式防沙栅栏。

(2)挡沙墙(堤)。

(3)采取栅栏与挡沙墙(堤)结合的形式。

3.输(导)沙

(1)修筑路旁平整带。

(2)设下导风板(又称为聚风板),见图5-7。

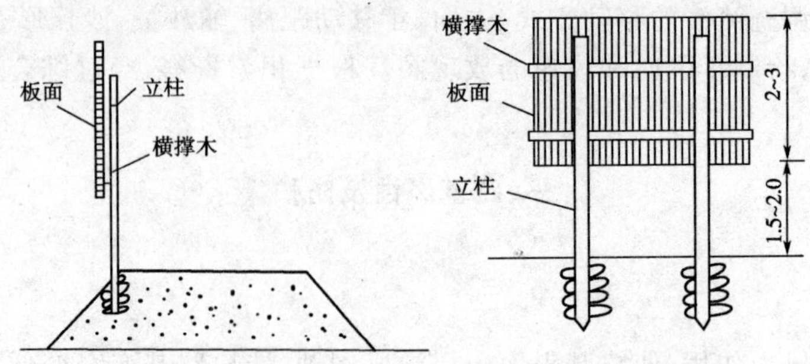

图5-7　直立式下导风栅板的结构和设置部位(尺寸单位:m)

(3)设有浅槽与风力堤的输沙法,见图5-8。

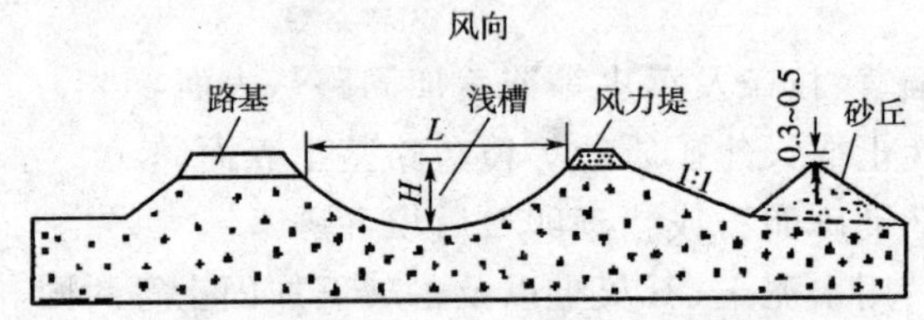

图5-8　设有浅槽与风力堤的路基输沙(尺寸单位:m)

(4)将路堤作成输沙断面,路堤高度低于30cm,边坡坡度采用1:3;路堤高度大于30cm,风向与路线成锐角相交时,边坡度采用1:6。路肩边缘均应作成流线型。

(5)路线与沙垄延长线锐角相交时,可在上风侧30~40m处设置大体与路线平行、尾部稍向外摆的沙障或导沙堤,将风沙流角度做微小的拨动,以便将风沙流导出路外。

思考题

1.什么是水毁?对于水毁预防应做哪些准备工作?

2.大雾对公路有什么危害?雾天行车应注意哪些问题?

3.冰冻对公路有哪些危害?采取何措施防治?

4.雪崩的防治应遵循哪些原则?

5.防沙害的原则是什么?治沙的方法及特点是什么?

第六章 高等级公路沿线设施的维护

高等级公路沿线设施的维护，逐步树立"以人为本，以车为本"的工作理念，保证人们出行的安全，以"消除隐患，珍视生命"为主题，以"安全、经济、环保、有效"为原则，最大限度地降低交通事故死亡率和减少特大交通事故的发生率，为保障行车安全提供良好的公路环境。

高等级公路的沿线设施包括交通安全设施、公路标志、路面标线、监控与通信设施、收费设施、服务设施、养护房屋及环保设施等。沿线设施是公路的重要组成部分，它对保障行车安全和交通畅通具有重要意义。因此，高等级公路沿线设施应经常保持完整且处于良好状况。从维护管理方面来讲，沿线设施如有损坏，要及时修理或更换；设施不全或没有设施的，要根据公路的性质、技术等级和使用要求，有计划、有步骤地增设。本章主要介绍交通安全设施、公路交通标志及公路交通标线的维护。

第一节 交通安全设施及其维护

交通安全设施包括供行人、自行车及其他车辆通行的跨线桥(立交桥)、地下通道、护栏、隔离栅、标柱、中央分隔带、遮光栅、隔音墙、振颠设施、安全岛、平曲线反光镜、照明设备、反光标志、反光标线等。

一、跨 线 桥

跨线桥为上跨式横跨公路的设施，通常设置在有行人、自行车和其他车辆横跨高速公路及一级公路的地点，特别是交通流冲突较严重的地方，如车站、大型商业中心或其他交叉口处。

1.检查

每年定期检查1~2次，如遇暴风雨、地震、大雪等严重自然灾害或被车辆碰撞时，应进行临时检查。各类检查包括以下内容：

(1)结构检查，参照前述桥梁检查内容进行；

(2)外观检查，主要检查油漆涂料的剥落、磨损及退色情况；

(3)照明设施检查，主要检查线路、灯具及配套设备的损坏情况；

(4)桥面检查，主要检查桥面系及踏步的损坏程度，以及踏步防滑设施的磨损状况。

2.维护

参照桥梁维护有关内容进行，并及时清理桥面杂物、积水、积雪，确保照明设施绝缘良好，工作正常。

二、地 下 通 道

1.检查

地下通道应每月定期检查,主要包括以下内容:

(1)结构物有无渗水、漏水等异常情况;

(2)排水道有无阻塞或损坏,采用机械排水的应检查排水泵工作是否正常;

(3)照明与通风设施有无损坏;

(4)消防、安全等防范设施有无损坏。

2.维护

通过检查如发现异常部位应及时修复。日常维护包括以下内容:

(1)地下通道要经常清扫,保持整洁;

(2)墙体应定期整饰,一般每年一次;

(3)通道地面与踏步应保持完好状况;

(4)照明、排水、通风及消防设施应定期例行保养。

三、护 栏

护栏是诱导驾驶员视线、增加驾驶员和乘客安全感、防止车辆驶出行车道或路肩,从而避免或减轻交通事故的设施。护栏的结构形式主要有:梁式护栏,包括型钢或钢筋混凝土护栏、钢管或钢管-钢筋混凝土组合式护栏等;拉索式护栏,主要有钢丝护栏和链式护栏;柱式护栏,有石护栏、混凝土及钢筋混凝土护栏;墙式护栏,主要为钢筋混凝土护墙。

1.检查

护栏检查包括日常检查和每季度定期检查,检查内容如下:

(1)各类护栏结构部分有无损坏或变形,立柱与水平构件的紧固状况;

(2)污秽程度及油漆状况;

(3)拉索的松弛程度;

(4)护栏及反光膜的缺损情况。

2.维护

(1)经常清除护栏周围的杂草及其他堆积杂物;

(2)护栏表面部分油漆脱落时应及时涂刷;

(3)由于交通事故或自然灾害造成护栏缺损或变形要及时补充或更换;

(4)由于路面补强或调整路基纵断面,使护栏高程发生显著变化的,应对护栏的高度予以相应的调整;

(5)锈蚀严重的护栏应予以更换。

四、隔 离 栅

隔离栅是设置在高速公路及一级公路上的安全防护设施,其作用是防止行人横穿行车道。

有的城市道路为渠化交通流或避免人车混行也设置了隔离栅。

1.检查

隔离栅的检查与护栏相似,包括以下内容:
(1)结构部分有无损坏或变形;
(2)有无污秽或未经交通管理部门批准的广告、启事等;
(3)油漆老化剥落及金属构件锈蚀情况。

2.隔离栅的维护

(1)污秽严重或张贴有广告、启事有碍交通环境的隔离栅应定期清洗或清理;
(2)定期重刷油漆,一般2~4年一次;
(3)损坏部分按原样修复。

五、标　　柱

标柱是在积雪严重地段、收费岛、漫水桥或过水路面两侧设置用以标明公路边缘及线形的设施。标柱通常采用金属或钢筋混凝土制作,也可因地制宜采用木料或圬工材料制成。标柱每隔8~12m安设一根,涂以黑白(或红白)相间的反光膜或反光漆;收费岛上的标柱一般设置在收费亭前后两侧的四个角点外侧。

标柱的维护主要是经常检查有无缺损、歪斜,并保持位置正确,反光膜或反光漆有无剥落、破损或退色。维护的主要内容有:及时扶正标柱,修复或更换变形、损坏部分,缺少的应补充,保持标柱位置正确、颜色鲜明醒目。

六、中央分隔带

在高速公路和一级公路上,按规定应设置中央分隔带,城郊混合交通量大的路段可设置快慢车隔离带。分隔双向行驶车辆的交通安全设施,同时也起着引导驾驶员视线的作用。

1.检查

(1)分隔带和隔离带的排水通道是否阻塞;
(2)路缘石损坏情况;
(3)通信井或集水井有无损坏。

2.维护

(1)及时疏通排水通道;
(2)清除分隔带或隔离带内的杂物和过高且有碍环境的杂草;
(3)修复或更换缺损的路缘石。

七、遮　光　栅

遮光栅是为了使驾驶员免受对向行车灯光的眩光干扰而设置在中央分隔带上的挡光设施。在日常巡视时应经常注意遮光栅有无缺损、歪斜,钢质遮光栅有无油漆剥落、锈蚀,支柱有无变形等。遮光栅应定期重新油漆,如发现破损,应及时修复,歪斜的应加以扶正,锈蚀和变形严重的应更换。

八、声　屏　障

声屏障是为了减轻高速公路行车噪声对附近居民的影响而建造在公路旁边的墙式设施。在日常维护中,应经常检查其排水通道是否堵塞,墙体有无变形或损坏等情况。应经常清理声屏障周围的杂草、垃圾和泥土等,疏通排水设施;对变形或损坏的隔音墙应及时修复。

九、振 颠 设 施

振颠设施是设在路面上并高出路面,用以警告驾驶员减速的安全设施。车辆通过振颠设施时受到冲击和振动,从而起到警告驾驶员和强制减速的作用。

日常维护中,应检查振颠设施与路面的固定有无松动,设施本身有无裂缝、损坏。由于振颠设施脱落可能会影响车辆通行,因此应定期仔细检查,并加强日常维护。其维护保养的内容有:

(1)经常清扫设施上的杂物;

(2)振颠设施因损坏或磨损而影响其性能时,应予以更换或修复;

(3)发现设施有松动,应尽快加以紧固;紧固不了时,应予以更换。

(4)对于严重损坏的振颠设施,应予以拆除,重新设置。

第二节　交 通 标 志

交通标志是用图形符号和文字传递特定信息,用以管理交通,保证公路交通安全,协助车辆顺利通行的设施。交通标志包括:警告标志、禁令标志、指示标志、指路标志等主标志和表示时间、车辆种类、区域或距离、警告、禁令理由等起辅助说明作用的辅助标志及其他标志。公路标志的尺寸、形状、图案、文字、颜色和设置地点均按现行《道路交通标志和标线》的规定执行。公路标志主要由标志板和立柱构成。其中,标志板可用薄钢板、铝板、铝合金板或合成树脂类板材(如玻璃钢、硬质聚氯乙烯板)等材料制成;立柱可选用角钢、槽钢、钢管及钢筋混凝土等材料制作,临时性的也可用木柱。钢质立柱应进行防锈处理,钢管立柱顶端应加帽,以防雨水积聚而锈蚀。钢筋混凝土柱应有预埋连接件,夜间交通量大的公路,应采用反光标志。属于国际性和重要旅游公路,宜同时标注汉英两种文字;对于高速公路和一级公路,宜设置因交通、道路、气候等状况变化可改变显示内容的可变信息标志,其板面和设置位置应根据公路交通状况、标志功能、控制方式等因素进行专门设计。

标志设置以后,应认真维护,并使其经常保持位置适当、准确、完整、醒目和美观。

一、交通标志的检查

交通标志的检查分日常巡视检查和定期检查。如遇暴风雨、洪水、地震等严重自然灾害或交通事故时,应进行临时检查,各种检查内容如下:

(1)交通标志是否被沿线的树木、广告牌等遮掩;

(2)牌面及支柱的变形、损坏、污秽及腐蚀情况;

(3)油漆的退色、剥落及反光材料的反光性能;

(4)基础及底座的下沉或变位;

(5)连接螺栓是否松动或焊接缝是否开裂;

(6)缺失情况。

此外,还要根据道路条件的变化(如新增或取消路口、新建或改建桥梁、窄路拓宽、局部改线等)或交通条件变化(如增设或变更交通管制等),检查交通标志的设置地点,指示内容及标志相互位置关系等是否适当。

二、交通标志维护

在检查的基础上,根据发现的异常情况,应采取有效的维护措施,主要内容如下:

(1)标志如有污秽或贴有广告、启事等时,应清洗干净;

(2)油漆脱落或有擦痕,面积较小时可用油漆刷补,油漆脱落或退色严重,指示内容辨别性能明显降低时,应重新油漆或更换新标志;

(3)标志牌变形、支柱弯曲倾斜或松动的应尽快修复;

(4)破损严重、反光标志性能下降或缺失的应更换或补充;

(5)如标志设置重复,有碍交通或设置地点和指示内容不适当时,经批准后进行必要的变更;

(6)如有树木、广告牌等遮蔽时,应清除有碍标志显示部分或在规定的范围内变更标志的位置地点。

在维修标志过程中,可按以下步骤进行标志设计:

(1)根据国标有关规定,选定标志的形状和尺寸;

(2)按下式计算标志的风压:

$$P = \frac{1}{2}\rho C V^2$$

式中:P——单位面积上的风压,Pa;

ρ——空气密度,一般取 $1.2258\text{N}\cdot\text{s}^2\cdot\text{m}^{-4}$;

C——风力系数(标志板 $C=1.2$,柱 $C=0.7$);

V——风速,m/s,一般取 30~50m/s。

(3)计算设计内力;

(4)根据设计内力进行柱、横梁、连接螺栓或焊缝等的截面设计和强度验算;对于大型标志还需进行基础稳定性或地基承载力验算。

以上的检查及维护主要用于指示、警告、禁令及指路等主标志一类的永久性标志。

三、施工作业区标志

施工作业区标志是按照有关规定和标准专门制作的,置于控制作业区或作业车辆尾部明显可见处,提醒或警告过往车辆驾驶人员按规定速度、线路行驶。施工作业标志关系到作业区人员和设备的安全。

1.前方施工标志

分别放置在作业封闭区前方 1 000m 处和 300m 处的路侧硬路肩上。版面提供了前方 1 000m和 300m 施工的信息。版面的颜色为蓝底白字。施工作业图案为黄底、黑图案。框架尺寸和版面外形尺寸按《道路作业交通安全标志》(GA 192—1998)规定制作。

2.车辆慢行标志

它的作用已不是预告,而是直接提出慢行的要求。框架与版面的尺寸形式要与前方施工标志相同,版面信息内容有两个变化,一是文字内容显示"车辆慢行",二是去掉了施工作业图案,在相同的位置处标有"慢"字。在一组标志中,慢行标志有两块。第一块摆放的位置应在封闭区的起点处,第二块在作业区的前方100m左右。

3.局部封闭标志

是作业区重要标志之一。它的主要作用是提示车辆左(右)侧已封闭,应沿右(左)侧通行。版面除了明确的文字信息以外,左端还附有作业图案。这类标志有两处摆放位置,第一处在作业封闭区前方150m处,应摆在硬路肩上或中央分隔带附近。第二处在施工路段前方200m处,横向位置在封闭区内边缘处。当高等级公路因维修或事故处理需临时封闭一侧时,会使用中央活动开口,将车流引向另一侧,形成单幅双向行车,在双向行车的一侧,也要使用局部封闭标志。

4.道路施工标志

是配合路栏使用的作业区标志,版面上有施工作业图案和"道路施工"两组内容。位置与路栏并排摆放在施工作业段的前方。如果施工作业路段较长,或者在同一个局部封闭段内有数个较小的作业区段时,每个区段的前部都应该摆放这类标志。

5.作业区的交通管制

高等级公路的作业安全管理有两部分,一是对作业区以外有限范围实行交通管制,目的是避免作业人员、装备与行驶车辆发生冲突;二是对作业区内的作业进行必要的安全管理。

交通管制是指因道路维修作业占用行车断面,为使车辆通行有序,保证作业区内人员和设备的安全而对车辆行驶速度、路线、方向采取的强制性管理。这种管理是通过设置在作业区以外路面上的设施和标志来实现的。

按照通行车辆行驶的特点,将交通控制区分为6个部分,见图6-1。

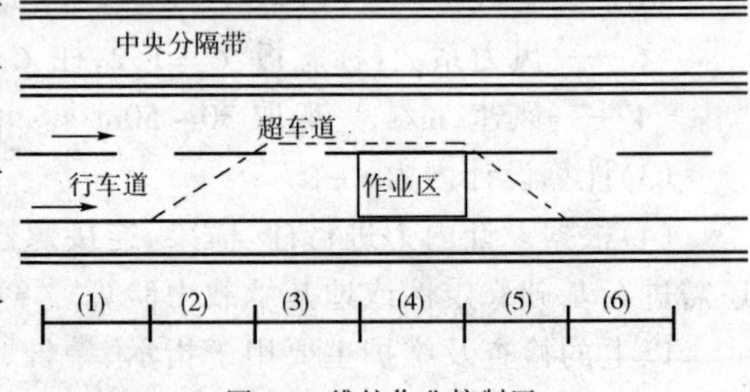

图6-1 维护作业控制区

(1)警告区;(2)上游过渡区;(3)缓冲区;(4)作业区;(5)下游过渡区;(6)终止区。

(1)警告区:这个区的作用是通过设置的标志,对处于正常行驶的车辆发布前方有作业区的警告信息。在作业占用行车道时,这个区的范围应有1 000m长。在警告区起点及距起点700m处,在硬路肩上,迎向行车方向设有"前方施工"标志。这种设置方式为通行车辆提供有足够的时间和空间,因此,它不需要车辆在这个区域内采取非常措施,只需驾驶人员有思想准备。警示作用可以使车辆在这个区域内顺利调整车速,相同类型的车辆应自动避免强行超车,并逐步调整位置,与前方车辆保持有足够的安全距离。行车速度小于70km/h时,应保持车距不小于70m。

(2)上游过渡区:这个区是通过设置道路施工标志和局部封闭标志,警示车辆引入管制的行车路段内。标志要按拦截式的方式摆放。这个区的范围有100~150m长,对车辆的要求是不仅要减速,还要按指示完成改变行车道的操作。

(3)缓冲区:警告区和上游过渡区都是为安全行车设置的,而缓冲区则是为安全行车和安全作业两个目的设置的。作业占用行车道时,这个区的距离应有210m长。作业不占用行车道时,这个区的距离可酌情缩短,但不应少于100m。

(4)作业区:作业区是控制区中最重要的防范区段。它的长度应能覆盖整个作业的区段。除了标志设施之外,作业区还要加有另外三套管理手段,一是要用安全锥把作业区邻向行车的界面隔离开来,锥间距适当加密,以车辆不能驶入为准;二是要加设施工警示灯;三是安排专门的看守人员,在封闭区前端守护和警示。这一区段有作业人员和装备,车辆通行断面缩窄,只要加强作业管理,设施完整,摆放正确,行车有序,安全还是有保障的。

(5)下游过渡区:是解除断面压缩,恢复正常行驶的过渡区域。这个区域有30m长,在过渡区终点,采用安全锥,与停车方向成45°角摆放。过渡区以外,是行车区域,作业人员不能擅入。

(6)终止区:实际上是一个断面,而不是一个区域,是解除交通管制的分界,位置在下游过渡区的终点断面。

6.作业警示工具

警示灯具,专门为道路施工作业配置的车载式灯具。灯具发光的颜色为黄色或橙黄色,即使在雨雾天气,也有较强的穿透能力。

警示车辆,维护施工调动特大型设备、构件或机械编队除雪作业时,应考虑配置警示车辆跟随作业车后,保持一定距离,并使用警示灯或话筒,提醒通行车辆适当避让,注意安全。警示车辆应配置有明显可见的作业标识。

作业服装,分为普通作业服和反光作业服。普通作业服视季节的不同采用不同的式样,其面色为橘红色;盔式安全帽的颜色采用橘红色,主要用于有高空或起重作业的现场工作人员佩戴。

第三节　交通标线

交通标线是管制和引导交通的安全设施。交通标线包括:路面标线、箭头、文字、立面标记、凸起路标和路边线轮廓标等。交通标线可以和交通标志配合使用,也可单独使用。

高速公路、一级公路和二级公路均应设置路面标线。其他等级的公路可根据需要设置,或仅在《公路工程技术标准》规定的极限值处,如急弯、陡坡、视距不良等地段设置。

路面标线可用路标漆、塑胶标带和其他材料(如:凸起路标用的黄铜、不锈钢、铝合金、合成树脂、陶瓷、白色混凝土预制块等)制作。各种标线材料应具有下列特点:

(1)耐久、防滑、耐磨耗、耐腐蚀,与路面粘结性好;

(2)在各种气候条件下具有较好的辨认性;

(3)便于施工且对人畜无害。

路面标线导向箭头和文字标记的维护内容是:

(1)路面标线污秽影响辨别性能时,应结合日常检查进行清扫或冲洗;

(2)路面标线磨损严重,影响辨别时,应重新喷刷或修复;

(3)重新喷刷油漆时,应注意避免与原标线错位;

(4)路面进行局部修理,使路面标线局部缺损或被覆盖,可采用人工方法进行修补或喷刷。

路面标线的各种维护均应符合规范规定的要求。立面标记应保持颜色鲜明、醒目。维护和修理的主要内容是清除表面污秽,如已褪色或油漆剥落,应及时重新涂漆。

为辅助和加强标线,可设置固定于路面上的凸起路标。其主要维护内容是保持反射性能,经常清扫凸起部位周围的杂物,清除反光玻璃表面污秽;保持完好的反射角度,发现松动的应予固定;发现损坏或丢失的应及时修复或更换。

高速公路和实施 GBM 工程的公路或路段,应设置路边轮廓标。其他公路可视需要设置。轮廓标的维护和修理包括以下内容:

(1)反光矩形色块剥落,应及时补贴;

(2)清除标柱表面污秽和遮蔽轮廓标的杂草、树木和物体;

(3)油漆剥落的,应重新涂刷;

(4)标柱倾斜或松动的,应予扶正固定。如已变形、损坏,应尽快修复;

(5)丢失的应及时补充。

思考题

1.高等级公路沿线设施包括哪些?

2.交通安全设施包括哪些?如何进行检查维护?

3.交通标志包括哪些?

4.简述交通标志的检查和维护内容。

5.简述施工作业区标志的作用。

6.交通作业区管制区有哪几部分?每部分是如何设置的?

第七章

高等级公路绿化与环保

第一节 绿化及其规划

公路绿化是绿化国土的重要部分,也是公路建设的组成部分。绿化的目的是稳固路肩、保护路面、美化路容、改善环境、减轻噪声、舒适旅行、诱导行车视线,也是防沙、防雪、防水害的主要措施之一。

一、高等级公路绿化的意义

高等级公路的修建会破坏大地的原有自然景观,占用大量土地,从而减少大地绿色植物的覆盖面积;汽车在公路上行驶,其噪声、振动、尾气排放也会对自然环境造成污染。因此,我们在建设和发展高等级公路的同时,必须十分重视环境保护,重视绿化工作。通过绿化,保持自然环境与社会环境的协调,创造舒适的行车环境和生活环境。

高等级公路绿化的功能主要如下。

1.净化空气功能

绿色植物在光合作用过程中能够吸收二氧化碳,放出氧气,自动调节空气中二氧化碳和氧气的平衡,使空气保持新鲜;同时由于行车的影响,汽油燃烧后排出了大量的废气,这些有毒气体不仅污染环境,还会直接损害人体健康。绿色植物如同空气过滤器,它能吸收大量的有毒气体,对空气起到净化作用。

2.降低噪声的功能

汽车噪声是噪声公害的重要来源,公路绿化的目的也在于降低汽车噪声对环境所造成的危害。这是因为林木有散射声波的作用,能够把投射到叶片上的噪声分散投射到各个方向,造成声能消耗使其减弱;枝叶表面的毛孔、绒毛,能像多孔纤维吸音板一样,把噪声吸收掉。生长茂盛的野牛草,叶面积相当于它占地面积的 19 倍左右,茂密的叶片形成松软而富有弹性的地表,可像海绵似的吸收声能,减缓噪声危害。

3.美化路容功能

绿色环境是人类生存和发展的物质基础,在绿色的环境中,会使人精神振奋,思想活跃。而车辆在高速行驶时,人的信息几乎都是由视觉传入的,因此改变驾驶员的视野环境极为重要。长时间、高速行驶在高等级公路上,会在精神上、视觉上产生疲劳,对行车安全非常不利。通过五颜六色的花卉及高低不同、形态各异的乔灌木景观,可以吸引驾乘人员的注意力,给驾乘人员以美的享受，从而达到调节视觉、消除精神疲劳的目的。

4.保持水土功能

植物的根系纵横交织，十分发达，能有效地增加土壤机械固着能力，对提高抗冲、防蚀能力，保持水土、稳固路基非常有效。它可截流、阻挡雨水直接冲击坡面，加大坡面的粗糙度，减少地表径流，防止路基变形及坡面坍塌。另外，路基的稳定和含水量有很大关系，路基含水量过大，是造成路面破坏的重要原因之一。尽管在路基设计中，考虑到一定的排水和隔水的措施，但若把工程措施与生物措施结合起来，其稳定路基的效果会更佳。因为，植物通过蒸发作用不仅能消耗土壤中的有效含水量，而且能通过毛细管水的输导作用，大量地消耗地下水，从而抑制了地下水的上升，增加了路基的强度和稳定性。

5.防止光污染功能

高等级公路车速快，流量大，夜间对向行驶的车辆由于前照灯相互对射的影响，极易造成驾驶员的眩目，对行车安全十分不利。利用中央分隔带植物防眩遮光，既可节省资金，保证安全，又美化了公路环境。同时汽车灯光会使高等级公路附近住户、居民和机关学校等单位受到光污染干扰，如在这些地方种植树木挡住灯光就可防止光污染的危害。

6.视线诱导功能

利用绿化种植来预示高等级公路的出入口及道路的线形变化，可以引导驾驶员的安全操作。高等级公路上的护栏、轮廓标及其附着在上面的导向体系，通常可以起到很好的视线诱导作用。但这种千篇一律的诱导设施比较单调，如在隧道、桥梁、服务区等一些特殊部位的出入口，用适宜的绿化来加强线形变化的警示，其视线诱导的效果会更好。

7.隔离栅功能

由于高速公路为全封闭的道路，不允许人或动物在其中自由穿行，因此在高速公路的两侧种植刺绿篱等荆棘植物以代替栅网，也有很好的效果。

二、高等级公路绿化的特点

高等级公路的绿化不同于一般公路的绿化，更有别于城市绿化。由于高等级公路设计上的考虑，小气候的特殊性以及“高速”、“安全”的要求，给高等级公路的绿化工作增加了难度，也决定了高等级公路绿化应具有的特点。

(1)整体景观要适应车辆高速行驶的需要。

(2)在保证安全运营的前提下，实现绿化美化，并且要充分利用绿化带的作用，为行车安全创造条件。

(3)不易栽植行道树，靠近车行道的任何部位不能栽植高大乔木。

(4)以美化路容、路貌，生物防护为主，突出花草、灌木的地位。

(5)以大环境绿化为依托，与大环境绿化相融合。

(6)全线绿化风格在统一的前提下，局部富于变化。这里有必要说明的是栽种距离相等、色调单一的行道树会使视觉变得狭窄，缺乏新鲜感，阳光下高大乔木投射到行车道的阴影，极易造成视觉疲劳。一旦遇到风雨天，高大乔木折枝甚至倒伏在路上，不利于交通安全，也可能造成交通中断。

目前,我国高等级公路鉴于建设资金限制,高等级公路占地范围内能够用来进行大规模绿化的有效土地很少。由于高大乔木的栽植又必须远离车行道,而以草坪和低矮绿色植物为主的公路绿化难以做到与大环境绿化的衔接与配合,如果两者结合则可共同构成连续不断的、比较完整的绿化体系。所以,在具备土地条件的地方,在规划和设计时就要充分考虑预留绿化用地;否则,应由社会绿化来进行补充。这种大环境绿化应是以乡土树种为主的自然式绿化组合,绿化面积可大可小,绿化边界线完全依地势和需要随意变化。树种可混杂,高矮错落有致。总之,缺乏高大乔木的高等级公路绿化只有以大环境绿化为依托,才能形成完整的、生机盎然的高等级公路绿化体系。

在国外,尤其西欧一些高等级公路发达的国家,他们非常重视大环境的绿化,把大地绿化作为改善环境和保持生态平衡的最主要措施。高等级公路绿化则十分重视自然式的绿化组合,也即我们通常讲的模仿自然,不拘泥于规格的组团式绿化。树木、草坪的规划布局、面积大小、品种多少、植株高矮、颜色深浅都不一致,连续的、间断的变化构图给人以情趣。高等级公路两侧到处可以看到苍松翠柏巍然挺立,奇花异草争鲜斗妍,乔木、灌木、草坪与周围的大环境融为一体,举目望去,给人以清新秀丽、心旷神怡的感觉。

三、高等级公路绿化的基本原则

绿化是高等级公路设施的组成部分,绿化必须充分考虑到有关行车要求、交通安全、环境状况、自然条件及道路维护等问题。绿化时应遵守下列基本原则:

(1)保障车辆在高速运行情况下的交通安全;

(2)保证视线良好,视野开阔;

(3)以生物防护为主,以美化路容、路貌为主,广种植被,不使土壤裸露;

(4)高标准,低造价,美观实用;

(5)绿化植物的选择、配置要适应自然条件,要因地制宜;

(6)绿化效果要体现见效快、寿命长,景观富于变化;

(7)要与路上设施功能紧密配合,通过绿化加强设施功能的发挥;

(8)要方便公路设施的维护维修,应考虑机械化作业的操作。

四、高等级公路不同部位绿化的基本要求

1.中央分隔带的绿化

中央分隔带绿化要保证道路功能所规定的视距、建筑界限,还要求通视良好,开阔宽敞,主要以草坪等植被类和矮树配合种植为标准。当种植有效宽度不足1m时,从树木的培育与维护管理上看,将会出现困难。因此,当确定建筑界限时,分隔带可能种树的宽度,原则上需要1.5m以上。

中央分隔带植树防眩既可节省资金,防眩遮光,保证行车安全,同时还能发挥绿化植物特有的美化作用。

如果中央分隔带宽度超过8m时,即使没有其他设施,也有充分的防眩效果。

防眩植树可选用常绿树或植株较高的花灌木。常绿树、花灌木分段栽植,使景观有所变化,冬季也有绿可观,无萧瑟之感。

防眩树可与道路平行栽植成连续不断的树篱，防眩效果很好，但栽植工程量大，投资大，后期养护管理中的修剪量也很大。当车辆发生事故撞毁护栏时，树篱也会同时受到破坏，及时修复补栽难以实现，在观瞻上给人以不舒服的感觉。与道路平行的树篱，为达到防眩目的完全没有连续栽植的必要。在中央分隔带不太狭窄的情况下，树篱可与道路平行间断地栽植，或与道路成直角方向栽植，或单株栽植。但它们垂直于道路的宽度必须足够用以防眩。如果栽植宽度越宽大，相应地可把树篱间隔扩大。

防眩树要适时修剪，根据车灯位置及扩散角度控制树的高度，一般在 1.5m 即可。防眩树过高会妨碍驾驶人员观察对方车辆的行驶情况；过矮就难以遮掩会车灯光，失去防眩的作用。防眩树的侧枝也要以修剪的方法进行控制，最好与护栏之间留有一定的距离，以便护栏的维修，不致影响护栏板上反光标志发挥效能。

2.环境设施带的绿化

环境设施带包括路缘带、边坡、边沟、护坡道、隔离栅平台等。通常环境设施带的绿化规模较大，原则上以草坪覆盖地面为主，以高、中、矮树木混合为自然形式的绿化。

(1)乔木的栽植要与行车道保持足够的距离，以树木的成树高度确定栽植位置，即树木在遇到风雨灾害而倒伏时不致影响交通。否则，一旦发现树木的长势有可能因倒伏而影响交通时，要立即砍伐更新，以确保交通安全。

(2)大面积绿化种植时，树坑与树坑之间应全部填平，并种植覆被植物：

(3)对不易除草的区域应考虑种植藤本植物或者灌木。

(4)隔离栅可用栽植灌木绿篱代替，最好栽植多刺类，但应考虑到不至于与农作物争水、争肥，避免发生不必要的纠纷。

(5)应考虑到有关植物栽培的某些特点，如对盐碱的承受程度。

(6)地面覆被植物应与沟渠保持距离。

(7)对于架空或地下设施应选择合适的植物进行绿化。

(8)应考虑到割草机的有关操作问题(包括机械类型、旋转半径等)。

(9)在选择绿化植物种类时，还应考虑到诸如水土状况、空气污染程度以及路面反射的热量影响等因素。

(10)可考虑栽植经济类植物，既能起到绿化、美化的作用，又能够增加经济收益。

边坡绿化以草坪为主。草坪生长的好坏与土质有很大关系，砂质土容易干燥，播种时不易发芽，但发芽后由于土颗粒空隙多，空气容量大，根部容易吸收，致使根部发达，能够充分吸收下层的水分和养料，生长也就茂盛。粘性土则由于含水率高，发芽虽比砂质土容易，但根在土中难以深入，根部生长不良，对水分与养料吸收差，一般茎与叶的成长也受到影响。由于人工撒播草种的草坪很难获得成功，所以，边坡草坪应采用人工栽植或液压喷播的方法进行种植。

(1)人工栽植：

将在苗圃播种培育 2～3 年的草皮移植到边坡上，带土栽植使之扎根。方法是将由苗圃带土铲下来的草皮分撮呈梅花状栽植，每撮 20～30 棵，间距 15cm，成活后每平方米可保有40～45撮草。在缺少土壤的多岩斜坡上，可铺植方块草皮，即像贴膏药或放绒毯一样，将培育出来的草皮，铺放在地表上。为使之迅速固定、成活，必须创造有利的生长条件：在剥离草块时，剥离的厚度为 3～5cm，并将草根剪短一些，以促其萌蘖。

人工栽植草皮存在着难以克服的缺点：

①斜坡上劳作非常吃力；

②边坡上不易存水，北方干旱地区浇水困难，而缺少水分则难以使栽植的草皮成活；

③为保证人工栽植草皮成活和生长所需的水分，北方干旱地区应在雨季栽植。但由于在栽植操作中使边坡表面稳定性受到破坏，极易遭受雨水冲刷。

(2)液压喷播法：

液压喷播法是将草种、有机复合肥料、覆盖材料、土壤固着剂、土壤改良剂和色素等通过机械均匀混合，而后靠机械液压原理将其高压喷撒到所要绿化的区域。施工前，首先要对施工路段的土壤进行酸碱度的测试，根据试验结果添加适量改良剂及决定草种的选用、配合。该方法省时、省工，草坪成活率高，并可减少大量的人工浇水。使用液压喷播法，成坪速度快且施工效率高，每天一台机器可植草坪 5 000 ~ 10 000m^2。

喷播时，数种特性各不相同的草种混合同时播种，含有多种混合营养，保护薄膜可以起到催芽、保温、防雨水冲刷、防风吹的作用。4 ~ 5d 后，种子撑破护膜拔土而出，再适时养护，实行不定期浇水和追肥，及时打药除虫，使各种草取长补短，优势互补尽快形成植被，以起到保持公路边坡水土的作用。喷播草种要达到发芽率高、成活率高的目的，必须以具有足够含水量的湿润土壤为基础，所以，在北方干旱地区应在雨季实施。

3.互通式立交区的绿化

互通式立交区的绿化是指互通式立交匝道所环绕分割而形成区域的绿化。

匝道多为小半径弯道，一般均系坡路，设计时速很低。因为内、外侧均设有防撞护栏，路面有标线，能够起到良好的视线诱导作用，不必考虑以绿化来进行视线诱导。

由于车流方向的不同，互通式立交匝道会在同一地点造成数个面积大小不同、平面形状各异的独立的绿化区域，它们相互独立又相距不远。这些区域最适合于以自然式绿化组合方式造成景点，使其成为地形、构造物、绿色植被相互有机结合的风景小区，使地形与植被形成趣味盎然的景观空间。

所谓自然式绿化组合，是将多种大小不等的树木花草按不等间距组团布置，使树木花草等植物群轮廓形成非整形绿化。所以，风景空间的绿化要以草坪为主，根据空间的大小，适当配栽高矮不等的常绿树和花灌木。要组团栽植，栽植位置要随意、自然，切忌造成死板、对称。在面积较大的地方，也可在远离车行道的部位栽植高大乔木，选择观赏性强的树种，体现立体感。但是，栽植必须保证匝道视距，其视距应遵循表 7-1 的要求。

匝道最小视距 表 7-1

设计速度(km/h)	30	35	40	45
视距(m)	91.44	106.68	121.92	137.16

注：视高 = 1.07m；物高 = 1.30m。

互通式立交区的绿化，重在有立体感的美化造型，期望能够给予人们在车辆行驶过程中视觉上美的享受。但因高速公路上不允许停车休息游览，所以，不论绿化面积大小，不能像城市园林一样设置亭榭等休息设施。

在互通式立交匝道包围区可与工程构造物和草坪、花木、盆景组成各式图案，各类植物以不同层次、颜色，不同品种，不同开花季节，结合地形高低、植物群落的大小、行株间距，拼凑成各式各样图样或文字，在有条件时可采用地方形图案，来体现当地地方的特色。

4.服务区、管理区、收费站的绿化

高速公路应在适当地点设置服务区,以解决过往车辆的休息、加油、修理、吃饭、住宿等需要。这样,服务区的绿化就必须与服务区的功能紧密配合,使旅行者能够在短暂的停留中增加兴趣,消除疲劳。而管理区是高速公路人员办公、生活的场所和设备存放地点,可进行庭院式绿化。因此,这些地方房屋四周及停车场周围应栽植乔木,也可在场内不同地点栽植独立的大树冠乔木,为停靠休息的车辆提供荫凉。在其他空间和建筑附近要设置草坪和花坛,以及观赏价值高的常绿树木。在面积较大的绿化空间可设置园林小品、亭榭等宜于休息的设施,使整个区域空间形成各种绿色植物的绿化组合,让人们感觉舒适、清爽、精神振奋,迅速解除疲劳,开始新的旅程,并改善生活气息。

对于收费站的绿化,因限于场地,一般以花卉盆景、草坪为主,并提前进行摆放与种植,以增强绿化效果。

第二节 树木的栽植与管护

绿化的养护管理包括两方面的内容:一是养护,根据树木生长需要和某些特定的要求,及时采取浇水、施肥、整形修剪、防治病虫害等技术措施;二是管理,对绿化植物进行看管、养护、清除杂物、防止机械和其他原因所造成的损伤。

一、公路树木的栽植

公路植树位置,要按《公路工程技术标准》(JTG B01—2003)和《公路养护技术规范》(JTJ 073—96)的规定栽植,在公路路肩上不得植树。

公路上植树,乔木及灌木的株行距一般要根据不同树种和冠帽大小来确定:速生乔木,株距4~5m,行距3~4m;冠大慢生的株距8~10m,行距至少4~6m为宜;灌木的株行距以1m为宜,灌木球的株行距以6~8m为宜。

各类树木的行距,应以品字形交错栽植,同一树种的路段不宜过长。具体的栽植推荐横断面可按《公路养护技术规范》(JTJ 073—96)选取。

二、树木的养护管理

做好公路树木的管护,是绿化工作中的一项重要工作,也是实现公路绿化的成败关键。检验公路绿化的指标有三项:成活率、保存率和修建管护状况。要做好公路树木的管护,着重做好以下几项工作。

1.浇水

高等级公路树木养护不能单纯依靠天然降水,必须借助人工浇水。但水分过多也会使树木生长发育不良,长期水泡还会造成全株死亡,因此相对低洼部位,人工排水也很重要。

当树木养护缺少水源,需远距离运水时,必须抓好浇水时机,使浇水起到关键作用。

浇水分为新植幼树期浇水、休眠期浇水和生长期浇水三个时期。

(1)新植幼树期。包括成活期和恢复期。

成活期:树木定植后,应立即浇水一次,在半个月总共浇水2~3次,每次都要浇足、浇透,这三次水叫定根水，也就是树木移植后促发新根的阶段。

恢复期：也可称"重点抚育期"浇水。这一时期，黄河以北地区因气候干旱，需持续3～5年。尤其第一年的雨季前，应每10d浇一次水；江南沿海地区可酌减。

(2)休眠期。休眠期浇水系在初冬和早春进行。我国东北、西北、华北地区雨量少，冬春又寒冷干旱，树木易受干冻损伤甚至死亡，所以在树木落叶后土壤封冻前，十一月上、中旬浇一次封冻水，以保证树木安全越冬，防止早春干旱。早春，树木上部因气温回升，树液开始活动，而地下根部系仍处于封冻休眠状态，往往出现生理干旱，引起"抽条"。为防止这种情况，在土壤即将解冻，树木发芽前的三月上旬，浇一次"解冻水"或称"返青水"，以利于新梢叶片的生成。南方春季即开始进入雨季，值"黄梅雨"时期，春末夏初不必浇水，但须加强排水。

(3)生长期。生长期浇水，即在树木生命活动最旺盛的时期进行，这是树木最需要水分的时期，切勿因干旱而影响其长势。

2.施肥

树木在生长发育过程中，需要从土壤中吸取大量的养料，而能够供给其所需的天然养料是极其有限的。养分不足会限制树木生长、开花，这就需要人工施肥。按照肥料的化学成分，可分为有机肥料和无机肥料、细菌肥料。

(1)有机肥料：含有大量的有机质和氮、磷、钾等多种营养元素，肥效持久，适宜用做基肥，如人粪尿、厩肥、绿肥等。

(2)无机肥料：不含有机质，仅含一种或两种元素，即通常使用的"化肥"，如硫酸铵、过磷酸钙、氯化钾、硫酸钾、尿素等。

(3)细菌肥料：如根瘤菌、固氮瘤、抗生菌等。

3.整形修剪

整形修剪是树木养护管理中一项非常重要的技术工作。整形，是在满足树木功能前提下改变树体结构形态的技术措施；修剪，是指对树木的茎叶、枝、芽等营养器官进行剪截和删除的操作。整形是通过修剪来实现的，修剪是在整形基础上按一定要求施行的。

4.防治病虫害

树木的虫害，是指树木受到外界不利条件的影响，导致细胞、组织或器官的破坏，甚至引起树木死亡的现象。

树木的病害，是正常生长发育的树木，遭受地上地下种类繁多的昆虫的危害，影响树木各部分营养器官，甚至引起全株死亡的现象。

为了保护树木和清洁环境，必须对树木病虫害进行深入细致的调查研究，掌握其发生发展的规律，采取有效的防治方法，控制或消灭病害的蔓延。尤其是花灌木，极易受到尺蠖、蚜虫等虫害的侵袭，也极易与周围大环境中的树木、庄稼和虫害相互感染传播，要及时准确地搞好病情、虫情预报，预防为主，防重于治。

三、草皮、草坪的种植与管护

草皮在高等级公路及城市道路绿化中应用较多，主要用于路肩、边坡、路堤、分隔带、交通岛及沿线空地等。公路种植草皮能防尘固沙，防止水土流失，巩固路基，调节气候，吸附有害物质，达到绿化、美化、净化公路环境的效果，从而有助于提高安全、舒适、优美的行车环境。

在道路边坡、护坡道、中央隔离带和其他绿化空间的草地，都可称之为草坪。草皮是指人工培植草坪时，从异地连土带苗一起挖来，用于草坪定植的繁殖材料。在城市园林绿化中，草坪是一种常见的绿化形式，作为园林绿化的延伸，城市近郊的高速公路、一级公路上也已开始建造草坪。

建好、养好、管好草坪，使高等级公路沿途绿草如茵、花木相间、充满生机，可起到良好的供人们观赏和环境保护的双重作用。

1.草坪补栽

草坪是多年生草地，一次栽植，多年利用，但必须有足够的株数以获取良好的覆盖度，才能达到使用和绿化观赏的目的。

在草坪栽植以后，由于种种原因往往造成缺苗断行，株数减少，竞争力减弱，给杂草的大量滋生创造了条件。这不仅降低观赏效果，进而引起退化以至废弃。因此，要经常检查苗情，及时补栽，保持成活率在90%以上，使之有旺盛的生命力。

草坪草生长到一定年限后，其长势便日渐衰退，抗寒力降低，容易受冻死亡，严重的春旱更会引起大批死亡。为此，草坪草春季返青时，要经常检验苗情，发现根已腐烂或全株枯死时，要随即补栽，缺多少补多少，力求全苗。

2.拔除杂草

拔除杂草，是草坪草能否良好生长的关键性措施。草坪杂草轻则会使草坪草因草害而生长不良，绿化效果不佳；重则杂草丛生，所植草被吃掉而弃为荒地，造成极大的浪费。草坪草栽植的头两年最易受草害，及时拔除杂草是关键，必须抓紧进行。形成草层以后，虽然草层覆盖地面，能够抑制杂草的生长，但杂草也会随时乘虚而入，除草工作是不可放松的。

杂草有草本的，也有木本的，种类庞杂，故称杂草。它们分属于三个类群，即一年生杂草、越年生杂草和多年生杂草。不论是哪一个类群的杂草，都对草坪危害很大，为了维护草坪的正常长势，必须采取有力措施：

(1)栽植人工草皮前，要将原有杂草拔除干净，能够施行耕耘的地方，要进行耕耘，晾晒杂草草根，断其蘖生根源。

(2)在人工草皮栽植后的生长过程中，要随时拔除杂草，不能使其种子有成熟的机会。属多年生杂草一定要连根一起拔除。

(3)在杂草种子成熟前适时而又多次的修剪。

(4)清除草坪边旁隙地的杂草，切断感染源。

3.灌溉和排水

草坪灌溉，是草坪养护管理中一项经常性的工作。对于我国北方干旱和半干旱地区的草坪进行及时灌溉，供给充足的水分尤为必要，以确保草坪植物良好生长发育。草坪植物所需的水分，主要为大气降水和地下水，但其数量远不能满足草坪植物生育期的需要。尤其是干旱地区，蒸发量往往大于降水量，降水量不足是草坪植物生长发育最大的限制因素。草坪植物水分不足，生长缓慢，茎叶不发达，分蘖分枝减少，覆盖度和密度降低，甚至被枯死，从而大大降低绿化观赏效果。解决草坪植物水分不足最有效的办法就是灌溉。

高等级公路上的平坦草坪,如中央分隔带、护坡道、互通式立交区、绿化景点等处地势都比较平坦,进行灌溉比较容易。而大量的边坡草坪的灌溉就十分困难,必须采取不致引起冲刷的喷灌。一次浇灌难以浇足浇透,必须经常性地反复进行,才能显示出浇灌效果。

春季天气干旱少雨,草坪植物返青发芽所需水分难以从雨水中获得,要在大地解冻后立即灌溉返青水,使草坪植物在随着天气变暖而发芽返青时能够得到足够的水分供应。

进入冬季以后,草坪植物茎叶变得枯黄,停止生长,所需水分也相对减少,大气降水和地下水一般即可满足其所需水分。但于大地封冻前必须浇透一次冻水,以保证草坪植物根部越冬所需水分,以减少其越冬死亡率。

草坪的灌溉虽很重要,但雨季排水也是不能忽视的。尤其护坡道、隔离栅带草坪,极易受到边沟积水的影响。如果草坪土壤水分过于饱和或长时间积水浸泡时,会导致草坪植物倒伏、烂根以至成片死亡。所以,一定要使边沟排水通畅,所汇集的雨水能够迅速排除,确保草坪植物能够良好成长。

4.草坪修剪

草坪修剪,也有人称为垂直刈割,或简称为剪草。草坪植物生长到一定时期就进入老化阶段,旁枝增多,绿度降低,以致枯黄而进入休眠状态,从而缩短了绿色观赏期。剪去老草和枯草之后,可促进再生,很快长出新叶和嫩枝,颜色变得翠绿,从而提高绿化的观赏价值。草坪修剪也可以防止草坪植物退化,延长草坪利用年限。尤其是有的草坪,草坪植物品种不一,植株高矮不同,如果任其自然生长时,往往长势高矮不齐,杂乱无章,如同荒草一般甚不美观。修剪后可整齐划一,变成美丽的毯状草坪。

草坪植物修剪次数的多少,与草坪植物生命力强弱、寿命和草坪利用年限有密切关系。正确的修剪次数,取决于当地的气候条件、草坪植物的种类、生育期和生长状况等。按草坪植物生长度达 20cm 就要修剪的要求,则南方植物生育期较长,一年可修剪 4~5 次,而北方植物生育期较短,则一年修 2~3 次或 3~4 次为好。一般第一次修剪后再生力较强,生长较快,修剪间隔日数较短;第二次修剪后再生力逐渐减弱,修剪间隔日数也逐渐延长。修剪的留茬高度,由草坪植物的类别和当地条件决定,一般剪去生长高度的一半即可。

5.草坪整理

草坪整理的目的在于清除草坪中的废弃物、杂物和枯枝落叶等。

(1)清除杂物。车辆行驶当中驾乘人员常将瓜皮、碎纸、空易拉罐、废旧塑料、罐头盒、空瓶等及其他废旧物弃于公路上,堆集散布在中央隔离带、护坡道、边坡草坪中,不仅有碍观瞻,还会覆盖草坪植物,阻碍通气透水,妨碍草坪植物生长。对于这些杂物,除平日要经常清理外,每年应集中清理两次。尤其是清明节前后,要进行一次大清理,清理的方法是用短齿耧耙紧贴地面,将废弃杂物及草坪植物的枯枝落叶一并清除干净,这样做不仅使草坪清洁整齐,也可以使地面的覆盖层减薄,更多地接受阳光照射,提高地温,促使草坪植物发芽返青。

(2)打孔松土。据国外报道,老龄衰退的草坪,每年打孔一次,不仅可以增加草坪植物的绿度,还可以延长草坪的利用年限。

6.病虫害的防治

草坪植物种类繁多,病虫害也多。禾本科草坪植物锈病的发生,可使茎叶失绿枯黄;豆科草坪植物白粉病的发生,也导致生长衰退,降低绿化观赏效果。害虫可给草坪植物带来巨大损害。因此,在草坪的养护管理中,要时时注意病虫害的发生,要早期发现,及时防治。

第三节　环境保护

一、高等级公路环境保护的基本要求

环境保护是指人类有意识地保护自然资源并使其得到合理利用,防止自然环境受到污染和破坏,对受到污染和破坏的环境必须做好综合治理,以创造出适合人类生活、工作的环境。而公路环境保护是基于生态可持续发展原则,调节与控制"公路工程与路域环境"对立统一关系的发生与发展。

高等级公路环境保护应执行国家环境保护法规及有关规范,按如下的基本要求开展工作:

1.以防为主、防治结合

公路环境最有效的措施是路网规划和路线布设时考虑环境因素,通过全面规划和合理布局,将环境影响降至最低程度,在此基础上,采取必要的环境治理措施,实现环境保护目标。

2.执行环境影响评价制度

编制环境影响报告书或环境影响报告表是国家对建设项目(包括新建、改扩建)实行强制性环境保护管理的制度,是对建设项目从环境方面做可行性研究报告,对建设项目具有一票否决权的作用。环境影响报告书或报告表是建设项目工程设计中的环保工程设计、环境保护设计、施工期和营运期的污染防治措施及环境管理的依据。

3.技术、经济合理

实施环境保护措施时,应作多方案分析论证,以达到技术可靠、经济合理,使环境效益和社会效益最佳。此外,还应使环境措施可能产生的负面影响最小,或为防止负面影响的投资最小。

4.实行"三同时"原则

根据国家《建设项目环境保护管理办法》的规定,经环境影响评价及有关部门审批确定的环境保护措施,如管理处、生活服务区、收费站等的污水处理设施及其他环保设施,应与主体工程同时设计、同时施工、同时投入营运。由于道路交通噪声对环境的影响与交通量有关,根据环境影响预测评价,噪声防治设施可采取分期实施方案。

5.加强环境管理

管理工作是环境保护的关键。在我国,由于道路交通环境保护工作开展较晚,环境管理待加强。首先应建立和健全各级环境保护机构,明确职责;其次是制定相关环境管理法规,明确道路交通建设各环节的环境管理要求与目标,使环境保护工作切实有效。

二、高等级公路环境保护的工作内容

环境保护是一项基本国策,我国公路建设项目的设计和施工,历来十分重视对自然环境的

保护工作。公路作为主体工程从前期工作一开始就不可忽视对环境的影响。在设计阶段就应重视环境保护工作,妥善处理好主体工作与环境之间的关系,尽可能从路线方案、技术指标的运用上合理取舍,而不过多地依赖环境保护设施来弥补。当公路工程对局部环境造成较大影响时,应进行主体工程方案与采取环境措施间的多方案比选,将重点放在“预防”措施或方案上,充分体现环境保护工作的主动性。也只有这样才能做到公路建设与环境保护的协调发展,才能保护公路建设的可持续性发展。

公路工程线长、面广,在施工期间与营运期对沿线自然环境、生态环境、社会环境、声环境、环境空气、水环境以及水土流失等均会产生不同程度负面的影响。公路环境保护应贯彻以防为主、以治为辅、治理综合性的原则,并结合工程设计开发利用环境,尽可能地改善和提高公路环境质量,在公路工程建设项目的各个阶段进行环境规划,开展相应的环境评价和水土保持工作,做好环境保护设计。如可行性研究阶段应进行环境预测评价;初步设计阶段应针对环境影响评价报告书(表)中的环境保护评价意见,进行环境质量现状评价,拟定环境保护总体设计方案并进行论证,提供水土保持大纲;在施工图设计阶段应根据审定意见提供环境保护工程设计(包括水土保持报告)等;目前,很多专家学者提出;公路营运一段时间后,还应进行后评价。

公路环境保护必须贯彻“经济效益、社会效益与环境效益统一”方针,各种环境保护设施应因地制宜,做到技术可行、经济合理、效益显著。环境保护设施的设计年限应同该公路的远景设计年限一致,声屏障等部分环境保护设施可视交通量增长情况分期实施。

1.对公路建设项目管理环境保护的工作项目

(1)项目可行性研究阶段:项目的环境影响评价,提交项目环境影响报告书;

(2)项目初步设计及施工图设计阶段:环境保护设计;

(3)项目招投标阶段:在招标文件、工程合同及监理合同中纳入环境保护条款;

(4)项目施工期:环境保护设施的施工及环境保护监理;

(5)项目竣工和交付使用阶段:环境保护设施验收、环境后评价;

(6)公路营运期:环境保护设施的运行、维护及处理环境问题投诉。

2.公路工程的环境保护工作

公路项目的环境保护工作可分为公路建设期的环境保护工作和公路营运期的环境工作。公路建设期的环境保护工作又可分为项目前期工作的环境保护和公路施工期的环境保护工作。

(1)公路建设项目前期工作的环境保护:

①项目建设前期工作的环境保护主要涉及的就是环境评价和环境工程设计。

环境评价的目的和意义可概括为:一是从环境角度出发评价公路选线的合理性,对路线方案的可行性和项目的可行性提出评价意见和结论;二是提出必要的环保措施,使项目对环境的不利影响减少到可接受的程度;三是预测项目的环境影响程度和范围,为公路沿线社区发展规划提供环境保护依据。按国家的有关规定,建设项目的环境影响评价工作应在项目可行性研究阶段完成。但考虑到公路项目工可阶段与初设阶段的线位可能有较大的变化,国务院在第253号令《建设项目环境保护管理条例》中的第九条又作了专项规定,即“铁路、交通等建设项目,经有审批权的环境保护行政主管部门同意,可以在初步设计完成时报批环境影响报告书或环境影响报告表。”这样做,可以提高环境敏感点的预测评价精度,提高环境保护措施的可行性，从而进一步提高环境影响评价工作的有效性，便于落实环境保护“三同时”。

②公路设计阶段的环境保护设计《公路环境保护设计规范》(JTJ/006—98)规定，对于高速公路、一级公路以及有特殊要求的公路，如从风景名胜区、自然保护区、林区等区域经过的公路，应重视保护环境与自然环境的协调，必须在主体工程设计的同时进行环境保护设计。

公路项目的环境保护设计贯穿于项目各个设计阶段和主体设计的各个组成部分。从公路路线设计、路基设计、路面设计、桥涵设计、沿线设施设计都无不与环境保护或水土保持有关系。要搞好公路的环境保护工作，应执行国家和行业主管部门颁发的相关法律和法规。环境保护设计方案与公路沿线农业生产、城镇分布、自然及人文景观、社会经济发展水平等环境特征相关，还与地形、地貌、公路等级、工程投资规模等建设条件相关。环境保护方案设计应综合分析上述因素，在主体工程设计的同时作出切合实际的安排，保证总体设计的同时兼顾专项设计。

(2)公路施工期的环境保护概要：

在项目施工过程中实行环保监理，是项目全过程环境保护管理不可缺少的环节，也完全符合国家关于环境保护“三同时”的原则。

公路施工期的环境保护监理，实质就是施工活动过程中的环境管理工作。要实施环境保护监理，必须与整个项目的施工组织管理紧密结合。要以项目的环境影响报告书、环境保护行动计划及相关的环境保护及资源保护的法律法规为依据，强化工程管理人员、监理工程师、承包商和施工人员的环境保护意识，使环境保护管理工作制度化、规范化、合理化。

环境保护监理的主要工作环节有：

承包商编制环境保护措施报告表，上报监理工程师审核批准；

监理工程师核查环境保护措施的实际情况，作为工程验收的考核内容；

对施工现场进行环境监理，以便掌握环境质量动态，及时调整环境监控力度或环境保护措施。

公路施工期环境保护除水土保持外，涉及环境污染的项目较多，一般包括空气污染、光污染等。

公路完工后，在进行公路工程竣工验收前，业主应向批准项目环境影响报告书的环境主管部门申请进行环境保护设施专项验收。

(3)公路营运期的环境保护。在高等级公路运营管理中，应把环境保护作为一项重要任务，其主要内容有：

①对已建设的环境保护工程进行经常性养护，以保持这些工程保护环境的作用。如对隔音墙、挡土墙、护坡、绿化带、泄洪沟等应经常检查、养护，发现破坏应及时维修和补救。

②对运营中出现新的环境问题进行调查、分析，提出处理方案。

③当高等级公路交通量增加到一定程度，其产生的空气污染及噪声对两侧环境将产生影响。必要时应建立对周围空气及噪声监测的体系，进行适当监测，以便采取相应的防护措施。

④对服务区、加油站、修理所、洗车场所产生的污染物，如废水、漏油、垃圾、杂物等，应有完善的处理方案，不得任意抛弃。

⑤高等级公路上通过危险物品车辆，应按危险物品运输处理。

⑥当油类、危险化学药品因事故洒落到路面上时，应妥善处理，不得任意流失。

⑦装散货(如煤、矿、石灰、垃圾等)车应有盖棚，不得任意飞扬，否则应禁止其通行。

⑧不得在高等级公路上及两侧烧秸秆、杂物等引起烟尘污染。

⑨尽力避免洒盐水融雪。禁止将含盐污水直接排入灌溉渠、人畜用的河湖中。

⑩经常清扫高等级公路路面，清洗护栏、隔离墩、护网、桥梁栏杆、各种标志牌，保持路容美观。

⑪尽量利用空地扩大绿化面积，使高等级公路成为绿色长廊、带状花园。

思考题

1. 高等级公路绿化的意义是什么？
2. 高等级公路绿化的特点有哪些？
3. 高等级公路绿化的原则是什么？
4. 试述高等级公路环境保护的基本要求。
5. 高等级公路营运期环境保护的主要内容有哪些？

第八章

高等级公路路面状况评价

第一节　路面状况评价

在日常的路面维护管理工作中,无论是管理决策人员还是维护技术人员都非常关心现有公路网中路面在使用年限内的技术状况。因为路面状况的好坏直接影响到行车的速度、舒适性和安全性,只有在准确地掌握现有路面的状况之后,才能根据实际情况制订合理的维护对策和维护费用分配方案。所以对于现有路面状况的数据调查和质量评价是高等级公路维护管理系统中一个最基本、也是必不可少的一项工作。

现有路面状况是指路面在被调查、评价时所具有的外观和内在状态,也称为现有路面使用质量,通常外观状态表现在路面破损和不平整,内在状态有路面强度和抗滑性能。

路面状况评价是指对整个路网或单个路段中路面现有使用质量的评定。路况评价的结果主要应用在以下方面:

(1)提供路况数据,以此判别路网的优劣程度,并制订路段的维护对策和需要的维护资金。

(2)为管理系统积累数据,以建立起路况的预测模型,供方案评价和优化使用,并检验各模型的正确性,使管理系统的结果更加符合实际情况。

一、路况数据的收集与调查

1.路况数据的收集

1)现有路面数据收集

一般由公路管理机构负责组织,县级公路部门组成测试小组进行。参与数据采集人员必须严肃认真,有较丰富的路面维护实践经验,并熟悉路面病害类型区分,确保数据真实、可靠。

(1)交通调查。对于当前的交通量和车型组成进行实地观测。通过调查分析预估交通量增长趋势,确定年平均增长率。

(2)路基状况调查。调查沿线路基土质、填挖高度、地面排水情况、地下水位,以确定路基土组和干湿类型。

(3)路面状况调查。调查路面结构类型、组合和各层厚度,为此需开挖试坑进行量测和取样试验。量测路基和路面宽度,详细记载路表状况及路拱大小。对路面的病害和破坏应详加记述并分析产生原因。

(4)路面修建和维护历史调查。

2)路面破损数据的收集

仔细查看路面上存在的损坏状况,正确区分病害类型和严重程度,丈量其损坏面积,按病害类型及其严重程度，记入沥青路面损坏情况调查表，准确至平方米。评价段次按100m设定，每张表为一个路段的实测记录。不规则形状的损坏面积按车辙的长度乘以0.4m计算，对于车辙、拥包、波浪、坑槽、沉陷等类别损坏，可用三米直尺测其最大垂直变形，以确定严重程度。调查结果应按路段汇总，填入路面损坏情况总表；每一行，为一个路段的合计记录。路段长度宜采用1 000m，以整公里桩号为起讫点，并考虑以公路交叉及行政区分界为分段点。

地（市）公路部门应组织复核小组进行抽查，抽查数量占实际调查路段的5%～10%，偏差范围在±10%以内为合格，达不到应进行重新调查。

2.路况数据调查

公路路面在使用过程中，由于行车荷载作用和自然因素的影响，将使路面逐渐产生各种破损。路面破损对车辆的行驶速度、载荷能力、燃料消耗、机械磨损、行车舒适，以及对交通安全、环境保护等都会造成有害影响。因此，必须对路面状况进行调查，根据调查数据采取预防性、经常性的保养和维修措施，使路面保持良好的技术状况，以保证路面的服务水平，并有计划地对原有路面进行改善、提高，以适应运输发展的需要。

现有路面状况调查工作包括如下内容：

1)路面破损状况调查

路面的损坏，可以分为两类：一类是结构性损坏，包括路面结构整体或其中某一个或几个组成部分的破坏，使路面达到不能支承预定的车辆荷载；另一类是功能性损坏，它也有可能并不伴随结构性损坏而发生，但由于平整性和抗滑能力等的下降，使其不再具有预定的功能，从而影响行车质量。对于功能性损坏，可以通过整修、维护或罩面使面层的功能得到恢复，对于结构性损坏，通常则需对路面进行彻底的翻修。因此，区分这两类不同的损坏是十分重要的。对使用中的路面进行结构状况的调查与评定，其目的主要是了解路面现有结构状况和强度，据以判断是否需要加强或预估剩余使用寿命，分析路面损坏的原因及提出处理措施。

沥青路面破损分类分级见表8-1。

沥青路面破损分类分级 表8-1

损坏类型		分级	外观描述	分级指标	计量单位
裂缝类	龟裂	轻 中 重	初期龟裂，缝细，无散落，裂区无变形 裂块明显，缝较宽，无散落或轻散落，或轻度变形 裂块破碎，缝宽，散落重，变形明显，亟待修理	块度：20～50cm 块度：<20cm 块度：<20cm	m^2
	不规则裂缝	轻 重	缝细，不散落或轻微散落，块度大 缝宽，散落，裂块小	块度：>100cm 块度：50～100cm	m^2
	纵裂	轻 重	缝壁无散落或轻微散落，无或少支缝 缝壁散落重，支缝多	缝宽：≤5mm 缝宽：>5mm	长度(m)×0.2m
	横裂	轻 重	缝壁无散落或轻微散落，无或少支缝 缝壁散落重，支缝多	缝宽：≤5mm 缝宽：>5mm	长度(m)×0.2m
松散类	坑槽	轻 重	坑浅，面积较小(<$1m^2$) 坑深，面积较大(>$1m^2$)	坑深：≤25mm 坑深：>25mm	m^2
	松散	轻 重	细集料散失，路面磨损，路表粗麻 粗集料散失，多量微坑，表面剥落	—	m^2

续上表

损坏类型		分级	外观描述	分级指标	计量单位
变形类	沉陷	轻	深度浅,行车无明显不适感	深度:≤25mm	m^2
		重	深度深,行车明显颠簸不适	深度:>25mm	
	车辙	轻	变形较浅	深度:≤25mm	长度(m)×0.4m
		重	变形较深	深度:>25mm	
	波浪拥包	轻	波峰波谷高差小	深差:≤25mm	m^2
		重	波峰波谷高差大	高差:>25mm	
其他类	泛油		路表呈现沥青膜,发亮,镜面,有轮印	—	m^2
	翻浆		因路基湿软,路面出现弹簧、破裂、冒浆现象	—	m^2

水泥混凝土路面病害类型和分级:

(1)断裂类病害。按裂缝出现的方位和板断裂的块数,分为4种病害:纵向裂缝、横向或斜向裂缝、角隅断裂、交叉裂缝和板断裂。

纵向裂缝、横向或斜向裂缝和角隅断裂病害按裂缝缝隙边缘碎裂程度和缝隙宽度,可分为3个轻重程度:

①轻微:缝隙边缘无碎裂或错台的细裂缝,缝隙宽度小于3mm。

②中等:缝隙边缘中等碎裂或错台小于10mm的裂缝,且缝隙宽度小于15mm。

③严重:缝隙边缘严重碎裂或错台大于10mm的裂缝,且缝隙宽度大于15mm。

交叉裂缝和板断裂病害,按裂缝等级和板断裂的块数可分为3个轻重程度:

①轻微:板被轻微裂缝分割成2~3块。

②中等:板被轻微裂缝分割成3~4块,或被轻微裂缝分割成5块以上。

③严重:板被轻微裂缝分割成4~5块,或被中等裂缝分割成5块以上。

(2)竖向位移类病害。按产生原因的不同分为2种病害:沉陷、胀起。

沉陷和胀起按其对行车的影响可分为3个轻重程度:

①轻微:车辆以限速驶过时仅引起无不舒适感的轻微跳动。

②中等:车辆驶过时仅产生不舒适感的较大跳动。

③严重:车辆驶过时产生过大的跳动,引起严重不舒适或不安全。

(3)接缝类病害。按损坏的形态和影响范围可分为6种病害:接缝填缝料损坏、纵向接缝张开、唧泥和板底脱空、错台、接缝碎裂、拱起。

接缝填缝料损坏按填缝料出现老化、挤出缺损的情况,可分为3个轻重程度:

①轻微:整个路段接缝填缝料情况良好,仅有少量接缝出现上述损坏。

②中等:整个路段接缝填缝料情况尚可,1/3以下接缝长度出现上述损坏。

③严重:整个路段接缝填缝料情况很差,1/3以上接缝长度出现上述损坏。

纵向接缝张开病害按接缝的张开量可分为2个轻重程度:

①轻微:接缝张开10mm以下。

②严重:接缝张开10mm以上。

唧泥和板底脱空病害,可分为2个轻重程度:

①轻微:在板接(裂)缝或边缘的表面残留有少量唧出材料的沉淀物。

②严重:在板接(裂)缝或边缘的表面残留有大量唧出材料的沉淀物,板有脱空感。

错台病害按相邻板边缘的高差大小可分为3个轻重程度：

①轻微：错台量小于5mm。

②中等：错台量为5～10mm。

③严重：错台量大于10mm。

接缝碎裂按碎裂范围和程度可分为3个轻重程度：

①轻微：破裂仅出现在接缝或裂缝两侧8mm范围内，尚未采取临时修补措施。

②中等：碎裂范围大于8mm，部分碎块松动或散失，但不影响安全或危害轮胎。

③严重：影响行车安全或危害轮胎。

拱起病害按其对行车的影响可分为3个轻重程度：

①轻微：车辆以限速驶过时仅引起无不舒适感的轻微跳动。

②中等：车辆驶过时仅产生不舒适感的较大跳动。

③严重：车辆驶过时产生过大的跳动，引起严重不舒适或不安全。

(4)表层类病害。可分为5种病害：磨损和露骨，纹裂、网裂和起皮，活性集料反应，粗集料冻融裂纹，坑洞。

磨损和露骨病害按磨损或露骨的深度分为2个轻重程度：

①轻微：磨损、露骨深度小于等于3mm。

②严重：磨损、露骨深度大于3mm。

纹裂、网裂和起皮按是否出现起皮和起皮病害的面积可分为3个轻重程度：

①轻微：板的大部分面积出现纹裂或网裂，但表面状况良好，无起皮。

②中等：板出现起皮，面积小于等于混凝土板面积的10%。

③严重：板出现起皮，面积大于混凝土板面积的10%。

活性集料反应病害可分为3个轻重程度：

①轻微：板出现网裂，面层可能变色，但未出现起皮和接缝碎裂。

②中等：出现起皮和接缝碎裂，沿裂缝和接缝有白色细屑。

③严重：出现起皮和接缝碎裂的范围发展到影响行车安全，路表面有大量白色细屑。

粗集料冻融裂纹病害可分为3个轻重程度：

①轻微：裂纹出现在缝或自由边附近0.3m范围内，缝未发生碎裂。

②中等：裂纹出现在缝或自由边附近范围大于0.3m，出现轻微或中等碎裂。

③严重：裂纹影响区内裂缝出现严重碎裂，不少材料散失。

坑洞病害不分轻重程度等级，修补损坏病害按修补处再次出现的损坏情况分为3个轻重程度：

①轻微：轻微破损，或边缘处有轻微碎裂。

②中等：轻微裂缝或车辙、推移，边缘处有中等碎裂和10mm以下错台。

③严重：出现严重裂缝、车辙、推移或错台，需重新进行修补。

对高等级公路路面破损，调查人员在范围不够大的情况下可用直尺、病害数据采集仪进行实地量测，必要时可拍摄照片或录像；当病害范围较广时，宜组织专业技术人员采用高速路面摄影车等高效测试设备进行调查。

调查时间，需根据路面病害类型确定，但调查次数一年应不少于一次。对于强度不足或疲劳引起的荷载性裂缝(龟裂)，宜在春季或雨季最不利季节之后进行；对于因温度收缩等引起的非荷载性裂缝(块裂及横向裂缝)宜在冬季以后调查，当然为便于观测裂缝，最佳时机宜选择在雨后(或预先洒水)路表已干燥但尚有水迹的时候观测;对车辙、拥包、波浪等热稳性变形宜在夏季观测;对松散类破损宜在雨季观测。根据需要也可采用定期的或规定的同一时间内进行调查。

调查时,除应量测破损面积以及裂缝的长度、宽度或块度外,还需量测车辙、坑槽、沉陷的深度以及波浪、拥包的最大间隔和错台量的大小等,以确定各种破损的严重程度等级。各类破损长度或面积的量测,准确至 0.1m。调查结果应按破损类型及其严重程度记入记录表,并按路段将调查结果进行汇总。路段长度可为 100~500m。

2)路面强度调查

路面强度调查主要用于评价路面结构的承载能力,从而确定路面的剩余寿命,即在达到预定的破损状况之前,路面还能使用的年数或能承受标准轴载的作用次数。依据剩余寿命的长短,可以判断路面结构的完好程度和其损坏的速度,以确定必要的维护措施。

路面强度的调查指标为路面的弯沉值,过去我国测定路面强度多采用贝克曼梁式弯沉仪,目前高等级公路的路面强度提倡采用自动弯沉仪(如加拿大 Dynaffect 测量车)检测。路面的弯沉应在不利季节测定,并注意温度修正;若在非不利季节测定,应按各地的季节影响系数进行修正。

实验表明,半刚性基层沥青路面的承载能力的变化过程可分为三个阶段。路面竣工后的前 1~2 年为第一阶段,在这一阶段,由于交通荷载的压密作用和半刚性基层材料的强度增长特性,路面弯沉逐渐减小,大约在路面竣工后的第二年达到最小值。路面竣工后 2~3 年为第二阶段,在这一阶段,路面弯沉迅速增大,因为,一方面半刚性基层的强度增长已十分缓慢,并逐渐趋于相对稳定状态;另一方面由于交通荷载的重复作用以及大气因素的作用,加之沥青混凝土因材料和施工不匀而导致的强度非均匀性等因素的影响,结构内部的微观缺陷因局部的应力集中而不断扩展,并逐渐形成小范围的局部破损,从而导致结构的整体刚度下降。路面竣工 3~4 年以后直至达到极限破坏状态为第三阶段,在这一阶段路面因各种复杂因素产生的局部强度不足的问题已充分暴露,积蓄于内部缺陷附近区域的高密度能量已通过缺陷的扩展而转移,并自动实现整个系统的能量平衡,从而使得结构内部损伤的进一步发展得到控制,路面结构的整体刚度重新达到一种新的、较低水平的相对稳定,路表弯沉进入了一个比较稳定的缓慢变化阶段,即所谓的结构疲劳破坏的稳定发展阶段,并一直延续到结构出现疲劳破坏。

若将路面竣工后第一年不利条件的路面弯沉(即设计弯沉 L_r)取为 1,则其后每年标准状态下弯沉值 L_c 与 L_r 的比值定义为相对弯沉,即 L_c/L_r。如图 8-1 为半刚性基层沥青路面的相对弯沉值与不同年份的关系曲线。

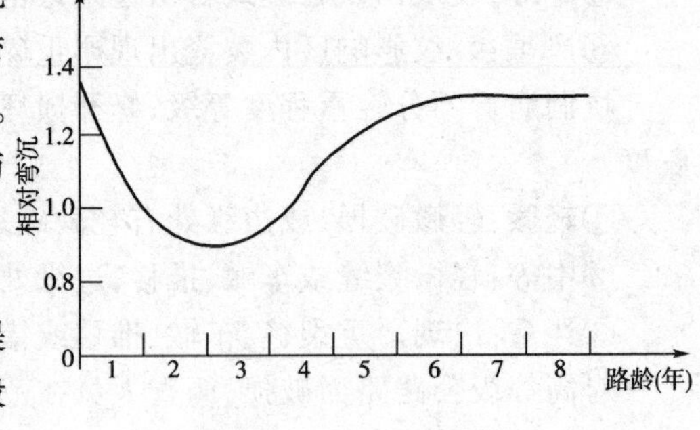

图 8-1 相对弯沉变化曲线

3)路面平整度调查

路面平整度是反映路面在行驶质量方面所提供服务能力的重要指标。路面平整度的检测一般有 3m 直尺、连续式平整度仪、颠簸累积仪和纵断面量测方法。由于颠簸累积仪检测快速,故宜于路网平整度全面调查时采用。小范围的抽样调查,可采用连续式平整度仪或 3m 直尺检测。高等级公路平整度调查每年至少进行一次,每次都要安排在基本相同的时段内进行。

在同一路段上采用不同仪器进行检测会得出不同的平整度指标数值,所以国际上采用纵断面量测法，量测的结果称为国际平整度指标 IRI。

采用 3m 直尺以其量测距离路表面的最大间隙作为路面的平整度，单位为 mm。检测点可采取随机取样或每 100m 连续量测 10 次，即 1km 共测 100 次，然后计算（按式 8-1）路段现有的平整度：

$$d = d_1 + Z_a \delta \tag{8-1}$$

式中：d——评定路段的路面平整度，mm；

d_1——用 3m 直尺测定路面最大间隙的平均值，mm；

$$d_1 = \frac{\sum d_i}{n} \tag{8-1a}$$

d_i——3m 直尺每次测定的路面最大间隙，mm；

n——检测点数；

Z_a——与保证率有关的系数；

δ——3m 直尺测定的标准差，mm。

$$\delta = \sqrt{\frac{\sum (d_i - d_1)^2}{n-1}} \tag{8-1b}$$

采用连续式平整度仪测定路面平整度，以其量测路面的不平整度的标准差 δ 表示，单位为 mm，其原理与 3m 直尺连续测定的平整度基本相同。由于平整度计算值的标准差 δ 与计算区间的长度有关，为便于分析比较，我国规定计算区间的长度统一取为 100m。目前我国的连续式平整度仪大多有自动计算功能，可以自动打印输出测定路段的标准差和振幅大于某一定值（如 3mm、5 mm、8 mm、10 mm）的超差次数。当采用人工计算时，可根据平整度仪记录的曲线，以 100m 为一个计算区间，每隔一定距离（人工采集取 1.5m，自动采集为 0.1m）采集的路面凹凸偏差位移值，按式（8-1b）中的标准差公式计算标准差，取各计算标准差的平均值作为评定路段的平整度。

连续式平整度仪测定时的行驶速度一般以 5km/h 为宜，最大不得超过 12km/h，并应保持匀速。对于坑槽较多、破损严重的路面，不宜采用。

颠簸累积仪有车载式和拖式两种。车载式颠簸累积仪的平整度采用车辆通过路面时后轴与车厢之间的单向位移累积值 VBI 表示，单位为 cm/km，测定值可以自动显示和打印输出。由于车速对车辆的颠簸影响很大，因而测定值与车速有关。为此，规定标准测试车速为 32 ± 3km/h；标准的计算区间长度为 100m，根据要求也可为 200m、500m 或 1000m。同时，测定车的性能和轮胎气压应符合规定的要求。对于坑槽较多，破损严重的路面不宜采用。

国际平整度指数 IRI 是目前国际上公认的衡量路面舒适性指数 RCI 或路面行驶质量指数 RQI 的指标，由精密水平仪测定路段上每隔 0.25m 测点的高程后通过计算确定，单位为 m/km。

当采用其他设备测定时，可通过标定进行回归分析，建立与国际平整度指数的相关关系，换算成国际平整度指数。以车载式颠簸累积仪为例，其测定值与国际平整度指数之间的相关关系（按式 8-2）为：

$$\mathrm{IRI} = a + b \times \mathrm{VBI}_v \tag{8-2}$$

式中：IRI——国际平整度指数，cm/km；

VBI_v——测试车速为 v(km/h)时,颠簸累积仪测得的颠簸累积值,cm/km;

a,b——回归系数。

进行标定时,应选择 5 ~ 6 段不同平整度的路段,每段平整度应均匀,长度一般为 250 ~ 300m,取 3 ~ 5 次测定值的平均值进行回归分析。

应用其他设备,同样可按上述方法建立与国际平整度指数或相互指标之间换算的相关关系。

4)路面抗滑性能调查

路面所具有的抗滑能力是安全性能评价的主要指标,其调查指标为轮胎与路面的摩擦因数。路面在使用过程中,因车轮的不断磨损,路表面的抗滑能力因集料被磨光而逐渐下降,当抗滑能力下降到不安全时,便需采取措施予以恢复。影响路面抗滑能力的因素有路面表面特性、路面潮湿程度和行车速度等。

路表面的细构造是指集料表面的粗糙度,它随车轮的反复磨耗而逐渐磨光,通常用石料磨光值(PSV)表征其抗磨光的性能。路表的细构造在低速行车时,对路表的抗滑能力起决定作用;在高速行车时,对抗滑能力起决定作用的却是粗构造。粗构造是由路表外露集料构成的,其功能是使路表面水迅速排除,以免形成水膜。粗构造由构造深度来表征。

路面的抗滑能力可采用不同的方法测定,通常采用摆式摩擦系数测定仪和横向力系数(SFC)测定仪。高速公路宜采用横向力系数测定仪,一般每年春秋季节进行抗滑能力的测定。

二、路面状况的评价指标及等级评价标准

1.沥青路面

沥青路面现有使用质量评价的内容包括:路面破损状况、行驶质量、强度及抗滑性能。

1)路面破损状况

(1)路面破损状况采用路面状况指数(PCI)进行评价,路面状况指数由沥青路面破损率(DR)计算得出。

①沥青路面破损率(DR)计算式(按式 8-3)为:

$$DR = D/A \times 100 = \sum\sum D_{ij} \cdot K_{ij}/A \times 100 \qquad (8\text{-}3)$$

式中:DR——路面综合破损率,以百分数计;

D——调查路段内的折合破损面积,m²;$D = \sum\sum D_{ij} \cdot K_{ij}$; (8-3a)

A——调查路段的路面总面积,m²;

D_{ij}——第 i 类损坏、j 类严重程度的实际破损面积,m²;如为纵、横向裂缝,其破损面积为:裂缝长度(m)×0.2;车辙破损面积为:长度(m)×0.4;

K_{ij}——第 i 类损坏、j 类严重程度的换算系数(如表 8-2)查得。

②路面状况指数(PCI):

路面状况指数(PCI)的数值范围为 0 ~ 100。其值越大,路况越好。其计算式(按式 8-4)为:

$$PCI = 100 - 15DR^{0.412} \qquad (8\text{-}4)$$

(2)路面破损状况的评价标准。

路面破损换算系数 表 8-2

破损类型	严重程度	换算系数	破损类型	严重程度	换算系数
龟裂	轻	0.6	松散	重	0.4
	中	0.8	沉陷	轻	0.4
	重	1.0		重	1.0
不规则裂缝	轻	0.2	车辙	轻	0.4
	重	0.4		重	1.0
纵裂	轻	0.4	搓板		0.8
	重	0.6	波浪	轻	0.4
横裂	轻	0.2		重	0.8
	重	0.4	拥包	轻	0.4
坑槽	轻	0.8		重	0.8
	重	1.0	泛油		0.1
麻面		0.1	磨光		0.6
脱皮		0.6	修补损坏面积		0.1
啃边		0.8	冻胀		1.0
松散	轻	0.2	翻浆		1.0

根据路面破损状况,可将路面质量分为优、良、中、次、差五个等级。等级评价标准见表 8-3。

路面破损状况等级评价标准 表 8-3

评价指标 \ 评价等级	优	良	中	次	差
路面状况指数 PCI	≥85	≥70～<85	≥55～<70	≥40～<55	<40

2)路面强度

(1)路面强度指数(SSI)。沥青路面强度采用强度指数作为评价指标,其计算公式如下:

SSI = 路面设计弯沉值/路段代表弯沉值

路段代表弯沉值可依据现行《公路沥青路面设计规范》(JTJ 014—97)的有关规定进行计算。

(2)路面强度等级评价标准见表 8-4。

路面强度等级评价标准 表 8-4

评价等级 \ 公路等级 \ 标准	优		良		中		次		差	
	高速公路、一级公路	其他等级公路	高速公路、一级公路	其他等级公路	高速公路、一级公路	其他等级公路	高速公路、一级公路	其他等级公路	高速公路、一级公路	其他等级公路
强度指数 SSI	≥1.0	≥0.83	<1.0～≥0.83	<0.83～≥0.66	<0.83～≥0.66	<0.66～≥0.5	<0.66～≥0.5	<0.5～≥0.3	<0.5	<0.3

3)行驶质量指数

(1)路面的行驶质量采用行驶质量指数(RQI)作为评价指标,行驶质量指数由国际平整度指数(IRI)计算。

①国际平整度指数。国际平整度指数 IRI 可由反应类设备测定,测定结果需经试验标定。IRI 与其他设备的标定关系式一般(按式 8-5)为:

$$\mathrm{IRI} = a + b \cdot \mathrm{BI} \tag{8-5}$$

式中:BI——平整度测试设备的测试结果;

a,b——标定系数。在使用中,各地可根据实际的标定结果确定其取值;

IRI——国际平整度指数(m/km)。

②行驶质量指数。路面行驶质量指数(RQI)与国际平整度指数(IRI)的关系(按式 8-6)为:

$$\mathrm{RQI} = 11.5 - 0.75 \times \mathrm{IRI} \tag{8-6}$$

式中:RQI——行驶质量指数,数值范围为 0~10。如出现负值,则 RQI 值取 0;如计算结果大于 10,则 RQI 取值 10。

(2)路面行驶质量等级评价标准见表 8-5。

路面行驶质量等级评价标准 表 8-5

等级 评价指标	优	良	中	次	差
行驶质量指数 RQI	≥8.5	<8.5~≥7.0	<7.0~≥5.5	<5.5~≥4.0	<4.0

4)路面抗滑性能

路面抗滑性能采用抗滑系数作为评价指标,抗滑系数以横向力系数(SFC)或摆式仪的摆值(BPN)表示,等级评价标准见表 8-6。

路面抗滑能力等级评价标准 表 8-6

评价等级 评价指标	优	良	中	次	差
横向力系数 SFC	≥50	≥40~<50	≥30~<40	≥20~<30	<20
摆值 BPN	≥42	≥37~<42	≥32~<37	≥27~<32	<27

2.水泥混凝土路面

(1)采用路面状况指数(PCI)和断板率(DBL)两项指标评定路面破损状况。

依据路段破损状况调查得到的病害类型、轻重程度和密度数据,按式 8-7 确定该路段的路面状况指数(PCI),以 100 分制表示。

$$\mathrm{PCI} = 100 - \sum_{i=1}^{n}\sum_{j=1}^{m_i} \mathrm{DP}_{ij} W_{ij} \tag{8-7}$$

$$\mathrm{DP}_{ij} = A_{ij} D_{ij} B_{ij} \tag{8-7a}$$

$$W_{ij} = \begin{cases} 2.5R_{ij} & R_{ij} < 0.2 \\ 0.5 + 0.686(R_{ij} - 0.2) & 0.2 \leqslant R_{ij} < 0.55 \\ 0.74 + 0.28(R_{ij} - 0.55) & 0.55 \leqslant R_{ij} < 0.8 \\ 0.81 + 0.95(R_{ij} - 0.8) & R_{ij} \geqslant 0.8 \end{cases} \tag{8-7b}$$

$$R_{ij} = \frac{DP_{ij}}{\sum_{i=1}^{n}\sum_{j=1}^{m_j} DP_{ij}} \tag{8-7c}$$

式中：i 和 j——病害种类和轻重程度；

n——病害种类总数；

m_j——i 种病害的轻重程度等级数；

DP_{ij}——i 种病害和 j 种轻重程度的单项扣分值，它是破损密度 D_{ij} 的函数；

D_{ij}——i 种病害和 j 种轻重程度的板块数占调查路段坂块总数的比例；

A_{ij} 和 B_{ij}——系数(如表 8-7)；

W_{ij}——同时出现多种破损时，i 种病害和 j 种轻重程度扣分值的修正权数；

R_{ij}——各单项扣分值占总扣分值的比值。

单项扣分值 DP_{ij} 和修正系数 W_{ij} 应由有代表性的成员组成的评定小组通过实地评定试验后制订。

(2)依据路段破损调查得到的断裂类病害的板块数，按断裂各种类和严重程度不同，采用不同的权数进行修正后，按式 8-8 确定该路段的断板率(DBL)，以百分数表示。

$$DBL = (\sum_{i=1}^{n}\sum_{j=1}^{m_j} DB_{ij} W_{ij})/BS \tag{8-8}$$

式中：DB_{ij}——i 种类裂缝病害，j 种轻重度的板块数；

W_{ij}——i 种裂缝病害，j 种轻重程度的修正权数(见表 8-8)；

BS——评定路段内的板块总数。

计算单项扣分值的系数 A_{ij} 和 B_{ij} 表 8-7

轻重程度 系数 / 病害类型	A_{ij}			B_{ij}		
	轻	中	重	轻	中	重
纵、横、斜向裂缝	30	65	93	0.55	0.52	0.54
角隅断裂	49	73	95	0.76	0.64	0.61
交叉裂缝、断裂板	70	88	103	0.60	0.50	0.42
沉陷、胀起	49	65	92	0.76	0.64	0.52
唧泥	25	—	65	0.90	-	0.80
错台	30	60	92	0.70	0.61	0.53
接缝碎裂	23	30	51	0.81	0.61	0.71
拱起	49	65	92	0.76	0.64	0.52
纵缝张开	30	—	70	0.90	-	0.70
填缝料损坏	10	35	60	0.95	0.90	0.80
纹裂或网裂和起皮	22	60	90	0.70	0.60	0.50
磨损和露骨	20	—	60	0.70	-	0.50
坑洞	—	30	—	—	0.60	—
活性集料反应	25	47	70	0.90	0.80	0.70
修补损坏	10	60	90	0.95	0.60	0.54

计算断板率的权数 W_{ij} 表 8-8

裂缝类型	交叉裂缝			分隅断裂			纵、横、斜向裂缝		
轻重程度	轻	中	重	轻	中	重	轻	中	重
权数 W_{ij}	0.60	1.00	1.50	0.20	0.70	1.00	0.20	0.60	1.00

(3)路面破损状况分为五个等级,各个等级的路面状况指数和断板率的评定标准见表 8-9。

路面破损状况等级评定标准 表 8-9

评定等级	优	良	中	次	差
路面状况指数 PCI	≥85	84~70	69~55	54~40	<40
断板率 DBL(%)	≤1	2~5	6~10	11~20	>20

(4)路面结构承载能力评定,按《公路水泥混凝土路面设计规范》(JTG D40—2003)中规定的方法进行。

(5)路面行驶质量采用行驶质量指数(RQI)进行评定,以 10 分制示。行驶质量指数同路面平整度指数 IRI 之间的关系,应由有代表性的成员组成的评定小组通过实地评定试验建立关系确定行驶质量指数如式(8-9)。

$$RQI = 10.5 - 0.75IRI \tag{8-9}$$

行驶质量分为五个等级。各个等级的行驶质量标准见表 8-10。

行驶质量等级评定标准 表 8-10

评定等级	优	良	中	次	差
行驶质量指数 RQI	≥8.5	8.4~7.0	6.9~4.5	4.4~2.0	<2.0

(6)路面表面抗滑能力采用侧向系数 SFC 或抗滑值 SRV 以及构造深度两项指标评定。路面抗滑能力分为五个等级,各个等级的评定标准见表 8-11。

路面抗滑能力等级评定标准 表 8-11

评定等级	优	良	中	次	差
构造深度(mm)	≥0.8	0.8~0.6	0.6~0.4	0.4~0.2	<0.2
抗滑值	≥65	64~55	54~45	44~35	<35
横向力系数 SFC	0.55	0.54~0.45	0.44~0.38	0.37~0.30	<0.30

三、路面维护质量标准

1.沥青路面

沥青路面维护质量标准见表 8-12~表 8-15。

沥青路面平整度、抗滑性能质量标准 表 8-12

序号	项目		高速公路、一级公路	其他等级公路
1	平整度(mm)	平整仪 σ	≤3.5	≤4.5(≤5.5 或≤7.0)①
		3m 直尺 h	≤7	≤10(≤12 或≤15)②
		IRI(m/km)	≤6	≤8
2	抗滑性能	横向力系数 SFC	≥40	≥30
		摆式仪摆值 BPN		≥32
3	路面状况指数 PCI		≥70	55

注:①对于其他等级公路的平方差 σ:沥青碎石、贯入式取低值 4.5,沥青表面处治取中值 5.5,碎石及其他路面取高值 7.0。

②其他等级公路的平整度指标:沥青碎石、贯入式取低值 10,表面处治取中值 12,其他类路面取高值 15。

沥青路面强度的质量标准 表 8-13

评价指标	高速公路、一级公路	其他等级公路
路面强度指数 SSI	≥0.8	≥0.6

沥青路面车辙评价标准 表 8-14

评价指标	高速公路、一级公路	其他等级公路
路面车辙深度(mm)	≤15	

沥青路面路拱坡度 表 8-15

评价指标	高速公路、一级公路	其他等级公路
路拱坡度	1.0～2.0	

2.水泥混凝土路面

水泥混凝土路面养护质量标准见表 8-16。

水泥混凝土路面养护质量标准 表 8-16

项目		高速公路、一级公路	其他等级公路
平整度(mm)	平整度仪 σ	2.5	3.5
	3m 直尺 h	5	8
	国际平整度指数 IRI(m/km)	4.2	5.8
抗滑	构造深度 TD(mm)	0.4	0.3
	抗滑值 SRV(BPN)	45	35
	横向力系数 SFC	0.38	0.30
相邻板高差(mm)		3	5
接缝填缝料凹凸(mm)		3	5
路面状况指数(PIC)		≥70	≥55

四、路面状况综合评估

在实际的养护工作中,根据各单项指标来对路面结构进行评价和处理,在进行路网规划和处理过程中会增加比选的难度和增加数据的分析和统计的工作量,为了对路面结构进行总体评价和表述,需要对路面结构的各单项指标进行汇总并进行综合指标评估。

1.沥青路面综合评价

(1)路面的综合评价指标(PQI)。PQI 用分项加权计算(按式 8-10),其数值范围为 0～100,值越大,路况越好。

$$PQI = PCI' \times P_1 + RQI' \times P_2 + SSI' \times P_3 + SFC' \times P_4 \tag{8-10}$$

式中:P_1, P_2, P_3, P_4——相应指标的权重,按 PCI, RQI, SSI, SFC(或 BPN)的重要性确定(见表 8-17)。

PCI′,RQI′,SSI′,SFC′的赋值见表 8-18。

P_1,P_2,P_3,P_4 权重建议值　　表 8-17

权重＼取值	建议值		
	高速公路、一级公路	二级公路	二级以下公路
P_1	0.25	0.3	0.35
P_2	0.35	0.25	0.2
P_3	0.1	0.25	0.35
P_4	0.3	0.2	0.1

PCI′,RQI′,SSI′,SFC′的赋值　　表 8-18

等　级	优	良	中	次	差
相应指标的赋值	92	80	65	50	30

(2)路面综合评价的评价标准见表 8-19。

沥青路面综合评价的评价标准　　表 8-19

等　级	优	良	中	次	差
路面综合评价指标 PQI	≥85	≥70 ~ <85	≥55 ~ <70	≥40 ~ <55	<40

2.水泥混凝土路面综合评价

水泥混凝土路面综合评价原理与沥青路面相同,在《养护规范》中用路面综合评价 SI 表示(按式 8-11):

$$SI = S_1 \times P_1 + S_2 \times P_2 + S_3 \times P_3 \tag{8-11}$$

式中：S_1——路面损坏状况所占分数,用下式计算:

$$S_1 = PCI/100 \tag{8-11a}$$

S_2——路面平整度所占分数,用下式计算:

$$S_2 = \begin{cases} 10 & \sigma \leqslant 2 \\ 17 - 2.5\sigma & 2 < \sigma \leqslant 6 \\ 0 & \sigma > 6 \end{cases} \tag{8-11b}$$

S_3——路面抗滑系数所占分数,用下式计算:

$$S_3 = \begin{cases} 10 & F > 55 \\ 0.4 \times F - 0.1 & 38 < F \leqslant 55 \\ 0 & F \leqslant 38 \end{cases} \tag{8-11c}$$

P_1,P_2,P_3——相应指标的加权系数,按道路性质、等级和相应指标的重要性确定。没有条件确定时,对于二级以下公路推荐 $P_1 = 0.75$, $P_2 = 0.20$, $P_3 = 0.05$;对于高速公路和一级公路推荐 $P_1 = 0.6$, $P_2 = 0.20$, $P_3 = 0.20$。

水泥混凝土路面状况综合评价标准见表 8-20。

水泥混凝土路面综合评价标准　　表 8-20

评价标准	优	良	中	差
SI	≥8.5	≥6.9 ~ <8.5	≥4.5 ~ <6.9	<8.5

五、路况评价方法及评价等级

1.评价方法

到目前为止,关于路面状况的评价方法已经趋于成熟,尽管国内外关于路面状况评价的方法各有不同,但其结果都能正确地对现有路面状况作出较为客观的评价。按对事物的确定性分类可以分为确定性的评价方法和不确定性的评价方法两大类。按被评价指标的多少又可分为单指标评价和多指标评价。

(1)确定性的评价方法。确定性的评价方法是针对评估的对象,按评估的等级划分一个确定的数值范围,然后由路况调查的数据直接得到评价的结果。这种确定性的评价方法,其优点在于较为直观,符合人们一般的决策习惯,所以这种评价方法被广泛地应用于各个领域。

(2)不确定性的评价方法。确定性的评价方法便于使用,但也存在一定的问题,不确定性的评价方法是采用模糊数学中模糊集合对事物进行评价的一种方法。它在对事物进行评价时,将被评估的对象看作是连续、不间断的。可以更为准确地反映客观实际,所以,近年来许多工程领域包括公路工程,有相当一部分采用了模糊数学方法对工程进行分类或评价。但由于它在使用过程中评价等级的隶属函数不易确定和人们还不习惯于模糊评价结果的表达方式,所以这种方法至今还没有得到普遍应用。

2.评价等级

关于评价等级,不同的管理系统中有不同的表达方法,一般而言,评价的等级均采用符合人们日常生活习惯的表达方式,最常使用的评价用语是优、良、中、次、差,其所包涵的内容如下:

优——表示路面平整、坚实、无破损,有足够的抗滑能力,仅需要日常养护;

良——表示路面比较平整,无明显破损和变形,仅有少量裂缝,需日常养护和小修;

中——表示路面有少部分变形和破损,稍不平整,抗滑能力基本满足要求,需小修或中修;

次——表示路面各种破损较多,不平整,强度不足,抗滑能力较差,需中修或大修;

差——表示路面破损和变形严重,强度明显不足,表面极不平整,需大修或改善。

第二节　确定维护对策

在维护资金有限的情况下,如何合理地评价路网状态和分配维护资金,确保高等级公路路网始终保持良好的行驶质量,将成为高等级公路主管决策部门不得不解决的问题。然而,传统的经验决策和主观臆断仍在我国高等级公路维护管理过程中占据主要地位。管理体制、维护技术的陈旧落后,不可避免地造成维护决策的盲目性和片面性,更无法达到有效利用资源的目的。

为了改变目前我国在高等级公路维护管理和技术上的落后状态,最重要的工作之一就是建立和实施计算机化的维护管理系统,科学有效地调控各项维护活动,使有限的资源获得最大的社会效益。

一、维护对策

高等级公路能够为车辆运行提供一个安全、经济、舒适、高速的运营环境和服务水平。为保持这一目标的实现,就要根据维护评价等级指标及时采取相对应的维护手段。

1.沥青路面

沥青路面的维护对策应根据公路等级、交通量及分项路况评价结果确定。分项路况评价指标包括:路面强度、行驶质量、路面破损状况和抗滑性能等。路面综合评价指标仅用于对路面质量的总体评价。

公路维护管理部门可根据公路等级、交通量、分项路况的评价结果,结合维护资金情况,采取如下维护对策:

(1)在满足强度要求的前提下(路面的结构强度系数为中等以上时),若高速公路及一级公路的路面状况指数(PCI)评价为优、良时,以日常维护为主,并对局部破损进行小修;若高速公路及一级公路的路面状况指数(PCI)评价为中及中以下,应采取中修罩面措施。

(2)在不满足强度要求的前提下(路面的结构强度系数为中等以下时),应采取大修补强措施以提高其承载能力。

(3)若高速公路及一级公路的行驶质量指数(RQI)评价为优、良时,以日常维护为主;若高速公路及一级公路的行驶质量指数(RQI)评价为中及中以下,应采取罩面等措施改善路面的平整度。

(4)高速公路及一级公路的抗滑能力不足(SFC < 40 的路段),应采取加铺罩面层等措施提高路表面的抗滑能力。

(5)因路面不适应现有交通量或载重的需要,应通过提高现有路面的等级,或通过加宽等改建措施提高道路的通行能力和服务质量。

在具体维护对策确定过程中,也可根据路面破坏的主要类型作为详细的维护对策,如表8-21所示。

沥青路面病害的维护或修补参考措施 表 8-21

措施	保养	填封裂缝	稀浆封层	部分厚度修补	全厚度修补	冷磨	乳化沥青封面	表面整平层	抗滑层	砂封面
纵、横向裂缝	L	L、M	M、H		H					
龟裂		L			M、H					
块裂	L	L、M、H	M、H						H	
车辙	L			M、H	M、H	M、H		M、H		
波浪	L			M、H	M、H	M、H				
沉陷	L			M、H	M、H			M、H		
胀起					M、H					
唧泥	L				M、H				M、H	
泛油										
松散和老化	L		M、H				L、M			
坑槽				M、H						
磨光						H	M			

注:表中 L 为小修;M 为中修;H 为大修。

2.水泥混凝土路面

(1)高速公路及一级公路的路面破损状况等级为优和良时,可采用日常维护和局部或个别板块修补措施。

(2)高速公路及一级公路的路面破损状况等级为中及中以下时,应采取全路段修复或改善措施,包括沥青混合料修补、板块破碎和碾压稳定、铺筑沥青混凝土或水泥加铺层以及修建纵向边缘排水设施等。

(3)高速公路及一级公路的路面行驶质量等级为中及中以下时,应采取刻槽、罩面或加铺层等措施改善路面的平整度。

(4)高速公路及一级公路的路面抗滑能力等级为中及中以下时,应采取刻槽、罩面等措施提高路表面的抗滑能力。

(5)路面结构承载能力不满足现有交通的要求时,应采取铺筑沥青混凝土或水泥混凝土加铺层措施提高其承载能力。

在具体维护对策确定过程中,也可根据路面破坏的主要类型作为详细的维护对策,如表8-22所示。

水泥混凝土路面病害的维护或修补参考措施 表8-22

措 施	保养	填封裂缝	填封接缝	部分深度混凝土修补	全深度混凝土修补	换板	沥青混合料修补	板底堵封	板顶研磨	刻槽
各种裂缝	L	L、M、H			H					
破碎板		L、M				M、H				
唧泥和错台	L		L、M					H	H	
接缝碎裂	L			M、H	H		M、H			
拱起	L				M、H	H				
填缝料损坏	L		M、H							
纵缝张开			L、H							
沉陷、胀起	L、M						M、H	H	M、H	
网裂和起皮	L、M			M、H			M、H			
磨损和露骨	磨损						露骨			磨光
坑洞	+						+			
碱集料反应	L					H	M			

注:表中L为小修;M为中修;H为大修。

二、交通量的分级

在根据实际调查路况确定养护对策时,路网中各条道路的交通量也是一个不容忽视的因素。在确定维护对策时,我们会遇到如下的情况,在两个路面破损路况相同的路段中,如果交通量不同或公路的技术等级、行政等级不同,那么采用同一种维护对策显然不合理。所以在根据实际路况确定最佳维护对策时,必须考虑交通量因素。

在路面设计和维护管理中,交通量的计算应该以标准轴载次数即BZZ-100为计量标准。但由于以往国内公路交通量测试受条件所限,交通量的计量单位是以年平均日交通量为准,而标准轴载次数的实际调查和测试还没有纳入日常公路监测工作,所以在目前国内已使用的路面维护系统中,仍采用年平均日交通量AADT作为标准轴载的间接计量单位。表8-23是PEMS对交通量的分级标准。

PEMS对交通量的分级标准 表8-23

等 级	交通量AADT(辆/日)
轻	<1000
中	1000~3999
重	≥4000

三、维护对策模型

我国目前对路面管理系统的需求还主要集中在路面维护管理方面,即路面维护管理系统。路面管理系统是以现代管理科学理论为指导,以计算机为工具,采用系统分析方法使路面管理过程系统化,使公路网中的路面处于最佳的服务水平或产生最大的经济效益。它的主要任务是为管理部门进行关键性的行政决策提供对策,指定路网维护政策、确定路网维护需求和维护费用优化分配的宏观分析系统。一般由数据库、使用性能评价模型、对策分析模型、使用性能预估模型、分析模型和优化模型等部分组成。

维护对策模型是根据实际路况制订的最佳维护策略。根据路况四项指标进行了优、良、中、次、差的评价。在 PEMS 系统中,结合我国公路的现有实际情况,对沥青路面制订了如下的维护对策确定准则:

(1)强度系数是决定路面中修或大修的唯一指标,强度评价为次、差时需进行大修;

(2)路面状况指数 PCI 或破损率 DR 为次、差的路段,不论平整度优劣,均应进行中修或大修;

(3)PCI、DR 为中等或中等以上,强度为次等时,只有当平整度为次、差时,才考虑进行大修。

具体的维护对策确定见表 8-24。

PEMS 维护对策选择表 表 8-24

<table>
<tr><th>SSI</th><th>PCI</th><th>IRI</th><th>AADT</th><th>维护对策</th><th>SSI</th><th>PCI</th><th>IRI</th><th>AADT</th><th>维护对策</th></tr>
<tr><td rowspan="11">优
良
中</td><td>优</td><td></td><td></td><td>小修保养</td><td rowspan="11">次
差</td><td>优</td><td></td><td></td><td>小修保养</td></tr>
<tr><td rowspan="5">良
中</td><td>优 良 中</td><td></td><td>小修保养</td><td rowspan="5">良
中</td><td>优 良 中</td><td></td><td>小修保养</td></tr>
<tr><td rowspan="2">次</td><td>轻 中</td><td>1cm 罩面</td><td rowspan="2">次</td><td>轻 中</td><td>补强 2～3cm 面层</td></tr>
<tr><td>重</td><td>2～3cm 罩面</td><td>重</td><td>补强 3～4cm 面层</td></tr>
<tr><td rowspan="2">差</td><td>轻</td><td>2～3cm 罩面</td><td rowspan="2">差</td><td></td><td>补强 3～4cm 面层</td></tr>
<tr><td>中 重</td><td>3～4cm 罩面</td><td>中 重</td><td>补强 5～6cm 面层</td></tr>
<tr><td rowspan="3">次</td><td>优 良 中</td><td></td><td>1cm 罩面</td><td rowspan="3">次</td><td>优 良 中</td><td></td><td>补强 2～3cm 面层</td></tr>
<tr><td rowspan="2">次 差</td><td>轻 中</td><td>2～3cm 罩面</td><td rowspan="2">次 差</td><td>轻 中</td><td>补强 3～4cm 面层</td></tr>
<tr><td>重</td><td>3～4cm 罩面</td><td>重</td><td>补强 5～6cm 面层</td></tr>
<tr><td rowspan="2">差</td><td rowspan="2"></td><td>轻</td><td>2～3cm 罩面</td><td rowspan="2">差</td><td rowspan="2"></td><td>轻</td><td>补强 3～4cm 面层</td></tr>
<tr><td>中 重</td><td>3～4cm 罩面</td><td>中 重</td><td>补强 5～6cm 面层</td></tr>
</table>

在《养护规范》中,对沥青路面提出的控制性维护对策如下:

(1)PCI 评价为优、良、中,RQI 评价也为优、良、中的路段,以日常维护为主,并对局部路面破损进行小修,对高速公路和一级公路中等路况的路段,应进行中修罩面;

(2)PCI 评价为次、差,或 RQI 评价为次、差,强度满足要求(高速公路、一级公路 SSI≥0.8,其他公路 SSI≥0.6)的路段,宜安排中修罩面,强度不满足要求时,则应进行大修补强;

(3)高速公路和一级公路的路面平整度、破损率和强度均满足要求,但抗滑能力 SFC<0.4 或 BPN<37 的路段,应加铺抗滑磨耗层,二级及二级以下公路抗滑能力 SFC<(0.2～0.3)或 BPN<(27～32)的事故多发路段,宜进行抗滑处理。

大、中修采用的路面结构类型与厚度,应根据公路等级、交通量、当地经济条件,结合已有经验通过设计确定。

在《养护规范》中，对水泥混凝土路面提出的控制性维护对策如下：

(1)对路面综合评定指标 SI 为优、良，坏板率在 5% 以下的路段，宜以日常维护为主，局部修补一些对行车安全有影响的板块；

(2)对路面综合评定指标 SI 为优、良，坏板率在 5% ~ 15% 的路段，除按正常的程序进行保养维修外，宜安排大、中修进行处治；对综合评定指标 SI 为中、差，坏板率在 15% ~ 50%，必须安排大、中修进行处治；

(3)对坏板率在 50% 以上的路段，必须进行改善。

坏板率是表征路面已发生板面开裂、断板，接缝损坏，表面缺陷，板块错台，沉陷等各种板块损坏状况的一种度量指标，计算式(按式 8-12)为：

$$HBN_K = W_{ij}\sum_{i=1}^{n}\sum_{j=1}^{m_j} S_{ij}/S_m \tag{8-12}$$

$$HBN_K = HBN_1 + HBN_2 + \cdots + HBN_n \tag{8-12a}$$

式中：W_{ij}——计算坏板率的权数(见表 8-25)；

S_{ij}——i 种损坏类型、j 种损坏程度的板块数；

S_m——调查路段路面的总板块数；

$k = 1, 2, \cdots, n$——分别对应各损坏类型；

$HBN_1, HBN_2, \cdots, HBN_n$——各损坏类型的坏板率，%；

HBN_K——总坏板率，%。

计算坏板率权数 表 8-25

类型	交叉裂缝		板角断裂、表面裂纹与层状剥落			纵横斜裂缝、修补损坏			错台		接缝材料损坏、边角剥落			唧泥拱起	坑洞
程度	轻	重	轻	中	重	轻	中	重	轻	重	轻	中	重	0.35	0.20
权数	0.67	1.00	0.20	0.40	0.54	0.46	0.50	0.60	0.50	1.00	0.35	0.80	1.00		

四、优先次序模型

当路面状况在使用年限内降低到一定水平之下，即应该进行维护和维修。应遵循的原则是，在资源约束条件下使路网总体效益最优，依据现有的路况水平和预算水平编制维护计划，分析提高或降低路面使用性能对道路使用者费用的影响程度等。

在优先排序模型中，均必须引入现有的路面状态、使用年限、交通量以及公路性质与行政等级。在 PEMS 优先排序模型中，采用优先次序指数来排定各维护路段的维护次序，并考虑了年平均日交通量 AADT、破损率、平整度、使用年限、路面类型、路线行政等级和路线技术等级七个因素，各因素与优先次序指数成正比(按式 8-13)计算：

$$PI = \sum K_i \times F_i \tag{8-13}$$

式中：PI——优先次序指数；

F_i——优先次序考虑的因素；

K_i——各因素的权重系数(见表 8-26)。

优先次序权重 表 8-26

项目	权重	项目	权重	项目	权重	项目	权重
行政等级	1	路面类型	1	日交通量	0.004	平整度	0.006
技术等级	2	破损率	3	使用年限	2		

在使用上述模型时,日交通量、破损率、平整度和使用年限,分别是被调查路段的实测值。路线行政等级的 F 值:国道为3,省道为2,技术等级的 F 值:高速公路、一级公路、二级公路和三级公路分别为4,3,2,1;面层类型的 F 值:沥青混凝土、沥青碎石和上拌下贯分别为3,2,1。从PI的模型中可以看到,对于路网中的每个路段,其PI值愈大,则愈需优先维护。

思考题

1.现有路面状况调查工作包括哪些工作?

2.路面状况的评价指标包括哪些内容?

3.路况评价方法和评价等级有几种?

4.路面状况综合评价指标是什么?

5.沥青路面应采取哪些维护对策?

第九章

高等级公路维护管理

第一节 高等级公路维护管理系统

一、概 述

高等级公路在使用过程中,其使用性能会因行车荷载和环境因素的不断作用而逐渐降低。因此,在使用期内还需投入大量资金进行维护,使高等级公路保持一定的服务水平。如何科学、有效地对现有高等级公路设施进行功能管理,合理使用有限资金和资源,使设施状况保持在相应的最佳水平上,是高等级公路管理部门的工作重点。

高等级公路管理部门在考虑如何制订维护计划时,需要对高等级公路的设施使用性能进行检测,对其现状做出评价,由此确定急需投资维修的项目,并论证投资效益,在计划容许的范围内,按先后次序资助尽可能多的急需项目。

高等级公路设施管理系统就是通过应用系统分析和运筹学的方法,综合考虑技术、经济、社会和政治等方面的因素,协调各项设施管理活动,促使设施管理过程系统化。它是为管理部门的决策人提供分析的工具和方法,帮助他们考虑和分析比较各项可能的对策,定量地预估各项对策的后效,在预定的标准和约束条件的基础上,选用费用—效果最佳的方案。因此,高等级公路设施管理系统的建立和实施,对减少和延缓各种设施的损坏,充分发挥和利用各种设施的功能,维护和提高高等级公路的服务水平,以及维护资金的合理投向和决策的科学化,具有重要意义。

二、路面维护管理系统

1.系统简介

高等级公路路面管理系统是交通部公路科学研究院在引进消化国外同类软件的基础上,开发的一套成熟的路面管理系统。高等级公路路面管理系统是包括硬件设备和计算机软件系统的技术实体,软件系统包括路面数据库及为数据库提供数据信息的数据采集系统、项目模块。它是一项十分复杂的决策系统,涉及道路工程、工程经济、系统工程及计算机技术,是公路维护工程师路网评价、路况性能分析、维护资金需求及维护资金优化分配的辅助决策工具。

2.系统结构

高等级公路路面管理系统的结构特点是采用模块结构,可分期分段建立和实施。利用路面调查数据,对路面进行定量评价、预测、效益分析、优先排序、优化决策、输出对策。每一步都以前一步分析结果为基础,增加新的决策分析而组成,各步层层独立,层层相加。

整个系统由以下几个部分组成:

(1)数据采集系统;

(2)公路路面数据库;

(3)公路模型数据库;

(4)路面(维护决策)管理系统;

(5)前方图像管理系统;

(6)日常维护管理系统;

(7)维护报告制作系统。

3.系统功能

1)数据采集系统

路况数据采集系统是路面管理系统的重要组成部分。路面状况数据采集主要包括路面破损状况、路面结构强度、路面平整度、路面抗滑能力,以及桥头、涵洞通道两侧的不均匀沉降观测等各项内容。路面破损状况调查、路面结构强度检测、路面平整度检测及路面抗滑能力检测系统所需要的全部数据均可通过路面自动弯沉仪、横向力系数检测车、路况数据采集仪、前方图像采集系统等高效数据采集系统采集。

2)公路路面数据库

公路路面数据库主要对以下数据内容进行管理:道路建设概况;高等级公路区间基本信息(如桩号、长度、宽度等);平曲线组成(弯道起点、半径大小、曲线长度等);竖曲线组成;路面破损;道路平整度;路面结构强度;交通量及组成;道路环境数据;路面结构和厚度;路面维护方案(材料、厚度、价格等)。

3)公路模型数据库

在路面管理系统中,有大量的模型及参数需要经常修改或标定,以便适应不同条件和状况。模型和参数的个性变更通过模型参数管理系统完成。参数数据库包括如下主要数据:

(1)车辆特征。

(2)交通量换算系数。

(3)路面性能评价模型:①路面破损率换算系数;②PCI 评价模型;③PSSI 评价模型;④PQI 评价模型;⑤RDI 评价模型。

(4)路面使用性能预测模型:①PCI 预测模型;②PSSI 预测模型;③PQI 预测模型;④RDI 预测模型。

(5)评价材料。

(6)材料单价。

(7)标定方程。

(8)决策模型。

4)路面(维护决策)管理系统

高等级公路路面维护决策是通过建立的分析和评价模型,对采集到的路面状况数据进行分析和评价,并根据评价结果,按照维护对策模型、费用模型确定维护方案;再依据高等级公路的使用性能、政策要求等因素对维修项目进行排序;最后在资金约束条件下确定维护项目计划。高等级公路维护决策和管理的主要形式为:

(1)路面使用状况评价；

(2)路网维护需求分析(限制条件、维护标准、维护水平)；

(3)维护预算优化分配；

(4)投资水平与道路状况分析；

(5)道路维护计划编制(一年)；

(6)道路维护规划编制(多年)。

5)前方图像管理系统

用于管理高等级公路的前方图像包括不可数字化的沿线植树、建筑及路面总体情况。

6)日常维护管理系统

日常维护管理系统是维护公司日常路面维护维修工作的辅助管理和决策工具。它包括有以下几个子系统：

(1)维护人员管理子系统，包括有人员的自然状况、合同、劳动保险以及各阶段的维护成果考核记录等；

(2)按里程统计的路产和交通设施的数量、缺损和维修更换的记录；

(3)排水及防护设施的位置、数量、损坏和维修记录；

(4)按月、季、年的维护用工、材料和设备使用的消耗记录和成本测算模型；

(5)正常作业记录和恶劣天气(除雪)的维护作业记录。

三、桥梁维护管理系统

1.系统简介

高等级公路桥梁管理系统是交通部公路科学研究所在桥梁管理系统应用功能的基础上，结合我国高等级公路桥梁评价管理的特点改进开发的一套适合高等级公路桥梁管理的新系统。

高等级公路桥梁管理系统是一门综合管理技术，它基于桥梁结构工程、病害机理、检测技术和数据采集技术，运用计算机系统所提供的数据处理功能、评价决策方法和管理学理论，对现有桥梁进行状况登记、评价分析、投资决策和状态预测。建立高等级公路桥梁管理系统，能够全面地收集、储存和处理各类桥梁数据资源，通过系统提供的各个模型和功能的运行，用户可以直观地了解现有桥梁的过去、当前和将来若干年内的营运状况，从而合理安排有限的维护资金，及时、经济、有效地对桥梁实施维护，达到延长桥梁使用寿命，充分发挥桥梁的运营功效，确保交通运输安全畅通。

2.系统结构(见图9-1)

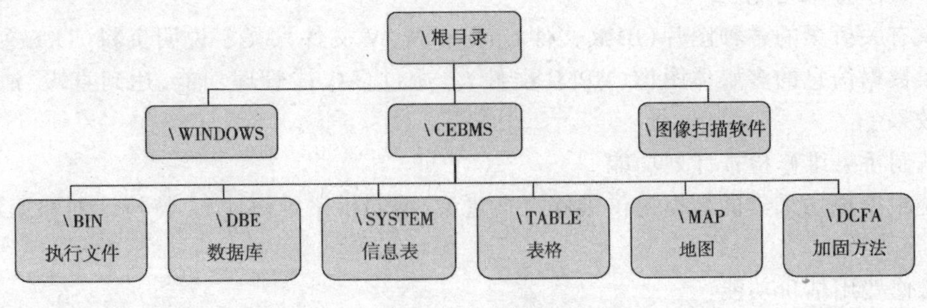

图9-1　系统结构图

1)系统结构的分层与组成。

第一层:总控制层,该层的作用一是提供系统信息;二是对下层进行调用。

第二层:子系统层,由数据管理、基本应用、统计处理、多媒体管理、桥梁图表、评价对策、维修计划、费用分析等 8 个子系统组成,该层由总控制层调用。

第三层:模块层,由若干管理模块组成,受对应的子系统调用。

第四层:功能层,设有 100 余项独立处理功能块,处理某项具体工作,各功能块由相应的上层模块调用。

2)数据库管理

高等级公路桥梁管理系统基础数据库主要为省级宏观管理需求而设,通过查询可全面了解桥梁的分布、类别、现状、适应水平等。根据数据的状态、使用性质及频率分为静态数据库、动态数据库、文档数据库和加固方法库。

(1)桥梁静态库文件。桥梁静态库文件按类别归纳为:基础识别文件、结构数据文件、经济指标库文件、维修历史文件。主要以现有历史资料、桥梁卡片、档案和设计竣工资料为依据采集数据。桥梁静态数据库采集录入系统后,一般可保持长期不变。

(2)桥梁动态库文件。桥梁动态库中的数据有着较强的时效性,主要包括桥梁定期检查病害库文件、特检库文件、桥上事故库文件、超重车过桥库文件、评价指标库文件、费用库文件及维修建议库文件等。对于上述文件数据,要求系统操作员根据外业采集情况定期更换,保证数据的准确性。使高等级公路桥梁管理系统及时、准确地掌握所属高等级公路桥梁实际状况,以便制订更加合理的维护方案。

(3)文档库文件。桥梁文档库文件由桥梁档案文件形成。在使用时,可方便地查出桥梁设计资料和竣工资料的存档编号等。文档数据一经录入,基本不变。

(4)加固方法库文件。高等级公路桥梁管理系统内设有一个加固方法库,集中了全国 300 多位专家桥梁加固的建议,详细地记录了加固方法、适应范围等。使用者可以通过系统提供的接口增添新的方法。

3.系统功能

1)数据管理功能

通过数据管理子系统,可进行数据录入、修改、查询、删除、校验、备份。

2)日常管理功能

提供固定检索、任意查询、快速制表、输出桥梁卡片、桥梁汇总一览表、固定检索表等以及近 40 种统计功能,满足日常管理工作需要。

3)多媒体管理功能

提供有关桥梁的各种图片(BMP 文件)、声音(WAV 文件)、文字说明资料(TXT 文件)以及反映桥梁数据信息的多媒体图像(MPEG 文件)。通过多媒体管理功能,达到直观、清晰、一目了然的效果。

4)编制桥梁维修检查计划功能

系统根据现场采集的数据提供维修检查建议,编制桥梁维修计划、特检计划和定期检查计划。

5)维修费用估价功能

系统建立多种维修方法基价,用户键入工程数量就可估算出所需费用。

6)强大的GIS功能

系统与地理信息系统GIS的结合,使桥梁数据与地图目标连接互调,用户可以:

(1)迅速确定某一桥梁的地理位置;

(2)迅速浏览某一桥梁的多媒体数据;

(3)查找指定范围内的桥梁资料;

(4)任意指定地图上的桥梁编号。

7)评价决策功能

高等级公路桥梁管理系统的桥梁评价决策子系统能够依据桥梁的技术状况、病害程度及功能求解加固对策,融桥梁加固经验、评价方法、人工智能和决策支持理论为一体。

(1)高等级公路桥梁评价原理。通过三大指标(结构缺损状况、荷载承重足够性和桥面交通适应性)及三大系数(道路类别、交通量系数、绕行距离系数)的确定来实现对桥梁使用功能的评定。

①结构缺损状况评定:通过桥梁定期检查,由桥梁检测工程师实地依照桥梁各部位构件缺损程度给每个部位打分(0为完好无损,4分为严重损坏),结合"三大系数"进行评定。

②承载能力状况的评定:结合"三大系数"对现有桥梁目前荷载的承载能力足够性进行评定。

③桥面交通适应性评定:结合道路等级和交通量系数对现有桥梁桥面交通适应性进行评定。

④三大系数分别是:道路类别系数 α,交通量系数 β,绕行距离系数 γ。

(2)高等级公路桥梁使用评定方法。高等级公路桥梁管理系统采用层次分析法和模糊评级法两种评定方法对桥梁使用功能进行评定,这两种方法均为系统工程中较为有效的方法。

层次分析法:是1977年由美国匹兹堡大学的Saaty教授首次提出的分析法,该方法是系统工程中对定性问题作定量评定的一种有效方法。是利用递阶层次结构和矩阵方程将思维过程数字化,采用1~9标度构造判断矩阵,通过求解特征向量及最大特征根,最终求得底层因素相对目标层的相对重要性权重值,以决定其影响程度。

模糊评级法:是以模糊数学为理论基础,其结果以等级制形式表示,在高等级公路桥梁管理系统中采用1~5等级制。

(3)桥梁的维修与加固。高等级公路桥梁管理系统,向工程用户提供病害桥梁的可行性维修对策方案,并利用图形显示加固方法,利用费用分析子系统计算各方案所需费用。在实际施工工艺允许的情况下,把费用最低的方案定为维修方案。

桥梁维修费由维修工程数量及维修基价两部分构成。维修工程数量通过在桥梁现场和经验测算确定,系统内置的维修基价可进行适当的调整。

第二节 高等级公路维护的组织管理

一、高等级公路维护管理的组织机构

为加强高等级公路维护工程管理,提高公路维护工程质量和投资效益,根据《中华人民共和国公路法》及有关法律、法规,高等级公路维护工程管理工作实行"统一领导,分级管理"的原则。

国务院交通主管部门主管全国公路维护工程的管理工作。

省级交通主管部门主管本行政区域内公路维护工程的管理和监督工作。

高等级公路维护工程的具体管理工作,根据省级人民政府交通主管部门的授权,以及目前各级高等级公路管理机构的职责分工,由县级以上人民政府交通主管部门设置的公路管理机构负责。

企业经营的收费公路,其维护工程由经营企业根据省级人民政府交通主管部门授权的省级公路管理机构提出的公路服务质量指标,安排资金组织实施,省级公路管理机构或受其委托的地市级公路管理机构负责监督。

大修工程完工后,地(市)级公路管理机构应依据合同文本组织有关人员对其进行初验,并向省级公路管理机构提交竣工验收申请。省级公路管理机构应及时组织有关单位和人员对工程进行竣工验收。

1.高等级公路维护管理的指导方针

指导方针是:建养并重,强化管理,深化改革,调整结构,依靠科技,提高质量,依法治路,保障畅通。

2.高等级公路维护管理的工作原则

(1)坚持以保障公路完好畅通为基本出发点。牢固树立"建设是发展,养护管理也是发展"的思想,把公路养护管理工作推向一个新的发展阶段。

(2)坚持"统一领导、分级管理",进一步深化公路管理体制改革。

(3)坚持依法治路,推进公路管理工作规范化、法制化。

(4)坚持树立"以人为本"的服务观念,切实加强行业管理,着力引导高等级公路维护工作向专业化、机械化、市场化方向发展,提高维护资金使用效益和公路维护质量。

(5)坚持科技兴路,借鉴世界各国维护管理先进技术和现代化管理经验,加强技术创新,提高公路行业的整体技术水平,大力推进公路管理信息化进程。

(6)坚持实施可持续发展战略,合理使用、节约和保护资源。积极推进绿色通道工程建设,强化安全行车保障,加强环境保护。

(7)坚持加强精神文明建设,大力弘扬"铺路石"精神,努力造就一支思想作风好,业务技术精,具有良好的职业道德和奉献精神的职工队伍。

3.高等级公路维护管理的工作措施

(1)正确处理公路建设、维护和管理三者的关系,充分认识加强高等级公路维护管理工作的重要性。各级交通主管部门要牢固树立"建设是发展,维护管理也是发展"的指导思想。要充分认识加强高等级公路维护管理工作既是保持路网技术状况,发挥高等级公路服务功能的重要保证,又是改善和提高现有公路网技术状况,实现交通运输长远发展战略目标和公路可持续发展的需要。

(2)加快公路管理体制改革步伐。科学、高效的高等级公路管理体制是做好高等级公路行业管理工作的重要保证和必要条件。目前,我国高速公路已具一定规模,公路运输网络已初步形成。为此各级交通主管部门要充分认识到现行管理体制的不足与弊端,从公路事业发展的大局出发,加快改革步伐,尽快建立精简高效、职能明确、权责一致、运转协调、办事规范的新型公路管理体制。当前的主要任务:一是要按照"精简、统一、效能"的原则,合理设置公路管理机构,实行"一厅一局"的机构框架。公路管理机构在政府交通主管部门的领导下,根据《公路法》的有关规定,负责本辖区内公路的有关行政管理职责;二是要根据公路行业的自身特点,结合贯彻实施《交通和车辆税费改革实施方案》,按照"分级管理"的原则,从有利于公路事业长远发展的角度出发,科学界定各级交通主管部门对路网管理的职责;三是要按照"统一、高效"的原则,强化公路管理机构对收费公路的行业管理工作。对还贷性收费高等级公路要按照"合理布局、统一管理、规模运营"的发展思路,转变运营机制和管理模式,实现由省级公路管理机构统一规划、集中管理。

(3)深化高等级公路维护管理运行机制改革。高等级公路维护运行机制改革的最终目的是实现投资与效益的统一,提高现有路网的服务水平。各级交通主管部门要按照"态度要积极,措施要坚决,步子要稳妥"的原则,认真做好①加快培育和发展高等级公路维护工程市场;②改革高等级公路维护投资方式,全面推行定额养护和计量支付。③改革人事用工制度。高等级公路维护可根据生产岗位的不同特点自主决定用工数量、形式和条件,并以合同方式进行管理;④完善各项管理制度。要建立起一整套高等级公路维护工程管理、评价办法和检查制度。

4.高等级公路维护管理的模式

1)直接管理维护模式

这种管理模式是在原来管理体制的基础上,在高等级公路公司组建维修养护部,根据高等级公路穿过的行政区域分设养护站,并为每个养护站配备相应的维护机械,进行专业维修养护工作。只要是养护规范规定的维修养护工作内容,不管是否处于保护期内,都由维修养护部及其下属的养护站负责。整个养护系统采用自上而下的直接管理模式,维修养护部从行政、财务、采购等各方面对养护站进行管理,养护站基本没有自主权,一切都由维修养护部进行控制。

这种管理模式在高速公路起步阶段的落后地区是必要的。因为高速公路刚刚起步或管理比较落后,高速公路养护管理人员,特别是养护站的基层领导和技术人员也缺乏相应的维护管理经验。在这种情况下,如果让基层单位自行管理,难免出现失误。另外,这种管理模式使养护部的高、中级工程师能够直接对基层管理人员的工作进行指导,使他们能够在较短的时间内熟悉维护工作并掌握相应的管理经验,对维护队伍的建设起到相当重要的作用。当然,这种模式也有其缺点:首先,在实际工作中,维修养护部没有足够的精力去解决养护站在日常行政工作中碰到的各种问题,会影响养护站日常维修养护工作的开展。其次,由于养护部的全方位管理,养护站的管理人员主动权十分有限,所能做的就是接受指示去开展工作,至于如何能够提高管理水平、提高工作效率,基本上没有考虑。长此下去,将会造成维护管理工作僵化,影响管理水平的提高。另外,这种管理模式对高等级公路病害维修反应慢。通常路政巡逻队发现道路病害后,通知养护部,再由养护部发指令通知养护站进行维修,在这过程中有一定的延误,会影响道路病害维修的及时性。

2)目标管理模式

这种管理模式是直接管理模式的深化。对于高等级公路比较发达的地区,其管理人员的技术水平、管理水平都比较先进,特别是养护站的管理人员和技术人员对高等级公路维修养护工作已经比较熟悉,拥有一批技术熟练、配合密切的养护职工队伍,配备了专门的养护机械设备。对高等级公路的维护工作由过去的被动地等待养护部的指示,变为主动向养护部提出维护工程项目，并且自行根据客观情况提出施工方案。

目标管理就是根据维护工作的内容、性质和目的，制订维护工作所必须需达到的目标，而实现这个目标的方式，由各养护站自行决定。另外，为了加强对突发事件的及时处理能力，把由养护部直接管理的养护站划归管理处管理。养护部只负责高等级公路的大修和专项工程的管理，对养护站的工作进行指导和对新材料、新工艺的开发应用等，以及着眼于全局性、长远性的工作研究。日常维护工作的开展和维护费用由管理处管理。养护站站长在技术业务上向养护部负责，日常管理和工作的开展向管理处负责。管理处是公司为了加强区域性管理而设置的机构，负责所辖路段的日常行政管理和业务工作，包括收费、路政、维修和行政管理等。管理处对于养护站的管理，也采用目标管理的方式，同时强调团队协作，加强内部各基层单位、各业务工种之间的相互联系和协调，提高了应付突发事件的能力。在这种体制下，养护站的积极性和创造性得到了充分的发挥，各养护站根据具体情况建立适合自己路段的工作方法。

3)市场化管理模式

这种管理模式是高等级公路维护管理的发展方向。所谓高等级公路维护管理市场化，就是将高等级公路维护和管理职能分开，从而使两方面的管理更加专业化、系统化、精密化，更便于权责区分，从而提高维护管理水平。市场化管理模式的操作方法是成立高等级公路维护服务总公司。

(1)高等级公路维护服务公司。在省高等级公路管理总公司下成立高等级公路维护服务公司，组建专业化的维护施工队伍，下面可根据各条高等级公路分布情况设置养护分公司，竞争承包全省各条高等级公路的日常维修保养、高等级公路沿线服务开发，参与竞标专项工程和大修工程。这样既提高了全省养护专业化、机械化标准，促进大型综合维护机械合理流动，减少闲置浪费；又降低了维护成本，同时提高了维护机械化水平。

(2)高等级公路维护管理机构。市场化维护管理模式，通过改变机构设置，从体制上解决了传统管理模式的缺陷和漏洞，把维护工程按施工难易和发生的频率区别对待，采取委托经营，任务包干等管理方式，既降低了工程成本，又引进了高水平的施工管理体制，提高了维护工作效率。为配合该模式，高等级公路管理机构亦做相应调整。

在省级高等级公路管理总公司下设立养护工程处，宏观控制所辖高等级公路维护经费投入、维护工程质量和维护资金使用，按既定频率委托各项技术指标检查，指定所辖高等级公路维护工程的宏观规划和长远规划；在各高等级公路管理处设养护科，直接负责全路段的维护工作；各管理所从业务上直接受养护科管理，专门负责所辖路段维护巡查，维护工作统计、分类、上报等，并对养护服务公司实施质量和效果监督、检查。

按照市场经济的要求，改革现行劳动人事制度。在管理单位，除少部分管理人员、骨干技术人员外，对于一般工作人员实行聘任制，根据工作需要设岗，通过考核择优聘用。现有工作人员通过竞争上岗，对未被聘用者进行分流，一部分可到企业单位任职，一部分通过培训，提高业务技术水平。培训期间，发给基本工资，培训期满仍未能就聘的开始待业，发给基本生活费，劳动人事关系放到劳务市场。企业单位、生产经营性单位，实行承包经营、租赁经营。由承包人、租赁人聘用生产管理人员和工人。聘用范围原则上在交通系统内部，现有职工未被聘用者，可以自谋职业，也可以参加培训。

二、高等级公路维护管理的组织方式

高等级公路专项维护与大修的内容涉及到路基、路面、桥涵隧道、交通安全设施、绿化设施、收费站场、机电设施等，以及其他路容路貌内容，与日常维护保养涉及的项目基本一致，但专项养护与大修工程更立足于针对性、时效性及综合性，质量、工期、费用、目的明确，因此其实施要求有更明确的组织方式和措施。

专项维护及大修工程项目一般情况下都是根据综合性、专题性或特殊性的路况调查分析而提出的，并经业主或业主代表审批后执行。一般情况下，专项维护与大修工程都以合同制的组织方式实施，合同应有明确的工程项目、内容、技术要求、质量标准、实施时间、施工过程的检查验收程序、费用计量支付办法等。

专项维护及大修工程与日常维护保养一样，由于处于边通车边施工的环境中，对交通管制能力、施工安全意识和经验要求都很高，因此均提倡专业化维护与施工，同时为确保维护与大修工程质量，一般均实行工程监理制。项目规模小、施工简单、时间短的实行业主自行监理形式。项目规模大、技术要求高或业主没相应技术管理能力的实行社会监理形式，必要时大修工程需质量监督部门介入管理。因此，为按时、按质、按量、安全地完成专项维护与大修工程，从组织方式上要求：

(1)做好综合性、专题性或特殊性路况调查分析计算工作，确定专项维护或大修工程施工技术方案，并经主管部门论证、审查、批准，方能组织实施。

(2)编制详细完善的设计文件和施工要求，内容包括施工图表、工程概况、工程量、工程技术标准、质量要求、开工及竣工时间、检查验收程序、费用计量支付办法等。

(3)实行招投标制，择优选择具有相应资质的专业化维护与施工单位，并签订施工合同。

(4)业主要设立项目管理机构，配备必需的技术管理人员，检查、监督施工单位在现场建立满足维护与施工需要的施工管理机构，配置相应的生产技术人员、管理人员和技术性工人，制订详细的施工组织设计(职责分工)。

(5)根据施工作业区域及施工组织安排，做出切实可行的施工交通组织方案和详图，经交警等部门审批后严格执行。业主与施工单位签订施工安全责任书，明确双方在作业时的安全责任与义务。

(6)实行工程监理制(可实行业主自行管理的方式或委托社会监理的形式，视工程规模大小、技术复杂程度而定)，加强对施工过程的工程计量、检查、验收和费用支付的管理，确保工程质量、进度和费用能得到有效的控制。

(7)开工前、施工中、竣工后，应及时整理好有关施工文件及竣工资料，工程完工后要进行申请验收工作，实行交(竣)工验收制度。

第三节　高等级公路维护的技术管理

技术管理是高等级公路维护管理的一个重要组成部分，它是指在高速维护管理中运用先进的技术和科学的管理方法，合理地分配使用维护资金，通过维修使高等级公路及其附属设施在使用期限内经常保持完好状态并得到不断完善，最大限度地发挥高等级公路服务水平。高等级公路维护必须加强技术管理，建立健全各项维护管理制度，严格贯彻国家有关公路建设、维护的技术政策及标准规范，以及相应的操作规程，依靠科学维护实行规范化和标准化的管理，以提高高等级公路维护的技术管理水平，确保高等级公路维护质量，使高等级公路的技术状况和服务水平不断得到改善和提高。

高等级公路维护技术管理的内容主要包括交通情况调查、路况登记、维护作业安全管理、技术档案管理、计划与成本管理及维护质量考核等。

一、交通状况调查

交通状况调查,主要是指交通量、交通量组成和行车速度的调查及路况调查。交通状况调查的目的,主要是为公路建设总体布局与规划、公路建设可行性研究、远景交通量预测、现有公路改善和改造、制订维护管理措施等,提供重要的基础数据。交通状况调查应长期进行,调查数据要准确可靠,并按时上报高等级公路主管部门。

1.交通量观测

交通量亦称为交通流量,是指在单位时间内通过高等级公路某一断面的所有车辆的数量。因时间单位不同,交通量分为小时交通量、日交通量、月交通量、年交通量等,因断面范围不同,交通量又可分为上行或下行单向交通量等。交通量所反映的车辆数是直接检测统计的未经折算的车辆数。高等级公路交通量观测一般有两种,即主线交通量观测和收费站交通量观测。

1)观测方法

主线交通量观测,应采用连续式观测,全年按小时连续不断地对交通量进行统计观测。观测方法有两种,即人工观测法和自动观测法。高等级公路主线交通量观测一般采用自动观测法,即在观测点每一车道上预埋一对环形线圈检测器,对过往车辆进行分类、检测,并通过路上通信系统输入控制中心,经计算机自动处理并按不同车型记录整理。采用环型线圈检测器,不仅可测定过往车辆交通流量,同时还可测定过往车辆的行车速度和车道占有率。

环形线圈检测器交通流量自动观测法因设置方便、精确度高、可靠性强、费用低、维修方便而被广泛应用。

收费站交通量观测,则采用间隙式观测,按预先确定的观测日期,在24h内对进出交通量进行定期统计观测。可以由收费站收费员代做。每小时统计汇总一次,按车型分类分别填入统计表内。

2)观测点设置

自动观测站(点)的设置应从全局出发,要全面反映整条高等级公路的交通状况及交通量分布情况,每两个收费站之间均应设置交通流量观测点,考虑到供电因素,观测点应尽量靠近收费站,一般距收费站500m左右。观测站(点)位置一经设定,不得随意变动,并统一进行编号。

3)观测时间

主线交通量连续式观测从建点开始要连续不断地长期进行。

收费站点间隙式观测一般每月观测2~3次,每个观测日连续观测24h,一般为早6时起至次日早6时止。为减少观测资料的偶然性,观测日与国家法定节假日重合时应顺延一天观测。如遇大雪、暴风雨等特殊气候也应顺延观测,顺延时间不可超过3d,对无法补测者可停止观测,但应在附注栏内将上述情况予以说明。

4)资料整理

交通量观测的原始资料应及时整理、汇总、分析,并按规定上报高等级公路主管部门。

高等级公路交通量调查车型分类一般分为小型客车、中型客车、大客车、小货车、中货车、大货车、拖挂车、集装箱等7种车型,观测时以1h为一个计时单位,按车型分类汇总后填入高等级公路交通量汇总表,并注明观测点编号和行车方向。

高等级公路交通管理部门可根据交通量调查情况记录表，绘制公路24h交通量分布图，根据全年平均高峰小时的车辆通过量和平均行车速度，对现有道路的通行能力和道路服务水平进行总体评价，为高等级公路交通管理和远景规划提供依据。

整条公路的平均日交通量可根据主线各点交通量观测资料，用加权平均法，按式(9-1)计算 $N_{平均}$。

$$N_{平均} = \frac{\sum_{i=1}^{n} N_i L_i}{\sum_{i=1}^{n} L_i} \quad (辆/d) \tag{9-1}$$

式中：N_i——各观测站(点)的交通量，辆/d；

L_i——各观测点所对应的调查区间长度，km；

n——观测站(点)的个数。

2.起讫点的调查

起讫点调查是指在某一区域内，为获得通过两个出行端点的交通量及其组成、流向、货物类型、车辆实载率及交通目的等所进行的调查，简称OD调查。通过调查，可对远景交通量的预测、公路横断面设计、交通服务设施的配置、交通管理与控制、规划方案和建设项目的国民经济评价及交通规划的完善和建设项目的科学决策等提供定量依据。

OD调查的方法很多，如路边询问法，给驾驶员发明信片法，记录车牌号法等，实际调查时多数采用路边询问法。

3.车速调查

高等级公路路况、行车环境、车道占有率和行车密度直接影响到行驶车辆的运行速度。为掌握在高等级公路上行驶车辆的运行速度，取得通过地点的车速分布状况和车速发展变化趋势，研究、分析高等级公路服务质量和通行能力，为高等级公路维护和交通管理及远景规划提供依据，有必要对在高等级公路上行驶的车辆进行车速调查。

车速调查方法有多种，考虑到高等级公路行车因素和安全影响，高等级公路行车速度调查，一般采用雷达测速法和预埋环形线圈检测器测速法。

雷达测速：在高等级公路雷达测速区内直接利用雷达测速仪读取车速，并输入计算机自动打印整理。

预埋环形线圈法：即在观测点每个车道上预埋两组相近的环形感应线圈检测器，根据行驶车辆通过两组线圈时间的测定，经计算机自动处理后，即可得到驶过车辆在相应车道上的行车速度。该车速检测可与交通量观测同时进行。

在高等级公路交通自动观测系统中，速度的检测是按某一路段上、下行每一车道以1min为单位进行的，检测的车辆速度是相应车道1min内的平均速度。

某一车道某1min的平均速度可按式(9-2)计算：

$$\bar{v}_{车道} = \frac{1}{n_i} \sum_{i=1}^{n} v_{车道i} \tag{9-2}$$

式中：$\bar{v}_{车道}$——该车道在某1min内的平均速度，km/h；

n——该车道在1min内通过该断面的车辆数，辆；

$v_{车道i}$——该车道第 i 辆车通过该点的瞬时速度，km/h。

上行或下行单向交通量某1min内的平均速度是上行或下行各车道平均速度按各车道1min交通量的加权平均值，以单向二车道为例，按式(9-3)计算：

$$\bar{v}_{单向} = \frac{1}{n_1 + n_2}(n_1\bar{v}_1 + n_2\bar{v}_2) \tag{9-3}$$

式中：$n_1\bar{v}_1$——第一车道1min内的车辆数及车辆平均速度，km/h；

$n_2\bar{v}_2$——第二车道1min内的车辆数及车辆平均速度，km/h。

对于单向三车道、四车道高等级公路，按此种方法类推。

小时的平均速度是上述60个分钟平均速度的平均值。

日平均速度即为24h各自平均速度的平均值。

车速调查应长期进行，条件不允许时，每月也应至少观测三次，其观测资料要长期保存。

二、公路路况登记

路况登记是高等级公路维护技术管理的重要组成部分。它反映了高等级公路及沿线构造物的全面技术状况，是制订公路年度维护投资计划，编制年、季、月维护计划的重要基础资料，也是路产管理、资产评估的重要凭据，对实现高等级公路科学化、标准化、规范化管理，提高维护决策水平具有重要作用。

1.路线平面图

比例尺一般采用1/10万或1/20万，图上应注明公路里程、沿线城镇、村庄、河流、隧道、收费站、服务区及主要相交路线等。

2.沿线构造物分布图

采用1/5万或1/10万比例尺。

根据桩号位置在图上依次绘出沿线构造物。该图简单明了，可快速为管理者提供某一段公路的构造物分布情况和前后次序。随着计算机应用技术的发展，部分高等级公路管理部门已采用电子仿真地图的方式，将沿线构造物依次输入计算机制成电子仿真地图，对沿线构造物实行动态管理。

3.构造物数据库

根据各种构造物的技术参数、结构尺寸等分别编制数据库。一般包括沿线桥梁数据库、涵洞数据库、通道数据库、互通立交桥数据库、上跨立交桥数据库等。同时根据构造物的维修使用情况，编制构造物维修数据库，每年底根据每座构造物的维修情况记录，将维修部位工程量、维修费用等输入数据库，为该设施使用评价提供依据。

4.沿线设施数据库

根据沿线各类设施分布情况，编制沿线设施数据库。它一般包括沿线房屋数据库、沿线标志数据库、紧急电话数据库、安全设施数据库及绿化数据库等。

编制高等级公路路况数据库时，应以高等级公路现况、调查资料、设计、施工、竣工文件等为依据，资料不全的应进行补充调查和测绘，对数据库所列内容逐项认真填写。

此外，为配合路面评价系统，高等级公路维护管理部门还应定期进行公路路面病害调查及路面弯沉、路面平整度、路面横向摩阻系数及公路几何尺寸等四项指标测试，并将调查结果按公里进行汇总，建立公路路面数据库，为路面维护提供服务。

三、维护作业安全管理

维护作业安全管理是高等级公路维护作业的一个重要组成部分，是维护作业方案的一个重要组成内容。在运营的高等级公路上实施维护、维修作业，首要的一点是必须保证运营车辆和维护作业人员两方面的安全。除了常规的安全措施以外，比较复杂的维修工程，还要视其工程的复杂程度和对运营车辆安全的影响程度，决定是否做专门的安全设计。

维修方案要充分考虑对运营车辆和作业人员安全的各种影响因素，要有足够的措施，避免出现安全问题。施工方案要尽量选择机械化作业，以避免不必要的意外，造成对人员的伤害。要以尽可能短的工期完成作业任务，减少道路断面的占用时间，及早恢复正常的通行秩序，减少事故发生的机会。在不利季节和可能发生不利气候条件的期间组织高等级公路维修，安全方案的制订和管理更要严格和谨慎。任何对安全作业的忽视和措施不当，都可能造成过失伤害。不论是作业单位，还是管理单位都应严格把关，要做到作业不符合安全标准不开工，作业过程中违背安全作业规程或对通行车辆、作业人构成威胁时停止作业。

1.建立维护安全作业责任制

高等级公路管理部门对维护安全作业负有重要管理责任。主管维护的各级领导，负有各个级别的领导责任。出了安全问题，属于领导管理不力的，要追究领导责任。应本着对社会负责的态度，建立责任追究制度。交通管理和公路管理部门及人员，有责任贯彻国家有关安全作业的方针、政策，制订办法和制度，指导、检查安全作业的工作，依法纠正、处罚违规行为，改进安全作业的工作。

高等级公路维修，要逐步实行合同方式管理。管理部门和施工单位在依照合同，确定双方有关工程的各项义务和责任的同时，也应在合同范围内确定安全作业的义务和责任。

直接从事维护作业的单位和人员，有责任按照国家的有关规定做好安全工作。有责任按照规定采取必要的措施，保证作业安全。有责任开展安全作业的自检工作，解除安全隐患。有义务接受安全教育并对相关人员进行安全教育。在作业现场或附近发生意外，出现与维修有关或无关的作业安全事故或交通事故，现场作业人员有责任抢救伤员，保护现场，采取措施减少损失并避免新的事故发生。

2.工前准备

(1)工前安全教育。在每年度专项工程开工前，维护管理部门都有必要会同路政部门、交通安全管理部门对参加作业的人员进行工前安全教育。工前安全教育主要有以下几方面的内容：

①有关安全的法律、法规、安全作业规程。

②维护安全作业责任制和安全工作目标、管理办法。

③安全作业的方案、安全作业常识。

④安全隐患及事故案例分析。

⑤事故应急措施和自救知识。

不同的作业阶段开工前，也要针对工程作业特点，对参加作业的人员做进一步的安全教育。

新进场的设备和人员，也要根据作业的特点和人员的实际情况，在进场前做好工前安全检查和教育。不能因为工期紧张，环境特殊，省略工前安全教育这个环节。越是重要工程，工期越紧张，越要抓好作业的安全工作。

(2)落实安全措施，施工单位要编制安全作业方案，并报送管理部门审批。封闭道路的，要到交通安全管理部门办妥封路的手续，要将有关安全作业主要环节的责任人明确。复杂的、危险性大的作业，还需要做必要的模拟演示，以确保安全。

(3)作业前要准备足够的安全作业服、设施、灯具与标志，并做到损坏或故障时能及时补充或更换。在有高空作业时，要准备安全帽。遇有夜间作业，看护人员要佩戴反光作业标记或反光作业服。上路作业前，要清点安全作业服饰及设施，核对数量及标志版面内容。检查好示警灯具，避免在路上经常维修。进入现场的作业人员必须按要求佩戴安全帽或作业服，没有按要求做的，应责其改正。当场不能改正的，应令其退出作业现场。遇有上级检查工作或外来人员参观作业现场，应由接待部门负责，事先准备好足够的作业服和安全帽，佩戴整齐并说明有关安全注意事项后方可进入现场。

(4)用于维护作业的车辆应喷涂符合规范标准的反光油漆或粘贴规定颜色的强度 4 级以上的反光膜，并保持表面清洁能够明显辨认。单独流动作业的车辆，需挂有移动作业标志，配置作业标志灯(黄色闪光警灯)于车辆顶部或后方车辆明显可见处，作业时，必须开启。作业车辆停放时，应限制在作业区内或经施工方案明确的其他允许停放车辆的场所，并按规定设立临时标志。在夜间，施工车辆及设备尽量不停放在作业区的行车道内，避免误入作业区的车辆对停放车辆构成伤害。

3.中央活动开口的使用与管理

1)一般要求

高等级公路设置中央活动开口是用于紧急情况疏导车辆以及路面单幅维修、交通阻塞改变交通流向时使用及交通管理、路政管理、维护维修、清障救援临时调头使用。没有维修作业时，活动开口应处于封闭状态，并由路政部门统一管理。维护作业时，邻近作业路段两侧的活动开口可供使用，但需注意保护。开启后，开口设施应置于安全处，作业结束后，应立即将开口设施恢复原状锁好，防止通行车辆在该处调头，引发事故。

2)临时使用

在通行的高等级公路上，因通过中央分隔带活动开口而引发交通事故的现象时有发生，有的甚至发生恶性交通事故，造成损失很大，也有的发生经济纠纷。维护作业车辆尽量不使用活动开口改变行驶方向，只有在特殊情况下，可以临时使用中央分隔带活动开口，但使用时要做好观望，确认安全，在保证过往车辆通行安全的前提下可以通过。维护车辆临时使用活动开口与正常行驶车辆发生冲突的，责任应按相关法规处理。

3)中央分隔带活动开口管理

日常维护中，要保持活动开口开关自如，将开口处的路面积水、积雪等清理干净，以备应急使用时开启自如。维护作业时，中央分隔带活动开口开启后，开口设施应摆放整齐，不妨碍车辆通行，并派专人对设施及标志进行看护，以免因行驶车辆通过时的刮碰引起设施变位而误导车辆发生事故。视线不好或夜间处于开启状态时，守护人员要穿着反光背心，并远离车流断面，在可能发生安全事故以外的地带休息，发现设施移位，在确保自身安全的前提下，进入现场恢复。作业结束后，将开口恢复原状。

单幅封闭作业区，维护部门的车辆将会通过活动开口出入作业现场，与已经双向行驶的车辆通行发生干扰。因此现场看护（管理）人员要适时放行维护车辆进入作业区，并及时关闭封闭设施。出入封闭区应选择顺向或较小冲突的方式。在作业区附近有互通或收费站时，也可采取利用互通或收费站调头的方式将冲突数量减到最少。在收费站调头要做好观望，不要妨碍过往车辆的通行。

4.作业封闭区内的管理

1）责任人与人员管理

为达到责任明确的目的，每处作业现场均要指定安全作业责任人。从封闭开始直到作业结束，责任人对安全作业负全责。封闭区内的作业人员不能随意走出封闭区。夜间视线不良时，责任人也不能指派未穿着反光服的施工人员进入非封闭区。

2）设施看护

维护作业要时刻注意现场封闭设施的完好性，发现问题要及时纠正。在作业现场要安排好设施看护员，要保证设施、标志清洁易于辨认，并始终处于正确工作状态。注意因通行车辆刮、碰标志，可能导致指向错误或无法正确辨认，应避免非施工作业车辆误入作业区。

3）长、大设备管理

封闭区内作业的长、大设备，如铣刨机、吊车等，实施作业时，要安排看护人员，保证吊杆、传送带等悬出部分不能进入中央分隔带，更不能超出中央分隔带进入另一侧路面。要避免作业失误对自己及另一侧正常运行的车辆造成伤害。

4）夜间值守

对夜间不能开放交通的封闭区，安全设施要满足夜间安全设施布置的要求。没有作业时要留有不少于2人的值守人员，相互照应，看管现场、设备，并对设置的设施进行看护。值守人员要了解安全规程，要求能够操作和简单维护警示灯光设备，保证交通设施整齐，发现问题及时处理，不能处理的要及时报告，发生事故及时报警。

在封闭的作业区内，常因驾驶人员疲劳或操作失误，导致车辆驶入作业区与停放在维护作业区内的设备发生碰撞，给维护单位造成经济和时间上的损失，影响维护作业的正常进行。夜间只封闭部分车道留有一个以上车道通行时，作业区内尽量不停放车辆，警示灯具要反应作业区轮廓。单幅全封闭，在作业区停放设备时，设备尽量远离来车方向封闭处，最小不能低于210m，以确保设备安全。看护人员应在作业区末端的路外或桥下等较安全的地段进行休息、观察、巡视，可用简易帐棚挡风避雨，避免因断面压缩车流，车辆驶出路外造成伤害。

5）停止作业

遇雨、雪、雾等视线不良时，应停止施工、作业（除雪等紧急作业除外），并按视线不良设置标志。

6）恢复交通

作业结束后应按以下顺序做好恢复交通的各项工作：撤除场内设备，清除场内剩余材料及废物，使路面洁净，恢复路面标线（亦可以后进行），撤除大部分作业人员，撤除警示灯具，单幅封闭时要开放封闭侧的交通，从封闭末端向起点撤除封闭侧的安全锥和标志，关闭活动开口，撤除安全看守人员，撤掉封闭公告。

5.流动作业的组织实施

在高等级公路上进行绿化、洒水、喷洒农药、除雪、清扫、设施清洗、撒融雪剂等流动作业时,无法按作业区进行封闭,与通行车辆发生冲突机会较多,极易发生交通事故。

高等级公路维护专用车辆应喷涂成规定的橘红色。为便于识别,应在车尾明显处喷涂或挂移动作业标志,作业时还应按照作业的位置在车尾挂相应的引导标志。流动作业的方向应保持与正常运行车流方向一致,避免出现逆行。清扫和绿化浇水一般采取单车作业的方式,应选择能见度良好的天气条件作业,能见度较差或夜间应避免安排此类作业。

1)绿化与设施清洗作业

绿化作业与设施清洗,常常伴有短时的停留,易给后方车辆造成错觉而判断失误引发交通事故。如某高等级公路,正在绿化作业的洒水车被后方驶来的通行车辆追尾,造成重大交通事故。发生交通事故就存在着经济、刑事纠纷,则会影响高等级公路维护的正常进行。为保证流动作业的安全,作业车辆及人员要按标准配戴明显的作业标志。

2)除雪防滑作业

除雪作业的情况相对更为复杂一些。一方面,由于天气或作业的原因,在除雪设备周围有限范围内,能见度会相当差,夜间除雪作业能见度会更差。另一方面,从讲究效率出发,除雪作业往往避免单车作业,一般要组成两车或三车梯队式进行,这对正常行车会造成一定影响。因此,除雪作业在作业车队的后方150~200m范围,要设有示警车并配有车载式作业警示标牌,将随着除雪作业的进度顺序跟进。

6.维护材料、设备、大型构件的运输

1)基本要求

维护所需的材料、设备运输,在高等级公路以内封闭区以外,均应严格遵守交通法规和高等级公路管理办法,不能特殊,不得随意停车、随意调头、逆行,或不按规定使用中央活动开口。

2)特殊事例

维护工程必须发生的载运、牵挂大型设备或运送钢架、预制梁等特殊大件时,事前要认真制订好安全运输和卸落方案,采取足够可靠的安全措施。运输时要做好固定、标记和安排好引导、警示车辆,应尽可能对高等级公路正常运营不产生明显影响。维护部门也应事先与交通管理部门通报情况,做好协商,征得配合,以保证安全。

7.紧急情况的处治

1)施工安全事故处治

维护作业发生意外施工安全事故,要尽现有手段采取措施:

①抢救伤员;

②保护现场并控制现场势态,防止事故扩大;

③报告上级管理部门;

④报告交警(在路段上作业时)。

2)交通安全事故

维护作业场地或附近发生与作业有关或无关的交通事故,现场人员都有责任就地采取应急措施。

①尽现有手段抢救伤员,保护现场;

②控制现场势态,加设明显标志,防止新的事故发生;

③通知当地交通管理部门及高等级公路管理部门;

④有重大伤亡或维修人员有伤亡时要报告上级管理部门及领导;

⑤如果入了保险要通知保险公司。

8.安全责任及履约的管理

1)安全责任

经过批准,在高等级公路上实施各类维护作业,包括封闭作业、流动作业和材料设备运输,都要遵守国家交通安全法规和高等级公路管理办法、规程。施工单位负责人要本着对国家、对集体、对个人负责的精神做好安全管理,各属段管理单位要做好监督管理工作。施工人员要听取维护管理、路政、交警人员关于安全措施的整改意见并按要求整改。要制订安全作业责任制,明确责任和安全措施,施工负责人要直接抓安全,要做到安全工作有人抓、安全问题有人负责。

2)责任书

为加强安全管理工作,明确责任与义务,合同施工单位要签订责任书,管理方也要履行管理责任。

3)安全检查

施工单位要树立"安全第一"的思想,现场安全员要对现场安全情况进行经常检查,发现问题,及时改正。属段管理单位及交通管理部门进行定期检查,上级单位要进行不定期检查或抽查。发现安全隐患或未达到规程要求,各级部门要责令改进、停工、直至达到规范要求。

检查内容:工前接受教育情况;安全负责人及各部位看守员在位情况;作业人员作业服穿着情况及设备标志情况;作业区封闭与安全设施齐全情况;设备、停放位置;现场人员、材料、设备管理。

4)处罚

由于施工安全措施不到位原因而发生的生产事故或交通安全事故,交通管理部门将按照交通法规进行处理。公路管理部门将对责任单位和责任人按照合同书协议做相应的经济处罚。

四、技术档案管理

加强高等级公路技术档案管理,可充分利用公路技术档案资源,发挥档案资料在维护管理和改建、扩建中的作用,为维护部门决策提供依据,它是公路维护部门生产技术管理的重要环节,高等级公路管理部门必须按照统一管理的原则,建立健全技术档案。

1.档案内容

高等级公路技术档案一般包括两部分,即建设期项目档案资料和维护管理期档案资料。

建设期项目档案资料是指在高等级公路建设期形成的应当归档保存的各种资料,一般包括:高等级公路立项批准文件、可行性研究报告、评估文件、勘测资料、设计文件、变更设计、征地拆迁协议、施工计划、施工记录、监理记录、招投标文件、来往文件、竣工文件等,高等级公路建设项目从酝酿、决策到建成使用全过程中形成的有保存价值的文字、材料、图纸、图表、计算材料、声像材料等。

维护管理期档案资料是指高等级公路交付使用后形成的档案资料，一般包括日常维护维修的各种维护生产报表和台账，每季度、年度维护计划，各类设施的维修检查记录、维护日志、专项工程开竣工报告、设计文件、施工组织设计、施工总结、竣工验收、维护机械台账、路面四项指标测试记录、交通事故及交通流量记录等。

2.档案分类

高等级公路技术档案根据建设和管养期不同特点，为便于管理和方便查询，应按其来源、内容、性质分别建档。

建设期技术档案因其涵盖内容多、来源复杂，可根据高等级公路建设时期各种资料的形成、设计、监理、施工单位特点，按建设标段分别建档，每一标段按其内容分别建立基础资料、路基、路面、桥涵、通道、安全设施、房屋建筑等档案资料。

以京津塘高速公路建设期资料建档为例加以说明。京津塘高速公路按当时施工标段共划分为4个合同段，即北京和河北段为1合同段，天津西段为2合同段，天津东段为3合同段，许庄子高架桥为4合同段，另加第5合同(即全线监控、通信、收费系统安装、调试)。根据招标合同的要求，每一标段施工单位、监理单位都按要求整理了竣工资料，竣工后统一移交给高等级公路管养单位。管养单位档案部门可根据每一合同提供的竣工资料，按合同段由小到大顺序排放、登记造册即可。京津塘高等级公路建设期竣工资料档案编目共分为4卷，即综合卷、竣工图表卷、基础资料卷、参考资料卷等。综合卷包括综述、各项竣工表(综合册、路基工程、路面工程、桥梁工程、交叉工程、房屋工程、监理检验)、决算、工程监理四个部分；竣工图表卷包括定线数据竣工图，平面总体布置图，纵断面竣工图，路基路面竣工图，涵洞，小桥中桥竣工图，大桥竣工图，管道，通道，平交，分离式立交竣工图，互通式立交竣工图，沿线设施竣工图(安全设施竣工图，监控和通信竣工图，收费，供电竣工图，服务区和房屋建筑竣工图)，线外工程图等；基础资料卷包括征地、拆迁、线外工程、监理资料、施工单位施工记录、自检、试验资料等；参考资料卷包括施工组织计划、工程变更、工期延期及费用索赔、工程照片、录像、录音、工程量清单等科目。

各合同中共有的基础资料可专门编入综合类档案，包括可行性研究报告、设计、施工、技术规范等内容。

维护期档案一般分基础资料类、计划类、维修类、工程类等类别。基础资料档案一般包括交通量、通行速度调查资料，交通事故统计资料，各种维护生产统计台账和报表等；计划类档案一般包括年度维护投资计划，年度维护生产计划，季、月、旬维护生产计划及专项工程计划等；维修类档案一般包括桥涵、通道、安全设施维修记录等；工程类档案一般包括专项工程开竣工报告，预算，施工方案、竣工图等资料。

每年度前形成的资料可根据年度分类法和内容分类法相结合的原则，按档案文件形成的自然年度，根据档案内容分别建档，并归入各个类别当中。如维护期档案维护计划类中应包括从高等级公路移交给管理部门第一年起至上一年度各个年份、季度的维护计划和专项工程维护计划，每一年终结后，档案部门则相应将该年度的维护计划和专项工程维护计划归入维护计划类档案。

3.档案管理

为加强维护档案管理，高等级公路维护部门应建立维护技术档案，并配专人管理，对所有档案资料要按专业系统的档案分类大纲进行分类、编目、登记、统计和加工整理,编制检索工具和参考资料,对重要的科研档案应当复制副本分别保存,以保证在非常条件下技术档案的安全和使用。也可利用计算机图库管理系统对所有重要资料档案进行扫描,存入光盘进行永久保留。对于破损或变质的档案要及时修补和复制。建立技术档案借阅制度,对重要技术档案要加强保密工作,以防止重要资料外流和泄密。

对声像档案资料要按声像档案管理的有关规定进行归档管理,并按声像档案存放的特殊要求进行存放。

随着计算机技术、网络技术和通信技术在高等级公路维护管理方面的飞速发展,现代化办公设备和工作方式逐步替代了传统的手工模式,电子文档也应运而生。档案管理部门应当积极创造条件将具有保存价值的电子文件归档,对档案材料实行数字化信息管理。考虑到计算机使用中存在的问题,档案部门对各种数据资料应统一备份,同时也应将电子文档转换成纸质文件归档保存,使之"同时服役",以防不测。

管理部门应设置专用库房用以保管科技档案。档案库房是档案保管工作最基本的物质条件,在选择档案库房时应注意以下三点:

(1)不宜将档案库房设在机关办公楼的最底层或最高层,以防潮湿和高温。

(2)不宜将档案库房设在阳光直接照射或湿度很高的房内。

(3)不宜将档案库房设在靠近厕所、盥洗室和锅炉房的地方,以防水患和火灾。

库房内要保持适当的温度和湿度。防盗、防火、防晒、防虫、防尘、防水等措施要齐全有效。

4.档案资料整理

建设期档案资料在工程竣工后,设计单位、施工单位、监理单位应根据各自的职责范围,按工程档案的编制要求,做好各种档案文件资料的整理工作,竣工验收时一并交建设单位。建设单位将工程前期文件和工程验收文件整理汇总后,与其他工程档案资料一并向维护管理单位移交,同时根据要求分别向省市有关档案部门移交。维护管理部门档案室管理人员即可根据档案分类进行登记存放,并编制检索工具。

维护管理期,档案整理一般在年初进行,维护生产部门应将一年中所有的有保存价值的维护资料整理后移交维护档案部门,由档案管理人员统一将上一年度的所有维护技术档案资料进行分类、统计、汇总、登记和编号,并存入档案室保管。

5.档案使用过程中的维护与保护制度

技术档案使用过程中的维护与保护制度,一般应包括以下几个方面:

(1)档案使用的登记与交接制度。

(2)档案无论因何原因使用时,都必须实行严格的登记与交接手续。

(3)档案使用行为的管理与限制制度:

使用者在使用档案资料时不允许在使用的同时吸烟、喝水、吃食物;不允许在档案上勾画、涂抹,更不允许有撕损、剪切等破坏性行为,以保证技术档案完好无损;未经允许不准使用者擅自拍照、抄录、复印;对重要档案应实施重点保护,并尽可能提供复印件。

五、成本计划管理

随着社会主义市场经济的深入发展,高等级公路维护管理实现企业化经营已成必然趋势。

高等级公路维护过程就是人工、维护机械和材料的消耗过程,要控制和使用好有限的维护资金,使之创造最大的经济效益,高等级公路维护单位就必须树立维护成本意识,加强维护成本控制和成本核算,在确保维护质量的前提下,努力降低维护成本,提高经济效益。

1.维护成本概念

维护成本管理是维护单位在维护生产过程中为降低维护成本而进行的各项管理工作的总称。高等级公路维护单位是高等级公路维护生产的执行单位,它既是生产者,也是消耗者。高等级公路维护生产中消耗的物化劳动和活劳动构成了维护工程成本。它是以正常的维护经营活动为前提,根据维护生产过程中实际消耗量和实际价格计算出来的。维护成本由直接成本和间接成本组成。

1)直接成本

直接成本是指维护生产过程中直接耗费的构成维护工程实体或有助于工程形成的各项支出,包括人工费、材料费、机械使用费和其他直接费。人工费是指直接从事公路维护生产工人的各项费用,包括工人工资、奖金、工资性质的津贴等。材料费一般包括维护生产过程耗用的构成工程实体的原材料、辅助材料、结构件、零件、半成品的费用和周转材料的摊销及租赁费用。机械使用费包括维护生产过程中使用自有维护机械所发生的机械使用费和租用外单位维护机械的租赁费以及机械的安装和拆卸费用等。其他直接费是指直接费以外施工过程中发生的其他费用。

2)间接成本

间接成本是指维护单位为施工准备、组织和管理生产所发生的全部施工间接费支出,它一般包括现场管理人员的人工费、资产使用费、工具用具使用费、保险费、检验试验费等费用。

高等级公路维护过程,既是维护工程的耗费过程,又是维护实际成本的形成过程。维护单位加强成本管理就是要按照规定对维护工程形成过程进行计划和控制管理,在确保维护工程质量的前提下,降低工程耗费,减少管理费用,提高经济效益。按成本控制需要,成本发生时间,维护成本可分为预算成本、计划成本和实际成本。

预算成本:它是根据施工图由全国统一的工程量计算规则计算出来的工程量、公路工程定额和当地维修定额,并按有关费率进行计算得出。预算成本所反映的是当地公路维护业的平均成本水平。

计划成本:是指维护生产单位根据维护工程的具体条件和为完成此项工程而实施的各项技术组织措施,在实际成本发生前预先计算的成本。即维护单位考虑降低成本措施后的成本计划数,它对于加强维护工程的经济核算,建立健全成本管理责任制,控制维护生产过程中的生产费用,降低维护成本具有十分重要的作用。

实际成本:是指维护单位在实际维护生产过程中发生的全部生产费用的总和。实际成本与计划成本比较,可揭示成本节约和超支,可反映维护单位技术水平及技术组织措施的执行情况和单位的经营效果。实际成本与预算成本比较,可反映维护工程的盈亏情况。

2.维护成本计划管理

维护成本计划是维护成本管理的一项重要内容,是维护单位生产经营计划的重要组成部分。它是以货币形式预先确定维护项目的维护成本目标及计划成本降低额和降低率,并按成本管理层次、成本项目的维护施工阶段,对成本目标加以分解,制订切实可行的各级成本实施方案。

维护成本计划是维护成本管理的一个重要环节，是实现降低维护成本任务的指导性文件，编制维护成本计划的过程，实际上就是挖掘降低成本潜力的过程，也是检验维护单位维护技术质量管理、工期管理、材料消耗和劳动力消耗管理的过程。它是对生产耗费进行控制、分析和考核的重要依据。维护施工单位只有正确编制维护成本计划，对维护生产消耗进行事前预计、事中检查控制和事后考核评价三阶段管理，才能避免生产经营的盲目性，真正达到提高维护质量、降低维护成本的目标。维护单位单纯重视成本管理的事中控制及事后考核，都忽视甚至省略了至关重要的事前计划，使得成本管理从一开始就缺乏目标，对于控制考核也无从对比。维护成本计划一经确定，就应层层落实到各部门、班组，并应经常将实际生产耗费与成本计划指标进行对比分析，发现问题及时解决，以保证维护成本计划各项指标得以实现。

编制成本计划，应从本单位实际情况出发，采用先进的技术经济定额，充分挖掘单位内部潜力，使降低成本指标既积极可靠，又切实可行。正确选择施工方案，合理组织施工，提高劳动生产率，改善材料供应，降低材料消耗，提高机械利用率，并注重节约管理费用，杜绝偷工减料，忽视质量等现象发生。

高等级公路维护管理特点之一就是高投入。维护管理部门应根据高等级公路维护设施量，积极测算各项维护设施的维护周期、维护频率及维修率，制订小修劳动定额，确定各维护项目的费用定额，并以此作为小修维护成本目标进行控制。

3.维护成本控制管理

维护施工项目的成本控制管理是指在维护项目成本的形成过程中，对维护生产经营所消耗的人力资源、物质资源和费用开支进行指导、监督、调节和限制，及时纠正将要发生和已经发生的偏差。把各项生产费用控制在计划成本的范围之内，以保证成本目标的实现。

维护成本控制应贯穿维护生产的全过程，从施工准备阶段、施工期间，到竣工验收阶段结束，均要进行成本控制。其中每一项经济业务都要纳入成本控制的轨道，也就是成本控制工作要随着维护项目生产进展的各个阶段连续进行，既不能疏漏，又不能时紧时松，使维护项目成本自始至终置于有效控制之下。维护成本控制方法一般有施工预算控制法、资源消耗控制法及用款计划控制法等，这里只简单介绍施工预算控制法。

在施工项目成本控制中，按施工图预算，实行“以收定支，量入为出”，它是成本控制最有效的方法之一，即对维护生产项目进行分解，根据分部、分项工程的工程量，按照公路定额或小修维护定额分别测定分部、分项工程的人工工日、材料用量和机械台班数量，作为指导和管理施工的依据。施工预算对分部、分项工程的划分，原则上应与施工工序相同，以便于生产班组的任务安排和施工任务单取得一致。对生产班组的任务安排，必须签发施工任务单和限额领料单，任务完成后，根据回收的施工任务单和限额领料单进行结算。通过对分部、分项成本控制，实现对维护工程项目的成本控制。

此外，维护单位的各职能部门也要做好成本分口管理，各职能部门必须建立部门的成本责任制，就本部门的业务范围对降低维护成本负责。

材料部门应根据技术经济定额负责控制材料消耗，它既要负责编制材料采购供应计划，选择材料采购地点，认真采购材料，合理组织运输，尽可能利用廉价优质材料，降低材料采购成本；又要加强材料管理，制订材料储备定额、消耗定额，建立健全材料的收、发、领、退制度，搞好材料保管工作，减少材料消耗和浪费，降低材料成本。

生产部门应根据劳动定额确定施工人员数量，搞好工时记录分析，提高劳动生产率，节约人工开支，降低人工成本。

机械设备部门应负责制订机械设备台班定额和油料消耗定额，搞好机械设备的运转记录和台时的分配，推行单车、单机核算，节约机械使用费。根据高等级公路维护特点实现机械化维护是高等级公路维护现代化的必然趋势，机械费用支出已达到维护支出总额的50%，因此，控制机械费用支出是高等级公路维护成本控制的关键。

施工技术部门应组织制订降低工程成本的技术组织措施，检查措施的执行情况，积极地开展技术革新，提高工程质量，节约工料费用，降低工程成本。预算部门负责编制施工预算，并进行分解，提供工程耗用工料限额、材料代用和用工用料分析。

为降低维护成本，维护施工单位除应做到以上控制外，还应做到以下几点：

(1)认真会审图纸，核实工程数量，正确编制施工预算。

(2)落实技术组织措施，编制合理、先进的施工方案。

(3)降低材料成本，减少材料浪费。

(4)提高机械利用率。

(5)制订好激励机制，调动职工增产节约积极性。

(6)建立健全各项管理制度，加强工程组织管理，节约施工管理费。

高等级公路维护单位实行成本控制，必须推行内部经济责任制，部门必须建立部门的成本责任制，就本部门的业务范围对降低维护成本负责。使广大职工责、权、利紧密结合，增加生产，提高经济效益，并应按照集中与分散、上级与基层、专业与群众相接合的原则，将成本控制的各个环节纳入分口管理和分级核算的控制体系，对内实行承包经济责任合同，将成本分项指标落实到各部门、基层班组和个人。要在部门、基层班组之间和个人中实行责任成本，不论费用发生在什么地方和什么时间，谁领用、谁消耗、谁负责控制。这就要求每个岗位、每个职工都要承担一定的成本控制责任，然后定期对控制效果责任人进行考核，并根据考核情况进行奖罚。

六、维护质量考核

为了加强高等级公路维护管理及维护技术管理，正确掌握高等级公路服务状况的变化，统一考核维护工作效果，提高维护质量，确保高等级公路行车“快速、安全、舒适、畅通”，高等级公路管理部门应定期对高等级公路维护质量进行检查和评定。

高等级公路维护质量的基本要求：路面整洁、平整、横坡适度，行车平稳、舒适，路基坚实、边坡稳定、排水畅通，桥涵通道、隧道等构造物完好，安全设施齐全，标志完好、鲜明、有效，绿化物生长良好，修剪得体。

1.维护质量考核

根据高等级公路维护质量要求和维护实际达到质量要求的程度，高等级公路维护管理部门应对高等级公路维护质量进行定期分级评定，高等级公路维护质量评定方法常用的有两种，即好路率评定法和综合评定法。

1)好路率评定法

好路率评定法继续沿用一般公路维护质量评定办法，以公里为单位，以里程碑为界，按路面、路基构造物、桥涵隧道、沿线设施、绿化五项维护质量内容分别评分。总分定为100分，其中路面 50 分,路基构造物 20 分,桥涵隧道、沿线设施、绿化各 10 分。将公路维护质量分为优、良、中、差四个等级。以优良等级路段里程占实际评定的维护里程的百分比,即“好路率”作为评定维护质量的主要指标。

2)综合评定法

综合评定法是对高等级公路维护质量和维护管理进行综合评定,评定内容由维护外业和内业两部分组成。总分定为 100 分,其中外业部分 90 分,内业部分 10 分,外业评定与“好路率法”相似,以公里为单位,按路面、路基、桥涵通道、标志标线、安全设施、绿化等维护质量内容进行评定。所不同的是重新排定其分值构成,减少路面标准分,增加其他部分分值,也可根据管理需要增加其他评分项目,如公路维护月旬作业计划的执行情况,与上报计划是否相符,整条管养高等级公路的总体印象分等。实际评定时,在管养路段任意抽选 2 ~ 3km 路段进行检查评定,按高等级公路维护质量评分表,对路面、路基、桥涵通道、标志、安全设施、绿化等外业维护质量进行打分,其最后平均得分即代表整个维护路段的外业维护质量得分。维护内业一般包括各项维护管理制度,高等级公路维护维修操作规程,各项维护统计报表和台账,年、季、月等生产计划及劳动用工计划,主要材料及机械台班耗用表,单项工程开竣工报表,验收资料等内容,评定时可根据检查内容的齐全、完整和准确程度进行打分。最后将外业得分与内业得分相加,即为维护质量综合得分,一般选定 90 分以上为优等,85 分以上为良等,75 分以上为合格。以京津塘高速公路天津段维护质量评定为例,其综合评定见表 9-1。

京津塘高速公路天津段维护检查评分表 表 9-1

序号	考核项目	总分	考核内容与评分标准	分项分数	实际得分	备注
1	路面	30	1.路面清洁无杂物。每累计 50m 扣 0.5 分	15		
			2.无坑槽、无松散、无拥包。每发现一处扣 1 分,修补不美观、不符合标准扣 1 分	15		
2	路基	15	1.路基整洁、无白色垃圾。每发现 5 处扣 1 分	5		
			2.边坡无冲沟、无浪窝。每发现一处扣 0.5 分	5		
			3.边沟顺畅、无淤积,堤埝完整。累计不合格长度每 10m 扣 0.1 分	2		
			4.中间带方砖完好,水簸箕完好清洁、无堵塞。每一处不合格扣 0.2 分	3		
3	桥涵及构造物	10	1.伸缩缝内无杂物。每发现一处不合格扣 0.2 分	2		
			2.排水孔畅通。每发现一处不合格扣 0.2 分	2		
			3.各项设施齐全。每发现一处损坏或丢失扣 0.5 分	2		
			4.护坡完好。每发现 $1m^2$ 损坏扣 0.2 分	1		
			5.涵洞无淤塞。发现一处不合格扣 0.5 分	1		
			6.通道整洁,两侧引道及挡土墙完好。每处不合格扣 0.5 分	2		
4	绿化	20	1.草皮无高草、维护良好。每累计 $10m^2$ 不合格扣 0.2 分	5		
			2.乔木及常绿树修剪及时、整齐、无枯枝。每发现一处不合格扣 0.2 分	5		
			3.绿化景点完整美观、无病虫害。每发现一处病虫害扣 1 分	5		
			4.隔离栅外 50cm 范围内草皮修剪良好。每累计 10m 不合格扣 0.2 分	5		

续上表

序号	考核项目	总分	考核内容与评分标准	分项分数	实际得分	备注
5	其他设施	10	1.中间带及两侧护栏完好、整洁、无变形。每累计 10m 不合格扣 0.2 分	2		
			2.边网等设施完好、无残缺。每发现一处缺口扣 0.2 分	3		
			3.各种标志整洁、鲜明、有效。每一处不合格扣 0.5 分	2		
			4.两侧轮廓桩及三角轮廓标完好、鲜明、有效。每缺损一处扣 0.1 分	3		
6	维护计划执行情况	5	各项实际工作与作业计划相符,无大出入。 每一项工作不相符扣 1 分	5		
7	内业	10	各项管理制度齐全,统计台账装订整齐,数据真实可靠	10		

注:1.外业检查以 1km 为一个检查计分单位,检查项目每项扣分最多不超过该项最高分额。

2.外业检查第 6 项参照全线维护情况进行评分。

3)维护质量考核

高等级公路维护质量考核,一般有两种形式,即定期考核和不定期考核两种。定期考核一般一年两次,分半年考核和年终考核,可由省(市)高等级公路管理部门对全省(市)高等级公路统一进行检查,也可由高等级公路公司自行检查。不定期考核可在每季、每月随时进行。

对于好路率评定方法,首先由高等级公路各管养单位每季进行自查,按 1km 为单位进行维护质量评定,计算好路率和优等里程率。统一检查时,高等级公路主管部门根据管养单位上报维护质量情况,在管养路段随机抽查 2 ~ 3km,按照公路维护质量检查评定标准进行打分,评定每一抽查路段的维护质量实际得分,确定养护质量等级,现场评定等级如与管养单位上报情况相符,则认定管养单位上报结果合格;如不符,则按比例相应扣除维护管理得分,并按年初签订的维护质量指标做相应奖罚。

综合评定法,由高等级公路主管部门对基层各管养公路统一检查,检查组分内业检查组与外业检查组。外业检查可按 1km 为一检查单位,随机抽查 2 ~ 3km 路段,对照单公里维护质量评分标准进行打分。取几公里检查得分平均值作为整个检查路段的外业维护质量实际得分。内业检查组对管养单位内业管理情况进行内业检查评分。外业得分与内业得分之和即为该维护单位的维护质量综合评定分。根据各维护单位得分多少即可进行评定。

因好路率法系套用一般公路维护质量评定方法,用于高等级公路维护质量评定,其分值过高,已不能客观反映高等级公路维护质量水平,故目前大多数高等级公路管理部门已不采用此种方法。综合评定法不仅能全面反映高等级公路及其附属设施维护状况,并能全面反映维护管理部门的维护及管理水平,因而在高等级公路维护检查评比中,多数采用综合评定法进行评比。

2.维护工程施工质量管理与评定

维护工程施工质量评定是高等级公路维护质量管理的重要组成部分。为加强维护工程施工管理,确保工程质量,施工项目的投资单位、施工单位、监理单位必须严格按合同要求认真履行各自的职责。

1)施工质量管理

高等级公路专项工程及大修工程原则上都应实行工程项目招投标责任制,择优选择维护施工队伍,积极引进工程建设项目监理制度,确保高等级公路维护施工质量。建立健全"政府监督、社会监理、建设单位检查、企业自检"的质量保证体系,公路建设单位、施工单位、工程监理和监督部门应按照质量第一的方针和全面质量管理要求,采取切实有效的措施,严格实行质量自检,加强业主检查、质量监理和质量监督,以抓好工序质量,确保分项工程质量;以抓好分项工程质量,保证分部工程和单位工程质量。

施工单位应严格执行公路维护技术规范及路基、路面、桥涵等施工技术规范要求,确保维护施工质量按公路工程质量检验评定标准对施工全过程进行有效的质量控制和管理;建设单位加强公路建设市场管理,严格履行公路建设项目管理制度,加强施工过程质量管理;监理单位应对施工全过程进行检查、监控和管理;公路工程质量监督部门依据国家有关法规和部颁的现行技术规范、规程和质量检验评定标准对工程质量进行强制性的监督管理。

2)施工质量评定

工程质量评定分为优良、合格、不合格三个等级,工程质量评定程序是按分项工程、分部工程和单位工程依次进行的,以《公路工程质量检验评定标准》为评定依据。公路工程质量检验评分是以分项工程为单元,采用100分制评分方法进行评分,在分项工程评分的基础上逐级计算各自相应的分部工程、单位工程评分值,确定单位工程质量等级。

实际评定时,施工单位按评定标准对分项工程进行自查,按要求对工程质量进行自我评分。监理工程师应按规定要求对工程质量进行检查,对施工自查资料进行签认和评分,质量监督部门根据抽查资料和确认的施工自查资料以及监理工程师的质量管理资料,对工程质量逐级进行评定,作为交工、竣工验收评定质量等级的依据。

分项工程评分不小于85分者为优良,小于85分而不小于70分者为合格,小于70分者为不合格。经评定为不合格的分项工程,经加固、补强、返工或整修,满足设计要求后,可重新评定质量等级,但只可复评为合格。

分项工程全部合格,其加权平均不小于85分,且所含主要分项工程全部评为优良时,则该分部工程可评为优良;各分项工程全部合格,但加权平均分小于85分或加权平均分虽不小于85分,但主要分项工程未全部达到优良标准时,则该分部工程只能评为合格;如分项工程未全部达到合格标准时,则该分部工程为不合格。

所属各分部工程全部合格,其加权平均分不小于85分,且所含主要分部工程全部为优良时,则该单位工程评为优良;如分部工程全部合格,但加权平均分小于85分或加权平均分虽不小于85分,但主要分部工程未全部达到优良时,则该项工程评为合格;如分部工程未全部达到合格标准时,则该单位工程为不合格。凡不合格工程均不予验收,经返工或整修满足要求后,方可验收,并只可复评为合格。

3.路面质量评价

在日常路面维护管理中,无论是管理决策人员,还是维护技术人员都非常关心现有公路路面在使用时间内的技术状况,因为路面状况的好坏,直接影响到行车的速度、舒适性、安全性,只有在准确地掌握现有路面状况后,才能根据实际情况,制订合理的维护计划和维护对策。路面状况评价一般包括沥青路面状况评价和水泥混凝土路面状况评价。评价方法在第八章已作介绍。

思考题

1.路面维护管理系统由哪几部分组成？

2.简述高等级公路专项维护与大修工程组织方式的要求。

3.高等级公路维护技术管理的内容包括哪些？

4.简述交通状况调查的目的。

5.简述公路路况登记的内容。

6.简述高等级公路维护质量的基本要求。

第十章 路政管理

第一节 路政管理概述

一、路政管理的概念

公路路政管理是指路政管理机构根据国家法律、法规、规章的规定,为保护公路、公路用地、公路附属设施(简称路产),维护公路合法权益(简称路权),为发展公路事业所进行的行政管理。其目的在于维护公路合法权益,保障公路的完好、安全和畅通,促进公路事业的发展。

由于公路路政管理的对象是公路,点多、线长、面广,又没有建立像铁路、管道、航空等其他运输方式的条线管理体制,因此公路路政管理有其自身的特点,其主要表现为路政管理的复杂性、广泛性和法制性。

(1)复杂性。路政管理的复杂性表现在:一是路政管理机构缺乏必要的执法权威,管理的对象是流动的车辆,而对违法车辆法律没有规定相应的强制性措施;二是部门职责交错、如路政管理机构与公路交警部门对超限运输的管理,造成有利争,无利推;三是有关公路管理的法律法规之间的交织和矛盾,造成政出多门,各有依据,管理无序。

(2)广泛性。路政管理涉及千家万户,各行各业;与人民群众和经济建设有着密切的联系,牵涉到农业、水利、林业、电信、电力、厂矿、铁路、商业、建筑、交通运输以及沿线乡镇等许多部门。

(3)法制性。路政管理是代表国家履行管理职能的一种执法活动,是国家行政管理的一部分,属于法制的范畴。任何个人和组织违反路政管理法,都要受到法律的制裁。同时,路政管理活动直接影响到路政管理相对人的切身利益。因此,必须采用法律法规来约束路政管理机构与路政管理相对人的权利和义务。

公路路政管理具有以下特征:

1.公路路政管理的主体是交通主管部门和公路管理机构

公路路政管理的主体是交通主管部门和公路管理机构,其他任何机关、组织都无权进行路政管理。公路路政管理是一种国家行政管理活动,它不是一般的社会管理活动,以国家的名义进行管理,体现了国家的意志,因此路政管理权是由国家赋予行使的。

《公路法》中规定能行使路政管理职责的主体有两类,即交通主管部门和公路管理机构。交通主管部门的路政管理职责是由法律直接规定的,是法律所赋予的;而公路管理机构并非都具有路政管理职责,其职责的取得取决于县级以上地方人民政府交通主管部门作出的决定。只有县级以上地方人民政府交通主管部门作出了由公路管理机构依法行使公路行政管理职责的决定，相应的公路管理机构才能行使公路行政管理职责，才能成为路政管理的主体。因此，公路路政管理是交通主管部门和公路管理机构根据国家法律、法规、规章的规定所进行的行政管理，交通主管部门和公路管理机构是公路路政管理的合法主体。

有些地方制定的地方性法规授权路政管理机构行使公路行政管理职权。如《广东省公路路政管理条例》规定："省交通行政主管部门负责全省公路路政和本条例的实施。各级公路路政管理部门负责本辖区内的公路路政管理工作。"因此，公路路政管理机构，指交通主管部门、公路管理机构和地方性法规授权的路政管理机构在内的路政执法主体。

2.公路路政管理是一种行政管理活动

公路路政管理是路政管理机构依法对公路路产、路权实施的行政管理活动。按照行政法的规定，行政是指执行或管理的意思。一般意义上说，行政除了国家行政以外，还有企业、事业单位的行政，党派和社会团体的行政等。公路路政管理是路政管理机构对国家财产公路路产路权的管理，因而公路路政管理是国家的一种行政管理活动。

在行政执法中，会发生各种行政法律关系，公路路政管理也不例外。行政法律关系主要是指国家行政机关在行使行政职能过程中发生的内部行政关系和外部行政关系。

内部行政关系是指行政机关内部的上下级之间的关系、同级行政机关之间的关系、行政机关同它所属的机关工作人员之间的关系。行政机关内部上下级之间的关系、行政机关同它所属的机关工作人员之间的关系，表现为领导与服从的关系；同级行政机关之间的关系则是在共同上级领导下的相互协作关系。

外部行政关系是指行政机关同其他国家机关、行政机关与其行使行政职能中的相对一方即行政管理相对人(包括公民、法人和其他组织)之间的关系。公路路政管理的外部行政关系，表现为路政管理机构与路政管理相对人之间的关系，这种关系是命令与服从的关系。在这种关系中，路政管理机构处于主导地位，行使法律、法规、规章赋予的路政管理职权，这种权力是具有国家强制力的，无需征得路政管理相对人的同意；而路政管理相对人必须服从路政管理机构的管理，这是一种管理与被管理的关系，路政管理机构依据国家法律、法规、规章的规定行使路政管理职权。

3.公路路政管理的依据是国家法律、法规和规章的规定

公路路政管理依照国家有关的法律、法规和规章的规定进行。法律、法规和规章是公路路政管理的法律依据。其形式主要有宪法、法律、法规、规章、法律解释等。

(1)宪法。是国家的根本大法，是由国家最高权力机关即全国人民代表大会通过和修改的，具有最高法律效力的规范性文件，在我国法律体系中具有最高的法律地位和法律效力。它是制定一切法律的依据，任何法律不得与宪法相违背。宪法对全局性、根本性的行政法律问题作出原则性的规定，它通常需要通过配套法律予以具体化。我国宪法中大量的法律规范是行政法律规范。公路管理法规从属于宪法。宪法是公路管理法规产生的依据和法源。

(2)法律。是指由国家最高权力机关及其常设机构，即全国人民代表大会及其常务委员会，依照法定程序所制定或批准的规范性文件。法律可分为基本法和基本法以外的法律两种。法律的地位和效力低于宪法，高于其他规范性法律文件。它是制定其他规范性法律文件(如行政法规、地方性法规等)的依据。

(3)法规。根据我国有关法律规定，法规可分为行政法规、地方性法规两种。

行政法规是指国务院依照法定的程序制定和发布的有关国家行政管理活动的规范性法律文件的总称，一般采用条例、规定、办法等名称。行政法规的法律地位和法律效力低于宪法和法律，因而行政法规的制定必须以宪法和法律为依据；行政法规的法律地位和法律效力又高于地方性法规及规章，它是制定地方性法规及规章的依据。

地方性法规是指省、自治区、直辖市以及省、自治区人民政府所在地的市和经国务院批准的较大市的国家权力机关及其常设机构，根据本行政区域的具体情况和实际需要，在不与宪法、法律和行政法规相抵触的情况下，按法定程序所制定的规范性法律文件的总称。

地方性法规的效力，低于宪法、法律和行政法规，因此制定的地方性法规不得与宪法、法律和行政法规相抵触。地方性法规只在本行政区域内有效。

(4)规章。规章可分为部门规章和地方政府规章两种。

部门规章是指国务院各部委根据法律和国务院制定的行政法规、决定、命令，在本部门的权限内按照法定程序制定的规定、办法、实施细则、规则等规范性法律文件的总称。如交通部根据国务院发布的《公路管理条例》制定的《公路管理条例实施细则》。

地方政府规章是指省、自治区、直辖市以及省、自治区人民政府所在地的市和经国务院批准的较大的市的人民政府根据法律和国务院制定的行政法规按照法定程序制定的，适用于本地区行政管理工作的规范性法律文件的总称，通常称之为规定、办法、实施细则等。地方性政府规章在本行政区域内具有法律效力，如《沪宁高速公路江苏段管理办法》。

规章(部门规章、地方政府规章)的法律效力低于法律、法规(行政法规、地方性法规)。路政管理机构在审理路政案件和复议机关处理路政复议案件时，一般应以法律、法规、规章 为依据。

建国 50 年来，我国先后颁布了大量的有关路政的法规、规章，对规范路政管理行为发挥了重要作用。如：国务院国发(1983)105 号《关于加强路政管理，保障公路安全畅通的通知》；国务院国发(1986)94 号《关于改革道路交通管理体制的通知》；1987 年 10 月国务院颁布了《中华人民共和国公路管理条例》；交通部颁布了《中华人民共和国公路管理条例实施细则》和《公路路政管理规定(试行)》；交通部、石油部以(78)交公路字 698 号、(78)油化管道字 452 号文联合发布的《关于处理石油管道和天然气管道与公路相互关系的若干规定》(试行)；1997 年 7 月 3 日八届人大第二十六次会议通过了《中华人民共和国公路法》，并于 1998 年 1 月 1 日起施行。

4.公路路政管理的任务

是保护公路、公路用地、公路附属设施，维护公路的合法权益。

《公路法》第 70 条规定：交通主管部门、公路管理机构负有管理和保护公路的责任，有权检查、制止各种侵占、损坏公路、公路用地、公路附属设施及其他违反本法规定的行为。

《公路路政管理规定(试行)》第 7 条规定：公路管理机构及专职路政管理人员行使下列职权：

(1)负责管理和保护公路路产；

(2)实施公路巡查；

(3)依照法律、法规和规章，制止、查处各种违章利用、侵占、污染、毁坏和破坏路产的行为；

(4)控制公路两侧建筑红线；

(5)审查从地面、公路上空或地下穿(跨)越公路的其他设施的建筑事宜；

(6)对在特殊情况下利用、占用公路和超限运输车辆通过公路进行审批，并对实施情况进行监督检查；

(7)维护公路渡口和公路维护、施工作业现场的正常秩序；

(8)为处理违反公路管理法规的行为，向有关单位和人员调查、询问、取证，查阅有关文件、档案、资料和原始凭证；

(9)对损害路产或发生侵权行为又拒不接受查处的车辆，责令停止行驶；

(10)有复议职能的公路管理机构办理有关路政复议案件，参与有关路政案件的诉讼活动；

(11)法律、法规、规章规定的其他职权。

二、路政管理的内容

路政管理的中心任务是保护路产路权。从保障公路完好、安全和畅通的目的出发，路政管理的基本内容主要有：

1.保护路产

保护路产的完好，是保障公路畅通的基本要求，主要表现在负责依法制止、查处和管理如超限运输、在公路上试行车制动、侵占、挖掘公路以及毁坏和破坏公路路基、路面、桥梁、隧道、涵洞、排水设施、防护构造物、花草林木等违法行为。

2.维护路权

维护公路路权不受侵犯是路政管理的重要工作任务，主要表现在审批、监督检查影响公路的其他设施建设事宜，如控制公路两侧建筑红线、审理跨越公路的各种管线和渠道，审理各种道路与公路交叉，转移和废弃公路的产权归属等事项。

3.维持秩序

维持公路工作正常秩序也是保障公路畅通运行的重要工作任务之一，主要表现在维持公路渡口、公路维护施工作业的正常秩序、公路外部行政管理的正常工作秩序。

4.保护权益

主要是保护公路管理机构、路政管理机构的合法权益，以及公路维护施工作业人员、公路管理人员和路政管理人员从事生产、执行公务时的合法权益。

三、公路路政目标管理

目标管理是现代内部行政管理中一种先进的管理制度和方法。实行和运用这一制度和方法，对于充分调动每个路政管理人员的积极性和创造性，提高管理效能，具有明显的作用和意义。所谓路政目标管理，是指路政管理机构在一定时期内，激励全体路政管理人员积极参加路政工作目标的制定，并在管理工作中实行自我控制，自觉地完成工作目标，以保证路政管理总目标实现的管理过程。

路政工作目标管理的基本思想是，路政管理的一切活动开始于目标的制定，活动的进行以目标为导向，活动的结果以完成目标的程度来评价。因此，路政工作目标管理具有以下特点：

(1)目的性。实行目标管理，使路政管理机构一定时期内各项活动的目的都用目标的形式表现出来，它不同于一般口号式的号召。有了这个明确而具体的目标，就能很好地统一全体路政管理人员的思想,充分调动他们的积极性,使路政管理的各项工作朝着一个方向前进,达到路政管理工作的整体目标。

(2)整体性。路政目标管理对路政管理机构的管理过程实行的是全面的综合性管理,通过确定和落实目标,建立完整的目标体系,使路政管理工作具有整体性。

(3)层次性。为了实现路政工作总目标,就要把路政工作总目标自上而下,按照路政管理机构的设置和层次依次分解,形成一层接一层、一环套一环的目标体系,在总目标统一的前提下,各层次做好各自的工作。

根据路政目标管理的概念和思路,路政目标的确定是整个路政目标管理的关键,因此,在制定路政目标管理指标时应坚持以下原则:

(1)统一性。路政管理的各种目标,如中层目标、基层目标、个人目标等,都要与路政总目标相一致,路政管理的中期目标、短期目标要与长期目标相统一。

(2)先进性。路政目标的制定要有战略眼光,长效机制,因为只有这样,才能促进路政管理工作的发展,才能激发广大路政管理人员的积极性和创造性。

(3)可行性。制定路政目标,既要注意先进性,又要注意合理性和可行性。目标水平太高,实现不了,容易损伤积极性。总之,目标既要先进,又要切合实际。

(4)明确性。制定路政目标,一定要具体明确,能定量表示的目标,力求用定量表示,不能用定量表示的目标,在内容表达上也要明确而具体。

加强公路路政管理,有利于提高公路的社会效益和经济效益,充分发挥公路在国民经济中的重要作用。路政管理的意义有:

(1)有利于保护公路完好。公路是汽车运输的基础设施,完好的公路是公路交通畅通的前提。任意挖掘公路埋设管道、利用边沟灌溉或者排放污水、侵占公路用地构筑设施、种植作物、利用公路试行车制动等,均会严重损坏公路,影响行车安全。要使公路设施完好,就需要通过加强路政管理,依法查处各种破坏、损坏公路、公路用地和公路附属设施的行为,以保护公路经常性地处于完好状态。

(2)有利于保障公路的使用质量。要保障公路的使用质量,需要禁止影响公路使用质量的履带车和铁轮车在铺有路面的公路上行驶,需要加强对超过桥梁限载标准和路面承载能力的车辆通过公路和桥梁的管理。要处理好沿公路埋设管线和修建跨越公路的桥梁、渡槽、架设管线等设施与公路的矛盾。避免在公路路肩上任意埋设供电线路、电信线路和自来水管道,防止行道树被毁等行为发生。要通过路政管理工作,加强对履带车、铁轮车上路行驶的控制,加强对超限运输车辆行驶公路的管理,加强对各种管线穿(跨)越公路和在公路建设控制区设置的审批,以保证公路的使用质量。

(3)有利于保证公路施工作业的正常秩序。近年来,国家加大了对公路建设的投资力度,公路施工路段不断增加,加上干线公路交通量成倍增长,提高路面质量工程日益增多,而要在维持正常交通的条件下进行施工作业,就必须加强对施工路段的管理,加强公路路政管理,保障公路的安全和畅通。

(4)有利于改善行车环境和减少建设投资。车辆在公路上行驶,只有视线清楚,视野开阔,驾驶员才会感到情绪轻松,操作自由,面对视野范围各种机动车、非机动车和行人的动态,可以控制行车,调整车速。因此,要控制公路交叉道口的搭接,减少对车辆的横向干扰;要严格控制公路两侧修建永久性工程设施,使建筑物边缘与公路边沟的间距达到国家规定的建筑控制距离。同时,控制好公路两侧建筑控制区的建筑,也有利于减少在公路改建、扩建时的动迁费用。

第二节　路政管理法律关系

一、路政法律关系的概念

路政管理法律关系(也称路政法律关系),是指路政管理法规在调整路政管理机构与当事人之间形成的一种权利义务关系。路政管理机构在依照法律法规进行路政管理时,必然会与被管理的路政管理相对人发生社会关系,这就是路政管理法律关系。

路政法律关系具有下列特征:

(1)路政法律关系双方当事人中,一方必然是公路路政管理机构。路政管理机构依照法律、法规、规章的规定,从事路政管理活动。

(2)路政法律关系是基于国家行政权的实施行为而发生的法律关系。路政法律关系在内容上表现为:

①路政法律关系权利义务内容具有双重性,依法实施路政管理既是路政管理机构的权利,又是路政管理机构的义务。

②路政法律关系的内容,即路政管理机构与当事人之间的权利义务已由国家法律、法规、规章预先设定,路政管理机构与当事人之间不能依照自己的意志加以选择。

(3)路政法律关系中,路政管理机构与当事人的主体地位不平等。路政管理机构在路政管理活动中始终处于主导地位。路政管理机构这一主导地位主要体现在:

①路政法律关系的产生、变更或消灭,取决于路政管理机构的意志。除路政管理机构与当事人订立的路政合同(如超限运输协议)外,一般情况下路政管理机构与当事人不协商,路政管理机构对违反路政管理的当事人作出的处罚决定,无须征得当事人的同意。

②为了保证路政法律关系的实现,路政管理机构可以依法对当事人采取强制性措施,而当事人则无权也无法采取这类措施。如《公路法》第 79 条规定:"违反本法第 54 条规定,在公路用地范围内设置公路标志以外的其他标志的,由交通主管部门责令限期拆除,可以处 2 万元以下的罚款;逾期不拆除的,由交通主管部门拆除,有关费用由设置者负担"。

(4)路政管理机构在解决路政争议纠纷时有优先处置权,即路政管理机构在路政争议中,作为一方当事人有权依照规定对另一方当事人作出处罚。而在民事法律关系中,双方当事人发生争议只能请求第三者仲裁或裁决。

二、路政法律关系的要素

1.路政法律关系的要素

路政法律关系的要素是指:路政法律关系的主体、路政法律关系的内容及路政法律关系的客体。

(1)路政法律关系的主体。路政法律关系的主体是指在路政法律关系中依法享有权利、承担义务的当事人。它包括两个方面的主体:一方为路政管理机构,它具有行政职权并实施路政管理;另一方为依法享有一定权利并承担服从路政管理义务的路政管理相对人,在路政法律关系中一般称之为当事人。它既可以是个人,也可以是法人或其他组织。在路政法律关系中可以成为路政法律关系主体的有:

①路政管理机构；

②公民；

③法人；

④其他组织；

⑤在我国境内的外国人或外国组织。

(2)路政法律关系的内容。路政法律关系的内容是指路政管理机构与路政管理相对人在路政法律关系中所享有的权利和应承担的义务。

在路政法律关系中,路政法律关系的内容可分为两个方面:一是路政管理机构享有的权利,如路政管理权、处罚权等;二是路政管理相对人享有的权利,如陈述申辩权、要求组织听证权、申请复议权、起诉权等。

(3)路政法律关系的客体。路政法律关系的客体是指路政法律关系主体的权利和义务所指的对象。路政法律关系的客体主要有物和行为两种。

物指具有使用价值和价值,能够由主体在法律上和事实上控制的物质资料。在路政法律关系中,作为路政法律关系客体的物有:公路、公路桥涵、公路隧道、公路渡口、公路附属设施、防护构造物、交通标志、工程设施、公路用地等。

行为指路政法律关系主体有意识的活动,一般有作为与不作为两种。在路政法律关系中,行为主要表现为作为。如交通肇事、破坏路产、在建筑控制区内违法建设、路政管理机构作出处罚决定等。

2.路政管理机构

《公路法》规定,我国路政管理机构目前存在三种形式,交通主管部门、公路管理机构、地方性法规授权的管理机构。

1)路政管理机构应具备的要素

路政管理机构是路政行政处罚的实施机关。路政行政处罚是公路路政管理机构对违反公路行政法律规范的行为经常使用的手段,是行政执法活动的重要内容。路政管理机构作为行政处罚主体,按照《行政处罚法》的有关规定,应当具备下面五条要素:

①必须具有法人资格。行政处罚主体必须是行政机关或者组织,在法律上,这些单位应当具备法人资格。

②必须依法成立行政处罚主体。依法成立是行政处罚主体必须具备的条件。按照国家的法律规定,法人必须依法成立,作为行政处罚主体的法人也不例外。

③必须有明确的行使行政管理和组织法律、法规实施的权力和职责。行政处罚主体必须拥有行政管理及组织法律、法规实施的权力,这些权力是国家通过法律、法规或者规章授予的,它包含在有关的法律规范中。行政处罚主体组织实施法律、法规,行使了国家权力,同时也形成了自己在执法中的权利义务。

④必须能以自己的名义实施行政处罚。指能以自己的名义对外进行行政管理并可作出具体行政行为(行政处罚),独立承担相应的责任。

⑤必须具有赔偿能力。指行政处罚主体能够对自己在执法活动中的违法行为所造成的损害或者损失承担补救责任的能力。国家机关和国家机关工作人员违法行使行政职权侵犯公民、法人和其他组织合法权益造成损害的,受害人有依照本法取得国家赔偿的权利。

2)路政管理机构的法律地位

路政管理机构对公路进行行政管理，是根据《公路法》、《公路管理条例》及其实施细则、《公路路政管理规定(试行)》有关规定组织实施的。路政管理机构在路政管理中的法律地位是通过路政管理机构在路政管理法律关系中的内容来体现的，主要表现在以下几个方面：

①路政管理机构的职权。行政决定和命令权，即路政管理机构有对路政管理相对人进行行政处罚行政处理的权利。

行政处置权，即路政管理机构有对路政管理相对人采取即时强制措施的资格，如公路管理机构对损害路产或发生侵权行为又拒不接受查处的车辆，有权责令停驶。

行政强制执行权，即路政管理机构有权依照规定对当事人不履行发生法律效力的处罚决定强制执行。

②行政优益权。行政优益权是指国家为保证路政管理机构有效履行职权而赋予其职务上或物质上优益性条件的资格和请求权，包括行政优先权和行政受益权。行政优先权表现在路政管理机构有：先行处置权；获得协助权，路政管理机构在执行公务时可以请求其他国家机关、团体或个人协助；推定有效权，如《公路路政管理规定(试行)》第 41 条第 3 项对送达的规定："当事人拒绝签收的，送达人应邀请村、街道或其所在单位的有关人员在场，说明情况，并在送达回证上注明拒收理由，将文书送至当事人住处或转述当事人单位签收而视为送达。"

3)行政主体的职责

根据行政法原理，行政主体的职责具有不可放弃性和不得违反性，否则将导致法律责任。路政管理机构的职责也不例外。

行政主体的行政职责必须遵守下列原则：

①严格依照规定的职权范围从事管理，失职、滥用职权、超越职权都是违法的；

②严格遵守法定程序，即处罚时必须符合处罚的程序规定。《行政处罚法》规定，没有法定依据或者不遵守法定程序的，行政处罚无效；

③遵守行政活动适当合理的原则，即处罚路政违法行为时，不能畸轻畸重。

4)交通主管部门

交通主管部门的路政管理职权是法律赋予的，交通主管部门是路政管理的行政处罚主体。作为公路行政管理机关，交通行政主管部门具备行政处罚实施机关的特点：

①行政处罚由行政机关来行使，这是行使处罚法定原则的体现。

②只有具有行政处罚权的行政机关才能实施行政处罚，也就是说并不是所有的行政机关都有行政处罚权，行政处罚权是国家赋予的，哪些机关有权行使，由法律和行政法规规定。公路行政管理权由交通主管部门行使是由《公路法》规定的。

③行政机关只能对自己职权范围内的违反行政管理秩序的行为，给予行政处罚。不同的行政机关有不同的职权范围，其只能在自己的法定管理职能所涉及的范围内，才能作为行政处罚主体。

④每个行政机关有权给予什么种类的行政处罚，都要依照法律、法规、规章规定。法律没有规定的，不得处罚。

5)公路管理机构

公路管理机构实施路政行政管理，是《公路法》的规定及县级以上地方人民政府交通主管部门的决定，因此公路管理机构实施路政管理的性质是行政委托。

路政行政处罚委托的特征：

①交通主管部门委托公路管理机构行使路政行政处罚权具有法律的依据。《公路法》规定

县级以上地方人民政府交通主管部门可以决定由公路管理机构依照本法规定行使公路行政管理职责。

②行政法要求行政机关委托的职权应当在其法定职权范围内,不能越权委托,《公路法》规定交通主管部门主管全国的公路工作,县级以上地方人民政府交通主管部门主管本行政区域内的公路工作。

③行政机关对受委托的组织实施行政处罚的行为应当负责监督并对该行为的后果承担法律责任。公路管理机构以交通主管部门的名义实施行政处罚并由交通主管部门承担法律责任,这种法律责任包括实体法律责任和程序法律责任。

④受委托的组织必须具备一定的条件,保证受委托组织的素质,保证行政处罚的严肃性和行政处罚的有效实施。

⑤受委托的组织不得再委托其他任何组织或者个人实施行政处。

6)地方性法规授权的管理机构

有些省市根据《公路法》通过地方性法规授权的公路管理机构或路政管理机构行使公路管理的职能。如《四川省公路路政管理条例》规定:"省交通主管部门负责全省公路路政和本条例的实施。各级公路管理部门负责辖区的公路路政管理工作。对违反本条例规定的单位和个人,由公路路政管理部门按下列规定处罚……"。

3.路政管理人员

1)路政管理人员的概念和特征

路政管理人员,是指依法在路政管理机构中任职,从事路政管理工作,履行路政管理职能的工作人员。路政管理人员应爱岗敬业,恪尽职守,熟悉业务,清正廉洁,文明服务,秉公执法。

路政管理人员具有以下特征:

①路政管理人员是个人,不是组织。

②路政管理人员享有实施路政管理的资格,具有路政管理的职权和职责。

③路政管理人员以所在路政管理机构的名义实施路政管理,而不能以个人的名义。

④路政管理人员的行政行为所引起的法律后果由所在的路政管理机构承担。即路政管理人员作出的具体路政行为,侵犯了公民、法人或者其他组织的合法权益,由所在的路政管理机构负责赔偿,在路政机构赔偿损失后,应当责令有故意或重大过错的路政管理人员承担部分或全部赔偿费用。

2)路政管理人员与路政管理机构的关系

路政管理人员与路政管理机构的关系是一种职务关系,其基本内容表现在:

①路政管理人员的路政管理资格由路政管理机构赋予。路政管理机构对路政管理人员执行公务中的过错造成他人损害的后果承担责任。

②路政管理人员必须依照授权履行职责,否则将承担超越职权、滥用职权的法律责任。

③路政管理人员在执行公务中有行政优益权,其职务活动受国家法律保护。

3)路政管理人员与路政管理相对人的关系

①管理与被管理的关系。路政管理人员以路政管理机构的名义依法对路政管理相对人进行路政管理,维护公路的合法权益。

②监督与被监督的关系。路政管理相对人有权对路政管理人员的路政管理活动是否合法进行监督,并可向有关国家机关提出控告或检举。路政管理人员在对路政管理相对人作出路

政处罚决定时，要向当事人告知其有陈述申辩权，要求组织听证权，申请复议权，提起诉讼权，请求国家赔偿权等。

4)路政管理人员的权利

①依法执行公务权。路政管理人员履行公职行为的权利受到法律的确认和保障，一经任用，就应当获得履行职责所应有的权利和工作条件，承担路政管理职责。

②获得劳动报酬和享受保险、福利待遇的权利。路政管理人员从事路政管理工作，决定了其工作是社会不可或缺的有效的劳动，因此，国家应提供与其地位和作用相称的经济保障。

③身份保障权利。路政管理人员的身份一经确定，便不得随意变动，这是路政管理人员身份的保障。身份保障权包括非固定事由和非经法定程序，路政管理人员不得被免职、辞退或处分；路政管理人员享有申诉、控告权来维护自己的权益。路政管理人员对涉及个人的处理决定不服，有权要求处理机关复议，对路政管理人员实施行政处分的机关，因错误处理给路政管理人员造成经济损失的，应当负责赔偿，造成名誉损失的，应负责挽回影响。

5)路政管理人员的义务

①履行职务的义务。国家职务关系基于行政职务产生，因此，也只有当路政管理人员执行职务时才能存在。作为路政管理人员，既然接受国家的委托，必须忠于他所承担的路政管理职务，完成职务委托所包含的任务。

②服从命令的义务。路政管理人员执行国家职务，必须严格服从上级行政和上级行政首脑的指挥和领导。公务执行以层级制为原则，这是国家行政保持统一性所必需的。因此，对上级的命令，路政管理人员有服从的义务。

③严守秘密的义务。为了履行职务，路政管理人员有权了解并利用相关国家机密和工作机密的材料，同时，路政管理员也负有保守这些机密的义务，不得有失密或泄密的行为。

④公正廉洁、克己奉公的义务。路政管理人员必须正确运用人民赋予的权力，为人民谋利益，秉公尽责，不得贪污、盗窃、行贿、受贿或利用职权为自己和他人牟取私利。

4.路政管理相对人

路政管理相对人，是指在路政管理法律关系中处于被管理地位的公民、法人或其他组织，是与路政管理机构相对应的另一方主体。

1)路政管理相对人具有以下特点：

①路政管理相对人是与路政管理机构相对应的当事人。路政管理机构与路政管理相对人构成了路政法律关系的主体。路政管理相对人既可以是公民(自然人)，也可以是法人或其他组织。

②路政管理相对人是在路政法律关系中处于被管理的一方当事人。在法律关系中，相对人负有服从管理的义务，同时也享有法律规定的权利。在路政管理法律关系中，如相对人可以依照公路管理法规申请超限运输许可，但在运输过程中要服从路政管理机构的管理。

③路政管理相对人处于被管理的地位只是在路政法律关系中，并非路政管理相对人在所有行政关系中均处于相对人地位。如路政管理相对人在税收管理关系中就不一定要处于相对人的地位。因此，路政管理相对人的主体地位不是固定的。

2)路政管理相对人的范围和种类

①公民(自然人)：指自然状态出生而具有法律地位的人。公民在路政法律关系中处于相对人的地位，必须服从路政管理机构的路政管理。公民(自然人)既包括我国公民，也包括在我

国境内的外国人和无国籍人。

《行政处罚法》第 25 条规定："不满十四周岁的人有违法行为的，免予行政处罚，责令监护人加以管教；已满十四周岁不满十八周岁的人有违法行为的，从轻或减轻行政处罚。"上述规定表明，十四周岁是我国行政处罚设定的法定责任年龄。不满十四周岁的人为无行为能力人，免于行政处罚；已满十四周岁不满十八周岁的人虽有一定的识别能力，可对自己的某些行为负责，但还不具有完全辨认和控制自己行为的能力，是限制行为能力人，应负一定的行政处罚责任；年满十八周岁的正常人是完全责任能力人，应当承担完全责任。《行政处罚法》第 26 条还规定："精神病人在不能辨认或者不能控制自己行为时有违法行为的，不予行政处罚，但应当责令其监护人严加看管和治疗。间歇性精神病人在精神正常时有违法行为的，应当给予行政处罚。"

②法人：根据《民法通则》第 36 条的规定，法人是具有民事权利能力和民事行为能力，依法独立享有民事权利和承担民事义务的组织。法人具有下列特征：依照法律和法定程序成立；有独立的财产或经费；有自己的名称、组织机构和场所；能够独立承担法律责任。

③其他组织：这种组织虽然形式上是一个结合体，但其不符合法人成立的条件，也可成为路政管理的相对人，如寺院等。

3)路政管理相对人的权利

路政管理相对人作为路政管理的对象，既享有权利，又需承担一定的义务。路政管理相对人的权利主要有：

①知情权。路政管理相对人有权了解路政管理机构从事路政管理活动的依据，有权了解路政处理处罚程序。路政管理机构则必须遵守法律、法规、规章的规定，必须听取人民群众的意见，接受人民群众的监督。

②陈述申辩权。听取当事人的陈述和申辩，既是当事人的权利，又是交通主管部门的义务。《行政处罚法》第 32 条规定："当事人有权进行陈述和申辩。行政机关必须充分听取当事人的意见，对当事人提出的事实、理由和证据，应当进行复核；当事人提出的事实、理由或者证据成立的，行政机关应当采纳。行政机关不得因当事人申辩而加重处罚。"

③听证权。听证是指行政机关作出行政处罚决定之前，通过特定的形式听取当事人的陈述和申辩，由听证参加人就有关问题相互进行质证、辩论，从而弄清事实的过程。《行政处罚法》规定，行政机关作出责令停产停业、吊销许可证或者执照、较大数额罚款等行政处罚决定之前，应当告知当事人有要求举行听证的权利；当事人要求听证的，行政机关应当组织听证。

④批评、申诉、控告、检举的权利。我国宪法规定，公民对于任何国家机关及其工作人员，有提出批评与建议的权利；对于任何国家机关及其工作人员违法失职行为，有向有关机关提出申诉、控告或检举的权利。有关国家机关对此必须查清事实，负责处理，任何人不得压制和打击报复。

⑤申请复议权。根据《行政复议法》的规定，当事人对路政行政处罚决定不服的，可在收到处罚决定书之日起 60 日内，向本案有复议职能的上一级交通主管部门或作出处罚决定的交通主管部门所在地的人民政府提出复议申请。

⑥起诉权。《行政诉讼法》第 38 条第 2 款规定："申请人不服复议决定的，可以在收到复议决定书之日起 15 日内向人民法院提起诉讼。复议机关逾期不作决定的，申请人可以在复议期满之日起 15 日内向人民法院提起诉讼。法律另有规定的除外。"第 39 条规定："公民、法人或者其他组织直接向人民法院提起诉讼的，应当在知道作出具体行政行为之日起三个月内提出。法律另有规定的除外。"

⑦受偿请求权。根据我国《行政诉讼法》和《国家赔偿法》的规定，路政管理相对人受到路政管理机构的职务行为影响，造成损害的，有权要求获得行政补偿，在其合法权益受到违法行为的侵害时，有权要求国家赔偿。

4)路政管理相对人的义务

路政管理相对人在享有路政管理法规规定的权利的同时，还必须履行法律、法规、规章所规定的义务。路政管理相对人的义务主要有：

①遵守法律、法规规定的义务。路政管理相对人必须履行路政管理法规规定的义务。如不得在公路两侧建筑控制区内建造违法建筑，不得在公路及公路用地上构筑设施、种植作物。禁止利用公路边沟进行灌溉或者排放污水。对违反路政管理规定的路政管理相对人将根据路政管理法规的规定进行处罚。

②服从路政管理机构的处罚(处理)决定、复议决定的义务。路政管理相对人违反了路政管理法规，路政管理机构对路政管理相对人的处罚(处理)决定、复议决定，路政管理相对人必须无条件地服从。路政管理相对人对路政管理机构的处罚决定、复议决定不服的，可以依照法定程序向上一级交通主管部门或交通主管部门所在地的人民政府申请复议或向人民法院提起诉讼，但在处罚决定、复议决定生效后，路政管理相对人必须履行处罚决定。

第三节　路政管理行为

一、路政行为的概念

路政管理行为又称路政行为，是指路政管理机构根据国家法律、法规、规章的规定实施路政管理，产生法律后果的行为。路政行为既包括抽象行为，也包括具体行为；既包括直接产生法律后果的行为，也包括间接产生法律后果的行为。

1.路政行为具有以下几个特征

(1)路政行为是路政管理机构所作的行为，具有强制性与单方性的特点。路政管理机构所作的路政行为，路政管理相对人必须履行，否则，路政管理机构可以强制执行或申请人民法院强制执行。路政管理机构行使路政管理的职权，对路政管理相对人进行路政管理，无需征得相对人的同意，是单方性的行为。

(2)路政行为必须依法进行，是一种合法行为，路政行为的合法性包括三个方面的含义：

①实施路政行为的主体必须是路政管理机构，其他任何组织或个人都无权进行路政管理。

②路政管理机构必须在法律规定范围内进行路政管理，超越职权、滥用职权的行为都是无效行为，都不是合法的路政行为。

③路政行为的内容、形式必须符合法律、法规、规章的规定。

(3)路政行为是路政管理机构进行路政管理能产生法律后果的行为。路政管理机构所进行的一切活动并非都是路政行为，不发生法律后果的事实行为和不发生路政管理法律后果的其他法律行为都不是路政行为。

2.抽象的路政行为与具体的路政行为

路政行为按照行为的方式与作用不同，可以分为抽象的路政行为和具体的路政行为。

抽象的路政行为是指国家机关、交通主管部门及路政管理机构在行使行政职能过程中，制定和发布具有普遍性行为规则的行为，是制定法律、法规、规章的行为。抽象的路政行为不对具体的人和事作出决定或处罚，而是确认路政管理机构对何种人在怎样的情况下将采取何种具体行为的一般规则。抽象的路政行为具有普遍的适用效力，即抽象的路政行为要求任何人都必须加以遵守。如《公路法》要求所有的路政管理相对人均能遵守。

具体的路政行为是指路政管理机构在路政管理活动中对路政管理相对人的具体事实进行处理处罚的行为。具体的路政行为以抽象的路政行为为依据。具体的路政行为在公路路政管理中表现的最多、最明显的为处罚决定。

3.路政行为的成立条件

(1)路政管理的主体是路政管理机构。根据《公路法》和《行政处罚法》的规定，有权实施路政管理的机构是交通主管部门、受委托的公路管理机构、地方性法规授权的路政管理机构，其他组织无权实施路政管理。

(2)路政行为必须是路政管理机构的真实意思表示。从法律上来说，是指行为人将自己的内心意思表示于外部的行为。意思表示真实是指行为人的内心真实意思与意思表示相一致。具体到路政管理行为来说，路政行为的意思表示是指路政管理机构通过路政管理人员将自己的内心意思表示为外部的行为，如对违法行为进行路政处罚。路政管理机构对当事人实施路政处罚，要由路政管理人员来执行，即路政管理机构的意思要由路政管理人员来表示，因此在路政管理活动中就涉及到路政管理人员作出的处罚是否表示了路政管理机构的真实意思的问题。

在路政管理实践中，路政管理人员作出的处罚与路政管理机构真实意思不一致的情况主要表现在：

①路政管理人员在受到某种外界因素的影响下(如被胁迫、被伪造的证据蒙骗)作出的处罚，则该路政行为无效。

②路政管理人员超越职权、滥用职权所作出的路政行为，该行为无效。

(3)路政行为的内容必须符合法律法规的规定。是指路政行为确认的当事人享有的权利及应承担的义务以及权利义务的幅度范围都必须在法律法规规定的范围内。它主要表现在两个方面：

①事实方面。要求做到事实清楚，证据充分。要正确认识事实的两个基本要素：自然要素和法律拟制要素。自然要素是每一个路政案件都必须具备的要素，包括当事人、动机、目的、时间、地点、手段、后果等7要素。法律拟制要素是法律规范规定的认定事实的标准。通过法律拟制要素与自然要素的对比来正确认定案件的事实。具体要达到：案件的事实要有相应的证据证明，要广泛收集证据；全面审查证据，各项证据真实、可靠；各项证据相互联系、协调一致证明案件事实。

②法律方面。要求做到适用法律、法规正确，具体要做到：

准确掌握法律适用的规则。在路政行政管理中，有些行为往往受不同层级或不同部门几个法律规范的调整，而且客观上还存在着规范不一致、相互冲突的情况，因此路政管理机构在处理路政案件时，要正确适用法律，要正确掌握法律适用的规则。法律适用的规则主要有：一是低层次规范服从高层次规范的规则。法律规范的效力是从法律、行政法规、地方性法规、规章由高到低排列。如果高、低层次的法律规范对同一问题都作了规定，那么应审查低层次的法规是否与高层次的法律规范相抵触，不抵触应该同时适用；相抵触，则应适用高层次的规范，不能适用低层次的规范。二是特别法优于普通法。当某一项普通法与特别法都有规定时,应优先适用特别法。三是后法优于前法。当规定某一事项的新旧法并存,而且规定一致时,一般应优先适用新法。四是地域效力规则。五是不溯及既往规则等。

(4)路政处罚、处理程序必须符合法律法规规定。《交通行政处罚程序规定》及其他有关法律、法规对路政管理程序作了规定,在实践中必须严格依照规定处理路政案件,路政行为才能有效。具体要求做到:

①路政法律文书符合法定形式。

②路政行为符合法定方式。

③路政处理符合法定程序。

④路政行为的实施必须符合法定手续。

在路政管理活动中,必须克服两种倾向:一是认为路政处罚、处理程序过于繁琐,不如执行行政命令干脆爽快,清理整顿违法建筑迅速有效,立竿见影;另一种认为路政案件证据看得见,摸得着,取证容易。因此,对路政案件的证据看在眼里记在心里,不去取证,先作处罚,这种认识反映了路政管理人员法制观念不强,法律意识淡薄,因而有必要提高路政管理人员的思想认识,树立依法行政的观念,自觉将路政管理活动纳入法制轨道。

在实践中,违反法定程序主要表现在:

①处罚在先,取证在后或不取证即予处罚;

②在《处罚决定书》、《复议决定书》中不向当事人告知复议权、起诉权;

③不在法定时间内作出答复或决定;

④不符合法定步骤。

第四节 路政行政处罚

一、路政行政处罚的概念

路政行政处罚又称路政处罚,是指路政管理机构对违反路政管理法律法规的单位和个人给予行政制裁的一种具体行政行为。《行政处罚法》中规定的行政处罚有7类,分别是警告;罚款;没收违法所得、没收非法财物;责令停产停业;暂扣或者吊销执照;行政拘留;法律、行政法规规定的其他行政处罚。

1.路政处罚具有下列特征

(1)路政处罚只能由路政管理机构来行使。

(2)路政处罚是对违反路政管理法律法规的路政管理相对人进行的制裁,是一种具体行政行为。

(3)路政处罚的前提是路政管理相对人违反路政管理法律、法规,不履行法定义务或不正当行使权力。

2.路政处罚的原则

路政处罚的原则是指对路政行政处罚具有指导意义的准则。《行政处罚法》在总则部分规定了行政处罚的原则,这同样是路政行政处罚的基本原则。

(1)处罚法定原则。是行政处罚的核心原则,是对行政处罚的基本要求。《行政处罚法》第3条规定:"没有法定依据或者不遵守法定程序的,行政处罚无效"。处罚法定原则包含以下内容:

①公民、法人或其他组织的行为,只有法律、法规、规章明文规定应受行政处罚的,才受处罚。法律、法规、规章没有规定的,不能给予处罚。

②行政处罚必须由有权设定行政处罚的国家机关在职权范围内设定,无权设定的不得设定。

③行政机关实施行政处罚,必须严格依法进行。其主要表现在:一是处罚机关是特定的,即只有法律、法规和规章明确规定为实施处罚的机关才能实施行政处罚;二是特定的行政机关只能实施法定的处罚内容,不能超越法定的处罚权限;三是行政处罚既要遵守实体法的规定,又要遵守程序法的规定。

(2)公正、公开原则。是行政处罚必须遵守的另一条重要原则。

公正是指行政机关在行政处罚中对受处罚者一律平等。公正原则在行政处罚中主要体现在:

①行政处罚必须以事实为根据,以法律为准绳。在作出行政处罚决定之前,必须查明案件事实,违法事实是行政处罚的前提和依据。只有查明事实,才能依照法律规定给予行政处罚。

②行政处罚要与违法的事实、情节及社会危害程度相适应,避免畸轻畸重。

③职权分立,即处罚决定与处罚执行分开。

公开就是让管理相对人知道和明白。根据《行政处罚法》第4条规定,公开的内容包括:

①有关行政处罚的规定要公开,使公民事先了解。

②给路政管理相对人的行政处罚要公开。处罚公开即行政机关作出行政处罚决定,必须制作行政处罚决定书,并送达当事人。

③执法人员身份公开。执法人员必须佩带标志,出示合法有效证件。

(3)处罚与教育相结合的原则。《行政处罚法》第5条规定:"实施行政处罚,纠正违法行为,应当坚持处罚与教育相结合的原则,教育公民、法人或者其他组织自觉守法。"《公路路政管理规定(试行)》第28条规定:"公路路政管理坚持以教育为主、处罚为辅的原则。"

(4)保障当事人合法权利的原则。根据《行政处罚法》的规定,法律保护当事人在行政处罚中的合法权利主要有:

①对行政机关给予的行政处罚,当事人有陈述权、申辩权。

②有要求组织听证的权利。

③对行政处罚不服,有申请复议或者提起行政诉讼的权利。

④有请求国家赔偿的权利。

(5)一事不再罚原则。是指对当事人的同一违法行为,不得给予两次以上罚款的行政处罚。即对路政管理相对人的某一违法行为,只能依法给予一次处罚,不能重复处罚,也不能作出处罚决定送达当事人后又作补充处罚。

二、路政行政处罚程序

1.简易程序

行政处罚的简易程序又称当场处罚,是指在行政处罚的原因、情节十分简单、明了的情况下,行政机关执法人员采用相对简要的手续和方式实施的行政处罚。简易程序主要适用于违法事实清楚、情节简单、证据确凿、处罚较轻的行政违法行为。根据《行政处罚法》第 33 条的规定,违法事实确凿并有法定依据,对公民处以 50 元以下、对法人或者其他组织处以1 000元以下罚款或者警告的行政处罚的,可以当场作出行政处罚决定,即适用简易程序。

简易程序有以下三个特点:

(1)简易程序有其严格的适用范围和条件。只有在《行政处罚法》规定的适用范围和条件下,才能作出当场行政处罚决定。

(2)处罚效率高。适用简易程序,减少了行政机关的工作压力,提高了行政效率。

(3)行政争议小。简易程序适用于案件事实清楚、证据确凿、处罚较轻的行政违法行为,所以一般不会发生行政争议,违法人员能够自觉服从处罚决定。

《行政处罚法》对简易程序的适用范围作了严格的规定,即警告和对公民处以 50 元以下、对法人或者其他组织处以 1 000 元以下罚款。其具体条件是:

(1)有确凿的违法事实。这是指被处罚当事人的违法事实必须清楚,证据材料确凿、充分。它包括两个方面:一是有证据证明违法事实存在;二是证明违法事实有证据应当充分。

(2)作出行政处罚决定,必须要有法律、法规和规章的明确规定。它包含两个意思:一是在违法事实确凿的情况下,该违法行为还必须是法律、法规、规章明确规定应予处罚的行为;二是指适用简易程序还必须符合法律规定的其他条件,如罚款限额。没有法定依据的处罚是无效的。

(3)行政处罚的种类必须是警告或者是对公民处以 50 元以下、对法人或者其他组织处以1 000元以下的罚款。其他种类的行政处罚决定不可以当场作出。

需要特别说明的是以上三个条件必须同时具备,才能适用简易程序。仅仅符合其中的一个或两个条件,不能适用简易程序。

根据《行政处罚法》的规定,简易程序应按照下列步骤进行:

(1)向当事人出示执法证件,表明身份。

(2)说明理由,听取当事人的申辩意见。执法人员在实施当场处罚时,必须向当事人说明处罚的事实、理由和法律根据,听取被处罚当事人对所指控的违法事实和适用的法律依据的陈述和申辩意见。如果当事人对所指控的事实根据有异议的,执法人员应该进一步补证或请证人当场作证。如果当事人对所适用的法律依据有异议的,执法人员应当为其提供有关法律文件,并为其作出解答。

(3)作出行政处罚决定,填写当场处罚决定书。

(4)当场交付行政处罚决定书。行政处罚决定书由当事人签名后,执法人员应当场交给当事人一份,并应告知当事人履行处罚决定的期限、地点和方式;给予罚款处罚的,按规定可以当场收缴罚款的,还应当向当事人出具省级财政部门统一制发的罚款收据。

(5)告知申请复议权。在行政处罚中,执法人员应告知当事人对当场作出的行政处罚决定不服的,可以依法申请行政复议或者提起行政诉讼。在路政行政执法中,根据《公路管理条例》及其《公路管理条例实施细则》规定,路政行政处罚复议前置,因此路政行政处罚应告知当事人不服路政行政处罚有申请复议的权利。

(6)行政处罚决定报所属行政机关备案。行政处罚在适用简易程序结束后,具体办案人员应当及时将行政处罚决定向所属行政机关负责人汇报并备案。当场收缴罚款的,应在自收缴罚款之日起 2 日内,交至行政机关。

《行政处罚法》规定,当场处罚决定书应当有预定的格式,编有号码,并应载明下列内容:

①当事人的违法行为;

②行政处罚依据;

③罚款数额;

④时间、地点;

⑤行政机关的名称;

⑥执法人员签名或盖章。

2.一般程序

一般程序是指行政机关、法律法规授权的组织或受委托的组织对于事实比较复杂或者情节比较严重的违法行为给予法定较重的行政处罚时所适用的行政处罚程序,也称普通程序。根据《行政处罚法》的规定,一般程序适用于对公民处以50元以上、对法人或者其他组织处以1 000元以上的罚款;没收违法所得;没收非法财物;责令停产停业;暂扣或者吊销许可证、暂扣或者吊销执照;行政拘留以及法律、行政法规规定的其他较重的行政处罚。

一般程序行政处罚的执法步骤如下:

1)立案

违法行为发生后,有管辖权的行政机关负责管辖该案件。《行政处罚法》规定除适用简易程序当场处罚的案件外,一般行政处罚案件均须受理立案,承办人应制作《立案审批表》,记载当事人的情况,确定案件材料来源,违法事实以及发生的时间、地点、已有的相应证据和相应的材料。经行政机关负责人批准,正式立案。要移送管辖的,应先受理,然后将案件材料一并移送有权机关处理。

2)调查取证

根据《行政处罚法》和《交通行政处罚程序规定》的有关规定,行政机关发现公民、法人或者其他组织有依法应当给予行政处罚行为的,必须全面、客观、公正地调查,收集有关证据;必要时,依照法律、法规的规定,可以进行检查。行政机关在调查或者进行检查时,执法人员不得少于两人,并应当向当事人或者有关人员出示证件,表明身份。执法人员与当事人有直接利害关系的,应当回避。直接利害关系主要是指执法人员是本案当事人或本案当事人的近亲属,案件的处理结果直接影响到执法人员或其近亲属的利益或者其他可能影响案件公正处理的情况。执法人员可以自行回避,也可因当事人的申请而回避,或者由行政机关负责人决定回避。通常情况下,一般执法人员的回避由本行政机关负责人决定;行政机关负责人的回避由上级机关决定。当事人或者有关人员在接受调查时,应当如实回答调查人员的询问,并协助调查或者检查,不得阻挠。询问或者检查应当制作笔录,被询问人或者被检查人应当在笔录上签字。行政机关在收集证据时,可以采取抽样取证的方法;经批准可以对证据先行登记保存。

3)告知处罚的事实、理由和依据,组织听证

行政机关在作出行政处罚决定之前,应该根据《行政处罚法》第31条、第32条的规定向当事人告知给予行政处罚的事实、理由和法律依据,并应该认真听取当事人的陈述、申辩,否则行政处罚不能成立。当事人放弃陈述或申辩的除外。行政机关责令停产停业、吊销许可证或者执照、较大数额罚款等行政处罚之前,应当告知当事人有要求听证的权利,当事人要求组织听证的,行政机关应当组织听证。

4)作出行政处罚决定

行政处罚案件在调查终结后，行政机关负责人应当对调查结果进行审查，对于情况复杂或者重大违法行为给予较重的行政处罚的，行政机关的负责人应当集体讨论决定。行政机关应当根据案件的不同情况，分别作出决定：

①对确应受行政处罚的违法行为，根据情节轻重及案件的具体情况，作出处罚决定。

②违法行为情节轻微，依法可以不予行政处罚的，不予行政处罚。

③违法事实不能成立或不存在的，不得给予行政处罚。

④违法行为已构成犯罪的，移送司法机关。

行政机关作出行政处罚决定后，应当制作行政处罚决定书。根据《行政处罚法》第39条规定，行政处罚决定书应当载明下列事项：

①被处罚的公民的姓名、性别、年龄、住址或者被处罚的法人或其他组织的名称、地址、法定代表人姓名等。

②当事人违反法律、法规或者规章的事实及有关证据。

③给予当事人行政处罚的种类和具体的处罚内容，以及作出行政处罚所适用的法律、法规或者规章的名称及相关条款的内容。

④行政处罚的履行方式和期限，即被处罚当事人应当以什么方式履行行政处罚以及应当在什么期限内履行行政处罚。

⑤不服行政处罚决定，申请行政复议或者提起行政诉讼的途径和期限。

⑥作出行政处罚决定的行政机关名称和作出行政处罚决定的日期。行政处罚决定书必须盖有作出行政处罚决定的行政机关的印章。

5)送达行政处罚决定书

根据《行政处罚法》第40条规定，行政处罚决定书应当在宣告后当场交付当事人；当事人不在现场的，行政机关应当在7日内将行政处罚决定书送达当事人。送达方式有直接送达、留置送达、委托送达、邮寄送达、公告送达等。

思考题

1.简述公路路政管理的概念和特征。

2.简述路政管理的基本内容。

3.路政管理的意义主要体现在哪些方面?

4.简述路政管理法律关系的概念，路政管理法律关系的要素是什么?

5.路政管理相对人指哪些人?

6.简述路政行为的概念和路政行为的特征。

7.简述路政处罚简易程序和一般程序的步骤。

第十一章

高等级公路维护机械设备管理

第一节 概 述

高等级公路车流量大、车辆载质量大和高速行驶的交通特性为高等级公路维护提出了新的要求，即快速、安全、优质、低耗作业，为道路使用者提供舒适而完善的服务功能；而维护施工效率、质量的高要求和社会文明的进步，促使高等级公路维护主体逐渐向以机械化逐步取代人工作业方面发展。因此，高等级公路维护机械必定会得到进一步的发展和提高，新的机型、机种将不断出现，并向多功能化、机电液一体化和自动化控制方向发展。先进设备的使用，必将对高等级公路维护机械的管理提出更高的要求。因此，必须做好对高等级公路维护机械的管理工作，才能达到通过维护机械化，提高维护质量，提高施工进度，降低维护成本，确保公路畅通，并改善劳动条件，减轻劳动强度，实现文明生产，加快高等级公路交通现代化的进程，其意义是十分重大的。

高等级公路维护机械按维护项目可分为：路基维护机械；路面维护机械；桥涵维护机械；隧道维护机械；绿化养护机械；日常保洁机械。

高等级公路常用维护机械设备见表11-1。

高等级公路常用维护机械设备　　表11-1

维护项目	机 械 设 备
路基维护	挖掘机、装载机、挖掘装载机、推土机、铲运机、水泥混凝土注浆机、自卸载货汽车、平地机、振动碾、振动压路机、打夯机、稳定土路拌(厂拌)机、水车等
路面维护	沥青乳化设备、沥青改性设备、沥青(水泥)混凝土拌和设备、稀浆封层机、路面铣刨机、沥青路面修补设备、沥青路面再生设备、液压(电动、风动)镐、液压凿岩机、液压破碎机、液压打桩机、电动凿岩机、电动振捣器、电动切缝机、搅拌机、空压机、气动凿岩机、气枪、内燃凿岩机、内燃振动夯板、内燃切缝机、多功能水泥路面维修机、沥青洒布车、沥青灌缝机、沥青(水泥)摊铺机、轮胎压路机、双钢轮压路机、水车、划线机、运输车辆等
桥涵维护	桥梁检测车、水泥路面养护机械、桥梁动载试验设备、汽车起重机、塔吊等
隧道维护	隧道清洗车、隧道检测车、液压或电动升降平台、电工设备
绿化养护	除草机、修剪机、移树机、挖掘装载机、液压掘坑机、游锯、化肥农药喷施机械、洒水车、草坪移植机、运输载货汽车等
日常保洁	清扫机械、排污车、护栏清洗车、除雪机械、路面除冰机、标志牌清洗车等

第二节　维护机械设备的使用

一、铲土与运输机械

1.推土机

它是由基础车、工作装置(推土装置与松土装置)、操纵系统三大部分组成。主要用于铲土、运土、填土、平整场地、松土等作业。

1)分类

①按照基础车和行驶装置分为轮胎式和履带式两种。

②按操纵方式分为机械操纵和液压操纵。

③按推土装置的构造可分为固定(直铲)式与回转(万能或斜铲)式。

④按发动机功率分为大、中、小型。

2)推土机的工作过程

对于不同的推土机其工作过程不同。

直铲式推土机是周期作业的,其过程是铲土、运土、卸土、回驶(一般倒回)。铲土过程:调好铲土角,低速挡行进中缓慢放铲刀,切入土壤适当深度后前进,直到铲刀前堆满土为止。运土过程:铲刀前堆满土后行进中将铲刀提升到地面,视运距长度确定是否换挡,继续行驶到卸土点为止。卸土过程:视需要,卸土于一堆,或稍提铲刀继续行驶将土铺于地上。返回过程:挂倒挡返回铲土起点。

回转式推土机的工作过程:当作为直铲使用时同上。当斜铲作业时,其铲土、运土、卸土连续进行。当侧铲作业时,前置端稍低,其过程同斜铲。

2.铲运机

铲运机广泛用于公路与铁路、港口、建筑、露天矿等工程中的土方施工作业。铲运机是一种在行进中完成土壤的铲装、运土、卸土等工序的循环作业式机械。铲土过程:升起斗门,放下铲斗,斗口切入土壤适当深度,机械以低速挡向前行驶,被铲下的土层挤入斗内,直到铲斗内堆满土为止。运土过程:当铲斗内堆满土后,关闭斗门,提升铲斗使离开地面适当高度,机械重载运行到卸土地段。卸土过程:放下铲斗使其离地面一定高度(视要求),打开斗门,边走边进行卸土,此时将土按要求厚度铺于地上。回驶过程:卸土完毕后,关闭斗门,提升铲斗驶回铲土始点重复上述过程。

铲运机的操纵为钢索—滑轮系统,由两个卷筒执行三个动作,它们是:斗门开闭、卸土板前移及铲斗升降。其中斗门与卸土板的动作是由一个操纵杆实现顺序动作。

3.平地机

平地机是一种多用途的铲土—运输机械,主要用于土方工程中场地整形和平地作业,还可用于从两侧取土填筑不高于1m的路堤、修整路基的横断面,修刮路堤和路堑的边坡、开挖边沟和路槽等。此外还可用来在路基上拌和稳定土或其他路面材料、摊铺材料,修整和维护土路,松土、回填、清除杂草和积雪等。在平整土壤方面,由于其刮刀在前后轮之间,故其平整效果不像推土机那样对地面的不平度具有放大的作用。它是路基路面施工中不可缺少的作业机械,用途十分广泛。

1)平地机的分类

平地机按行走方式可分为拖式和自行式两种。前者因机动性差和操纵控制性能差,在国内外现已淘汰,只有在某些小型养路单位才有用到。自行式平地机按操纵方式又分为机械操纵和液压操纵两种,机械操纵式结构复杂,操纵性能差,现也已被淘汰。目前平地机基本采用液压操纵。根据轮轴数目有四轮(双轴)和六轮(三轴)两种。前者用于轻型平地机,后者用于大中型平地机。

按车架方式有整体式车架和铰接式车架两种。整体式车架是将箱形双梁后车架与弓形前车架焊为一体,这种车架整体刚性好;铰接式车架是将两者铰接,用油缸控制其转向角,使机器获得更小的转弯半径和更好的作业适应性。

平地机还可按刮刀长度和发动机功率分为轻、中、重型三种。

2)工作过程

平地机从事不同的作业,其工作过程也不同,它可以从事四种基本作业。

刮土侧移:如图 11-1 所示。这种作业法适用于移土填堤、整修路型时的移土、平整场地、回填沟渠、铺散料或路拌路面材料等。先根据施工对象的要求和土壤性质,调好刮土角(一般是 60°~70°)和铲土角(约 45°),机械以二挡或三挡行进中两侧同步下降适当高度,平地机前进中不断地切土并卸土于一侧。此过程是连续进行的。

刮土直移(图 11-2):适用于较平的场地,平整的最后阶段或铺散材料。平地机刮刀与行进方向垂直,将铲土角调大些(60°~70°),前进中两侧同步下降少量切土,机械前进中土壤被不断地刮下同时向前运送,到达分段头后一般挂倒挡快速回到起点重复上述过程。此时,它属于周期作业。在此过程中应尽可能使刮刀左右对称置于机架内,以免使机械受侧向摆动力矩。

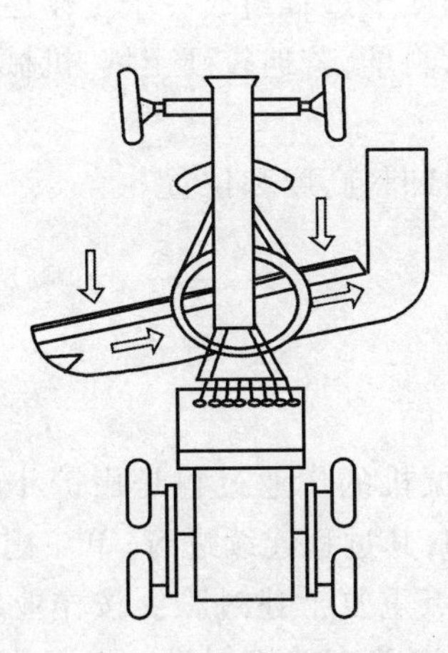
图 11-1 平地机刮土侧移

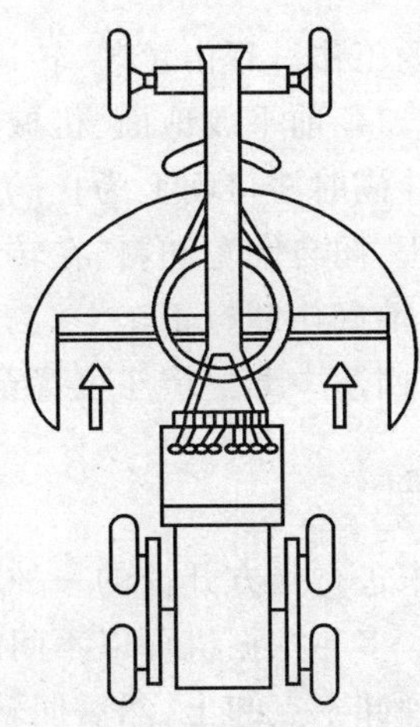
图 11-2 平地机刮土直移

刮刀刀角铲土侧移:这种作业适用于挖边沟、填路堤等场合。根据土壤性质调好铲土角(约 30°)和刮土角(一般为 30°~40°),机械以一挡速度前进中,铲刀前置端下降切土,侧倾角的大小视土壤性质和工作需要而定。此过程是连续进行的。

机外倾斜刮土:这种作业法适用于修刷路堑边坡、路堤边坡以及边沟边坡等。先将刮刀整体倾斜于机外,然后使其上端朝前,机械以一挡前进,放刀切土。此过程是连续进行的。

二、挖掘装载机械

挖掘装载机械是土方工程中的主要施工机械。根据其作业方式有循环(周期)作业式和连续作业式两种基本形式。前一种工作装置是单斗,后一种形式的工作装置是多斗。在公路工程中大多采用单斗挖掘机和单斗装载机。

1. 装载机

装载机是一种广泛用于公路、铁路、矿山、建筑、水电、港口等工程的土方施工机械,它主要用来铲、装、卸、运散装物料(土、砂、石、煤、矿等),也可对岩石、硬土进行轻度铲掘作业,短距离转运工作;在较长距离的物料转运工作中,它往往与运输车辆配合,以提高工作效率。由于它具有作业速度快、效率高、操作轻便等优点,因而装载机在国内外得到迅速发展,成为公路建设中土石方施工机械的主要机种之一。

1)分类

(1)按发动机功率分:

一般有以下四种:小型(功率为100.677马力);中型(功率为100~200马力);大型(功率为200~700马力);特大型(大于700马力)。

注:1马力=735.499W。

(2)按传动形式分为:机械传动、液力机械传动、液压传动和电传动四种基本形式。

(3)按行走装置及结构分为:轮胎式和履带式。轮胎式又分车架形式和转向方式。

(4)按装(卸)载方式分为:前卸式、后卸式和侧卸式三种。

(5)按回转性分为:非回转式、全回转式和半回转式三种。

2)工作过程

单斗装载机的工作过程由铲装、转运、卸料和返回四个过程组成一个工作循环。

铲装过程:斗口朝前平放地面,机械前行使斗插入料堆,若遇较硬土壤,机械前行过程中边收斗边升动臂到斗满时斗口朝上为止。

转运调整过程:向自卸车卸料,在转运过程中调整卸料高度和位置。

卸料过程:向前翻斗卸料于车上。

返回过程:返回途中调整铲斗位置至铲装开始处。

2. 单斗挖掘机

挖掘机是用来进行土方开挖的一种施工机械,挖掘机的作业过程是用铲斗的切削刃切土并把土装入斗内。多斗挖掘机可以不间断的挖、装、卸,其过程连续进行;单斗挖掘机装满土后提升铲斗并回转到卸土点卸土,然后回转转台到铲装点重复上述过程。按作业特点分为周期性作业式和连续性作业式两种,前者为单斗挖掘机,后者为多斗挖掘机。由于公路工程相对土方量小且不集中,故基本上都是采用单斗挖掘机。

1)类型

按照不同的方式有不同的分法,单斗挖掘机一般可以有如下几种分类方法:

(1)按用途的不同单斗挖掘机可分为:建筑型挖掘机、采矿型挖掘机、剥离型挖掘机、隧道挖掘机。

(2)按动力装置分为:电动机驱动式、内燃机驱动式、复合驱动式(柴油机—电力驱动、柴油机—液力驱动、柴油机—气力驱动、电力—液力驱动和电力—气力驱动)等。公路用单斗挖掘机由于其流动性比较大,斗容量不太大,故一般都是采用内燃机驱动形式。

(3)按传递动力的传动装置方式分为:

机械传动:机械传动是指工作装置的动作是通过绞车(卷筒)、钢索和滑轮来实现的。挖掘机的动力装置通过齿轮和链条等传动件带动绞车、行走及回转等机构,并通过离合器、制动器控制其运动状态。在大中型挖掘机上采用,其特点是结构复杂,机械质量大,但传动效率高、工作可靠。

半液压传动:工作装置、回转装置、行走装置中不全是液压传动的,一般工作装置采用双作用液压油缸执行动作,行走与回转采用机械传动或只有行走采用机械传动的单斗挖掘机为半液压传动挖掘机。

全液压传动:如果行走和回转采用液压马达驱动,工作装置通过油缸执行其动作,则称为全液压挖掘机。

因液压传动具有传动机构结构简单,质量小,挖掘机的工作性能好,在中小型单斗挖掘机上基本上已逐步被半液压传动和全液压传动所取代,而且有向全液压传动方向发展的趋势。

(4)按基础车的形式分为:履带式、轮胎式(一般用于市政工程各种管道沟的开挖)、汽车式。

(5)根据工作装置的结构形式分为:正铲挖掘机、反铲挖掘机、拉铲挖掘机、抓斗(铲)挖掘机。

(6)按工作装置的操纵方式分为:机械—钢索操纵式、机械—液压综合式、机械—气压综合式、全液压式。

2)单斗挖掘机的工作过程

单斗挖掘机是一种循环作业式机械,每一工作循环包括挖掘、回转调整、卸料、返回调整四个过程。下面介绍机械传动式挖掘机的正铲、反铲、拉铲和抓斗的工作过程。

(1)正铲挖掘机的工作过程:

先将铲斗下放到工作面的底部,然后在提升铲斗的同时使斗柄向前推压,于是铲斗强制切土,当铲斗上升到一定高度时装满土壤。斗柄回缩离开工作面,然后回转,同时调整卸料位置到卸料上方适当高度,打开斗底进行卸料。卸土完毕后,回转转台,同时调整铲斗到铲土始点,重复上述过程。在铲斗放下过程中,斗底在惯性作用下使斗底自动关闭。由于钢索只能传递拉力,当斗柄提升钢索彻底松开后,斗柄及铲斗在自重的作用下只能使斗口朝前,故它只能挖停机面以上的Ⅰ~Ⅴ级土壤或松散物料。

(2)反铲挖掘机的工作过程:

先将铲斗向前伸出,让动臂带着铲斗落在工作面底部,然后将铲斗向着挖掘机方向拉转,于是它就在动臂与铲斗等重力及牵引索的拉力作用下在工作面上切下一层土壤直到斗内装满土壤,然后使铲斗离开工作面保持平移提升,同时回转到卸料处进行卸料。反铲铲斗有斗底可打开式和不可打开式两种。前者可实现准确卸料于运输车上,后者则通过斗柄向外摆出使斗口朝下实现卸料。卸完后,动臂带着铲斗回转并放下铲斗到工作面底部重复上述过程。

(3)拉铲挖掘机的工作过程:

首先将铲斗用提升钢索提升到位，收拉牵引索（视情况也可不拉），然后同时松开提升索和牵引索，铲斗就顺势抛掷在工作面上，拉动牵引索，铲斗在自重和牵引索的作用下切下一层土壤，直到铲斗装满为止，然后提升铲斗，同时适当放松牵引索，使铲斗斗底在保持与水平面成8°～10°时上升，避免土料撒出。在提升铲斗的同时将挖掘机回转至卸料处的方向，卸料时制动提升索，放松牵引索，斗内土即被抛出。卸完后转回工作面方向重复上述过程。拉铲挖掘机适宜于停机面以下的挖掘，特别适宜于开挖河道等工程。拉铲由于靠铲斗自重切土，所以只适宜于一般土料和砂砾的挖掘。

(4)抓斗挖掘机的工作过程

其工作装置是一种带双瓣或多瓣的抓斗，它用提升索悬挂在动臂上。斗瓣的开闭由闭合索来执行，为了不使斗在空中旋转并尽快使摆动停下来，通过一根定位索来实现。首先固定提升索，松开闭合索使斗瓣张开。然后同时放松，张开的抓斗在自重的作用下落于工作面上，并切入土中，然后收紧闭合索，抓斗在闭合过程中将土料抓入斗内。当抓斗完全闭合后，以同一速度收紧提升索和闭合索，则抓斗被提起来，同时使挖掘机转到卸料位置使斗高度适当，固定提升索，放松闭合索，斗瓣张开而卸出土料。抓斗挖掘机适宜停机面以上和以下的垂直挖掘，卸料时无论是卸在车辆上和弃土堆上都很方便。由于抓斗是垂直上下运动，所以特别适合挖掘桥基桩孔、陡峭的深坑以及水下土方等作业。但抓斗的挖掘能力也受自重的限制，只能挖取一般土料砂砾和松散物料。对于液压操纵的单斗挖掘机，其工作装置一般只有正铲、反铲和抓斗几种，绝大部分为正铲和反铲液压挖掘机。其工作过程与机械传动的挖掘机工作过程基本相似。由于其动作是由传递双向力的油缸来实现，因此，其工作能力比同级机械传动的挖掘机要高。

三、压 实 机 械

1.压实原理

对路基和路面压实方法有静力式、冲击式和振动式三种。

静力式（图 11-3a）是利用机械自身重力产生的静滚压作用，使被压材料产生永久变形的方法。

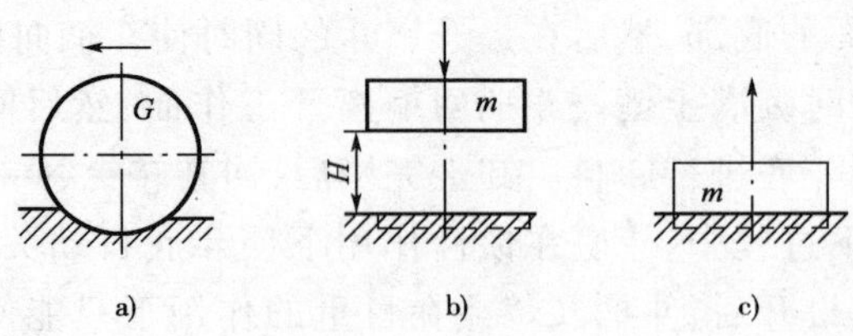

图 11-3　压实方法

冲击式（图 11-3b）是利用一块质量为 m 的物体，从一定高度 H 处落下，冲击被压材料而使之压实的方法。主要用于作业量不大及狭小场地的压实作业，特别是对路肩和道路维护工程等的压实作业。

振动式（图 11-3c）是利用重物 m 在压实表面进行高频振动，使被压材料产生位移，相互挤压，从而达到压实的目的，振动式压路机压实效果好，广泛用于粘性小的砂土、沥青混合料和水泥混凝土混合料等的压实。另外，随着振动压实技术的发展，又出现了一种沿行驶方向振动的振荡压路机，它减轻了驾驶员和机械的垂直冲击，改善了工作条件。

压路机的种类较多，按滚轮性质不同，可分为铁轮压路机和轮胎压路机；按压实方法不同，可分为静力式压路机和振动式压路机；按滚轮形状不同，可分为光面滚轮压路机和凸爪滚轮压路机。目前国内常用的是静碾压光轮压路机、轮胎压路机和振动压路机。

2.压实机械的使用与选配

根据路桥施工的要求，正确地选择压路机种类、规格及压实参数是保证压实质量和压实效率的前提条件。

1)根据机械配套情况正确选用压路机

一般来说，机械化施工程度高，则应选用压实功能大、作业效率高的压路机；机械化施工程度低，则应选用相应功能小且经济的压路机，以免浪费压路机的压实功能。在选用压路机时，还应考虑压路机与其他配套施工机械生产率之间的协调。

2)根据压实作业项目正确选用压路机

光轮压路机主要用于碾压各种路面及路基垫层。在土方工程中多数用来碾压路床面，对粘性土的薄层碾压有效，一般不作厚垫层的碾压之用，不适用于含水率高的粘性土，或粒径均一的砂质土等。光轮压路机的生产效率低于振动压路机。

轮胎压路机机动性好，适应各种材料，压实效果较好，影响深度大。该机轮胎的接地压力可用改变配重和轮胎气压来调节，对不同的土质，铺筑层厚度有较好的适应性。轮胎气压直接和压实效能有关，一般碾压碎石时，接地压力要提高，对粘性土等接地压力要降低。改变轮胎气压在实际操作中尚有困难，一般应预先定好充气压力，在碾压过程中通常保持不变。由于碾压过程中轮胎的弹性变形，对表面产生揉压作用，对消除沥青路面的裂纹和表面热裂缝更具优越性。轮胎压路机加配重后，可使机重提高两倍左右，若加载不当，将使压实效果下降，因此，必须试验确定。在碾压土层时，如果土中有块石或片石，将使机械行驶不稳定，施工时应将一定粒径的石头清除掉。

振动压路机，因振动使土的变形阻力减小，用较轻的重量能得到较大的压实效果。该机一般对非粘性土(砂质土)或缺乏粘性的道渣的碾压效果好。重型振动压路机向深部压实的效果好，铺土厚度可厚些(1.5～2m)。使用振动压路机时，应根据土的性质和机械质量来选定振动频率和离心力的大小。振动压路机容易在混有块石或片石的土里打滑，使用中应予以注意。振动压路机碾压沥青混合料达到静力式压路机同样的压实效果时，其碾压遍数少，生产率比静力式压路机高40%～50%，而且振动压路机具有良好的水饱和指标，压出的路面比较耐用。总之，振动压路机生产效率高，使用性能好，故现代被广泛应用于各种材料的路面和各种土质路基的碾压。

夯捣式压路机，因滚筒上的凸块形状不同而名称不一，但凸块能集中荷重，对土块、块石等能起破碎及压实作用。它适用于大土方工程现场的填土初压之用，对粘性土效果不好，对非粘性土(砂土)则不起作用。但是，对灵敏度大的高含水率粘性土，由于凸块将土揉来滚去，反而使土松软化，施工中应特别注意。

一般进行路基压实作业时，多选用压实功能大的重型和超重型静力式压路机、振动压路机等。进行路面压实作业时，为使表面密实平整，多选用中型静力式压路机、振动压路机和轮胎式压路机。若进行人行道、小面积修补桥涵等压实作业，则可选用轻型或小型压路机。具体选用可参照表11-2。

压实机械机种的选用

表 11-2

填土构成部分	机种 / 土质	光轮压路机	轮胎压路机	振动压路机	夯捣机压路机		推土机		振动压实机	蛙式打夯机	备注
					自行式	牵引式	普通式	湿地式			
填土路基	岩石块，经过挖掘，压实也不易碎的石块			☆					△	大△	硬岩石
	风化岩，泥岩等已部分成细粒，组织紧密的岩石等		大○	☆	○	○			△	大△	软岩石
	单粒度砂，缺少细粒度的道渣沙丘的沙等			○					△	△	砂、砾石混合砂
	适当含用细粒，粒度适中，容易压实的土、细砂、道渣等		大○	○	○				△	△	砂质土，砾石混合砂质土
	细粒较多，但灵敏性低的土，含水率低的粘性土，容易碎的泥岩等		大○		☆	☆				△	粘性土，混有砾石的粘性土
	含水率调节困难，不易达到最佳含水量的土						●				含水过多的砂质土
	粘性土等含水率高，灵敏性高的土						●	●			灵敏的粘性土
路床	粒度分布好的土	○	大☆	☆					△	△	调粒材料
	单粒度砂及粒度差的砾石混合砂和碎石	○	大○	☆					△	△	砂、砾石混合砂
	里填		○	小☆					△	△	有时使用吊锤
坡面	砂质土			小☆					☆	△	
	粘性土			○			○		○	△	
	灵敏的粘土，粘性土							●		○	

注：☆-有效的；○-可用的；●-不得已而使用的；△-因现场条件，只能用的；大-大型机；小-小型机。

3.路基的压实

为了提高工程质量，延长道路使用寿命，路基必须经过充分的压实。

对于石质路基，以选用重型振动压路机进行振动压实为宜。对于土质路基，各种类型压路机均有较好的适应性，这里主要介绍土质路基的压实。

1)路基压实作业的一般方法

首先，根据路基土质特性和所选用的压路机压实功能，确定适宜的压实厚度(参照表 11-3)。

几种类型压路机适宜的压实厚度表 表 11-3

压路机类型	适宜的压实厚度(cm)	碾压遍数	适应土壤种类
8~10t 静光轮压路机	15~20	8~12	非粘性土
12~20t 静光轮压路机	20~25	6~8	非粘性土
9~20t 轮胎压路机	20~30	6~8	亚粘土、非粘性土
30~50t 拖式轮胎压路机	30~50	4~8	各类土壤
2~6t 拖式羊脚碾压机	20~30	6~10	粘性土
14t 拖式振动压路机	100~120	6~8	砂砾土、碎石
10t 振动压路机	50~100	4~6	非粘性土

然后,测定土壤的含水量。含水量应控制在最佳含水量的 ±2% 范围之内。表 11-4 为各类土壤的最佳含水量。一般情况土壤含水量是由工程技术人员通过试验方法测定,也可以通过简易方法判断土壤的含水量,通常"手握成团,没有水痕,离地 1 米,落地散开",即说明土壤的含水量接近最佳含水量。

几种土壤的最佳含水量表 表 11-4

土 壤 种 类	砂土	亚砂土	粉土	亚粘土	粘土
最佳含水量(%)	8~12	9~15	16~22	12~15	19~23

其次,压路机驾驶员应在作业前,检查和调整压路机各部位及作业参数,保证压路机正常的技术状况和作业性能。

在压实作业中,压路机驾驶员应与工程技术人员配合,随时掌握和了解压实层的含水量及压实度的变化,遵从技术人员的指导。

路基的压实作业可按初压、复压和终压三个步骤进行。

(1)初压是指对铺筑层进行的最初 1~2 遍的碾压作业。初压的目的是使铺筑层表层形成较稳定、平整的承载层,有利于压路机以较大的作用力压实路基。

一般采用重型履带式拖拉机或羊脚碾进行路基的初压,也可用中型静压式压路机或振动式压路机以静力碾压方式进行初压。

(2)复压是指继初压后的 5~8 遍碾压作业。复压的目的是使铺筑层达到规定的压实度。它是压实的主要作业阶段。

复压作业中,应尽可能发挥压路机的最大压实功能,以使铺筑层迅速达到规定的压实度。例如,增加压路机配重、调节轮胎气压,使单位线荷载和平均接地比压达到最佳状况;调整振频和振幅,使振动压实功能最佳。

复压作业中,应随时测定压实度,以便做到既达到压实度标准,又不过度碾压。

(3)终压是指继复压之后,对每一铺筑层竣工前所进行的 1~2 遍碾压作业。

终压的目的是使压实层表面密度平整。分层修筑路基时,只在最后一层实施终压作业。

终压作业,可采用中型静力式压路机或振动压路机以静力碾压方式进行碾压,碾压速度可适当高于复压时的速度。

路基的压实作业,应遵循"先轻后重、先慢后快、先边后中"的原则。

先轻后重:是指开始时先使用轻型压路机进行初压,然后再换重型压路机进行复压。

先慢后快:是指压路机碾压速度随碾压遍数增加而逐渐加快。

先边后中:是指碾压作业中始终坚持从路基两侧开始,逐渐向路基中心移动的碾压原则,以保证路基设计拱形和防止路基两侧的塌落。

2)边坡的碾压

路堤填土的坡面应该充分压实,而且要符合设计断面。如果边坡面层和路堤整体相比压得不够密实,下大雨时,由于表层流水洗刷和不易渗透,发生滑坡、崩溃和路侧下沉等现象,因此,边坡碾压不可忽视。

边坡面施工有剥土坡面施工和堆土坡面施工两种方法。

剥土坡面施工,路堤堆土预留加宽值,经正常的填土碾压后,再将坡面没有压实的土铲除并修整坡面,如用液压挖掘机对坡面进行整形(图 11-4)。

堆土坡面施工,系采用碾压坡面的方法,碾压机械可用振动压路机、推土机或挖掘机等。

坡面的坡度在 1:1.8 左右时,要先粗拉线放坡,用自重 3t 以上的振动压路机从填土的底部向上滚动,并振动压实(图 11-5),压路机下行时不要振动。压路机的上下运动,用装在推土机后的卷扬机来操纵。

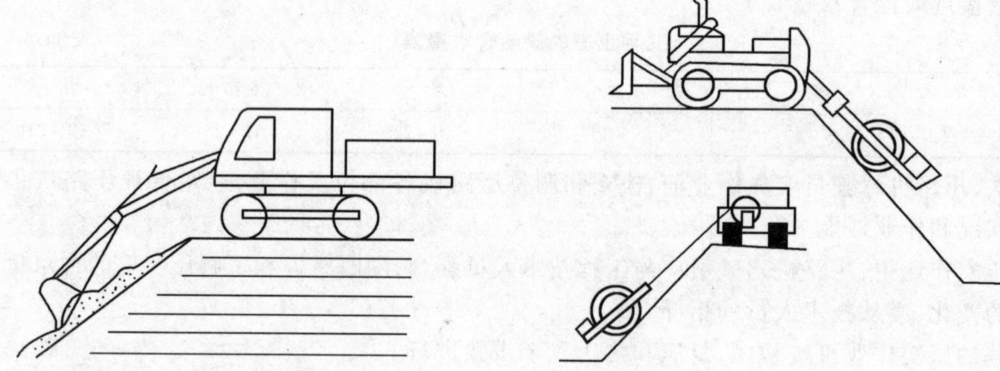

图 11-4 用液压挖掘机对坡面整形

图 11-5 用振动压路机压实坡面

土质良好时,可以利用堆土机在斜坡上下行驶碾压(图 11-6)。对含水量高的粘性土,可使用湿地推土机进行碾压。

此外,坡面还可以利用装有夯板的挖掘机来拍实。若用人工拍实则应注意其压实度。

3)里填回填的压实

桥梁、箱形涵洞等构筑物和填土相连接部分(图 11-7),一般在行车后,连接部发生不同程度的沉陷,使路面与桥涵连接处产生高差导致损坏,影响正常交通。这些地方往往因碾压不足造成填土下沉,因此里填回填的压实工作必须认真做好。

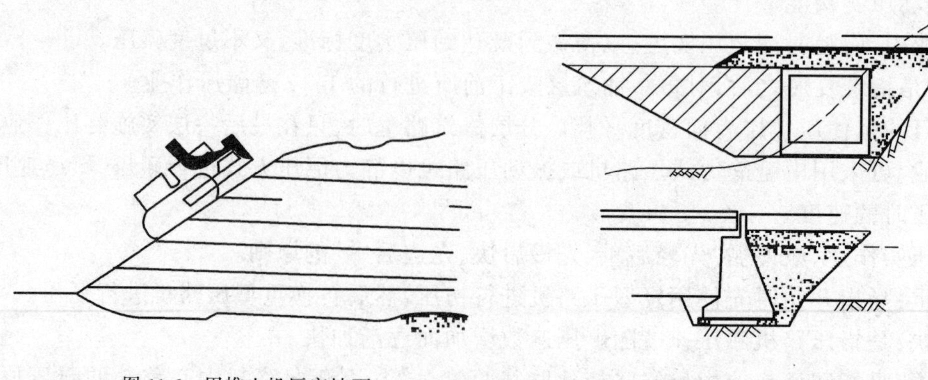

图 11-6 用推土机压实坡面

图 11-7 里填构造

里填回填用土最好采用容易压实的压缩性小的材料。当能用大型压实机械进行充分压实时，选用粒度分布良好者即可。

在压实施工中，将路堤端挖成一定的坡面(1:1.0～1:1.2或更小)，坡面成台阶形，清理中间的废土，分层铺筑厚度在20cm以下，底部用小型振动压实机(小型夯锤、振动夯板等)，上部用轮胎压路机仔细压实。为使构筑物两侧受压均匀，在里填土时，要从构筑物两侧平均薄填施压，不要一侧施压。

4.路面的压实

路面主要有两大类，一是刚性路面，二是柔性路面。刚性路面主要是指由水泥混凝土修筑的路面；柔性路面主要是指由沥青混合料修筑的路面。

柔性路面一般由面层、基层、垫层等结构层构成。

1)路面基层的压实作业

在铺筑底基层之前，应用静力式压路机对路基按“先边后中，先慢后快”的原则碾压3～4遍。下承层压实作业不易用振动压路机，以免路基表层发生松散。垫层铺筑和压实后，即可铺筑和压实基层。

2)路面面层的压实作业

沥青表面处治面层是由沥青和石料按层铺法或拌和法，铺筑的厚度不大于3cm的一种薄层沥青路面。施工一般选在气候干燥且较热的季节。层铺法施工的沥青表面处治面层，按设计要求有单层、双层和三层三种。各层的压实方法相同。在清理后的基层或原有路面上喷洒沥青，并铺撒粒径为5～10mm大的石料后，立即用轻型压路机先沿路缘石或修整过的路肩往返碾压1～2遍。然后，按“先边后中、先慢后快”的原则碾压3～4遍，速度逐渐提高。双层和三层沥青表面处治路面，最后一层应多碾压1～2遍。

沥青贯入式面层是在初步压实的碎石层上喷洒沥青后，再分层铺撒嵌缝石料和喷洒沥青，压实形成的一种路面结构层。沥青贯入式面层厚度一般为4～8mm。施工时，应选在气候干燥炎热的季节。沥青贯入式面层施工时，各作业程序应连续，不脱节，并做到当天铺筑，当天压实。通常，碾压作业路段以200m左右为宜。

沥青碎石和沥青混凝土面层是用沥青作结合料，与一定级配的矿料均匀拌和成混合料，并经摊铺和压实而形成的一种沥青路面结构层。它们的主要区别在于矿料的级配不同。沥青碎石混合料中细矿料和矿粉较少，压实后表面较粗糙。沥青混凝土混合料，矿料级配严格，细矿料和矿粉较多，压实后表面较细密。

沥青碎石和沥青混凝土面层的施工方法主要有热拌热铺、热拌冷铺、冷拌冷铺等。我国目前多采用热拌热铺法施工。碾压时沥青混合料的温度对压实质量有很大的影响。因此，应按表11-5所列的温度值控制沥青混合料的温度。若沥青混合料温度过低，则难以压实。

沥青混合料的温度控制 表11-5

沥青料种类	碾压温度(℃)
石油沥青细粒料	100～110
石油沥青粗粒料	90～100
煤沥青混合料	65～77

沥青混合料路面压实一般先初压，再复压，最后终压。中、下面层碾压顺序一般是轮胎压路机-钢轮振动压路机-轮胎压路机-钢轮静力式压路机。上面层碾压顺序一般是轮胎压路机-

钢轮静力式压路机。当碾压厚度小于4cm时,也可直接用钢轮静力式压路机碾压。

四、路面工程施工机械

1.稳定土路面机械

稳定土是由土和稳定剂拌和而成。稳定剂主要包括无机料(石灰、水泥、粉煤灰等)和有机料(液态沥青和其他化学剂)两大类。用来把土和稳定剂进行破碎、撒铺、拌和及压实等工作的机械统称为稳定土路面机械。这些机械包括有:粉料撒布机、洒水车、稳定土拌和设备、摊铺设备和压实机械等。

1)稳定土厂拌设备

稳定土厂拌设备具有设备比较完善,可根据设计要求拌和各种不同配合比的稳定土材料,且土壤和稳定剂的配合比准确,拌和均匀,成品料质量稳定,便于计算机自动控制和生产率高等优点,是修筑高等级公路基层和底基层的必备设备。主要适用于集中拌和道路、机场和广场等基层和底基层的稳定土材料。但它需要较多的配套机械设备(如汽车、装载机、摊铺机等),施工成本较高。目前国内生产的稳定土厂拌设备主要有:WBC30、WBC50、WBC100、WBC200等四种型号,其中WBC200目前运用最广泛。

稳定土厂拌设备组成复杂,是一种自动连续作业的大型设备,用于拌和各种类型的稳定土混合料,要求级配和配合比准确,拌和均匀。因此在使用中,除了按照设备使用说明书的要求进行严格操作、维修与保养外,还应特别注意以下问题。

(1)保证各皮带输送机的正常运行。皮带输送机是稳定土厂拌设备中使用比较多的总成,其运行是否正常将直接影响设备的正常运转。因此,在工作过程中,必须加强对皮带输送机的监控,当发现皮带跑偏时,应及时予以调整,否则将可能造成撕裂皮带等严重事故。

(2)加强设备在工作中的全过程质量管理。稳定土混合料的制备过程包括原材料的堆存、称量配料、搅拌及混合料的运输等项工序。各工序的好坏都会影响到混合料的最终质量。因此必须对拌和的全过程加强质量管理。

2)稳定土拌和机

稳定土拌和机可以就地拌和与破碎土块,拌和效率高;但土壤和稳定剂的配合比不够准确,污染较严重。目前常用于稳定土质量要求相对较低的道路、广场、机场等的基层或底基层的稳定土施工中。

(1)稳定土拌和机的类型较多,分类如下。

按动力传动的形式分有机械式、液压式和混合式。

按行走方式分有履带式、轮胎式和混合式。

按移动形式分有自行式、半拖式和悬挂式。

按转子的数量分有单转子式和多转子式。

按转子的配置位置分有中置式和后置式。

按转子旋转的方向分有正转式和反转式。

(2)稳定土拌和机的使用。现代公路基层施工是采用大规模、连续性的机械化施工。稳定土拌和机是基层路拌法施工的核心机械,为了充分发挥其作业能力,应注意以下事项:

①确保配套机械的完好率。与稳定土拌和机配套的施工机械有:挖掘机、推土机、装载机、自卸汽车、粉料撒布机、平地机、洒水车、压路机等多种机械。在机械化施工作业时,除应确保

稳定土拌和机无故障外，还要确保其配套机械的完好率，以保证机械化施工的连续作业。

②选择合理的施工路段。从理论上讲施工路段越长，其生产率越高。但从施工的综合因素考虑，则存在一个最经济的施工路段。根据施工单位的实践经验证明，一般以500～1000m为宜。在决定施工路段时，应选择各种施工机械掉头较方便的地方较好，因为机械掉头困难、掉头时间过长等都会影响生产率。

2.沥青洒布机

沥青洒布机是在以贯入法、表面处治法修筑路面，稳定土壤以及路拌沥青混合料等工程中，用以运输、洒布液态沥青和煤焦油的一种专用机械。维护用沥青洒布机的储料箱（储存液态沥青）的容量一般不大于400L；公路施工用沥青洒布机的储料箱的容量为3000～20 000L。

按运行方式分有自行式、拖式和半拖式三种。自行式沥青洒布机安装在汽车底盘上；拖式和半拖式用汽车或单轴牵引车牵引。

按沥青泵的驱动方式分有汽车发动机驱动和专用发动机驱动两种。后者可在较大范围内调节沥青的洒布量。

为了保证沥青洒布机的正常工作，在每次洒布完毕之后都要将洒布管路中的残余沥青抽回储料箱内。若当天不再使用，还要用柴油或煤油清洗储料箱、沥青泵和管路，以防止沥青凝固在各处影响下次使用。在每次使用之前都要检查沥青泵，若发现有沥青凝固现象，需用手提喷灯烤化，直到沥青泵运转灵活为止。

为了提高沥青的洒布质量，施工中应注意以下要点：

(1)要求沥青洒布机稳定行驶，其速度可按施工要求而定。

(2)要求汽车驾驶员和洒布操纵者密切配合，动作协调一致，确保洒布均匀。

(3)要保持沥青的洒布温度。因沥青的粘度和其温度成反比，而粘度又决定沥青泵的输出量。若沥青温度不当，会引起沥青泵的输出量变化，洒布不均匀，影响洒布质量。

(4)要选好喷嘴的离地高度。因喷嘴的离地高度不同，其洒布宽度不同。

(5)要求汽车轮胎有足够的气压。若轮胎气压不足，储料箱内沥青数量的变化使轮胎变形较大，从而影响到喷嘴的离地高度。

(6)要保持稳定的洒布压力。因洒布压力不同，喷出沥青的扇形形状不同，致使洒布不均匀。

(7)要注意前后两次喷油的接缝。一般纵向应重叠10～15cm，横向应重叠20～30cm。

(8)要注意安全。沥青洒布机在加注或洒布热态沥青时，温度很高，必须注意安全，防止烫伤。使用固定喷灯时，储料箱内的沥青液面应高于火管。在洒布过程中，不应使用喷灯。

3.沥青混凝土拌和机

(1)沥青混凝土拌和机是拌制沥青混凝土的专用设备，主要设备组成：

①砂石料的烘干与加热设备；

②砂石料的筛分与称量设备；

③相应的升运设备；

④沥青的加热与保温设备；

⑤沥青的称量设备；

⑥拌和设备；

⑦传动系统和操纵系统；

⑧配套设施等；

⑨沥青混凝土拌和机按其拌和规模的不同，大到一座自动化拌和厂，小到一台机组。

(2)拌和工艺流程：

①将砂石料烘干加热至160°~200°，筛分后按比例称量；

②将沥青加热熔化至120°~160°，保温，按容量或质量称量；

③将热砂石料(加入适量的石粉)与热沥青均匀拌和成所需的混合料，出料温度为：110°~170°。

其工艺流程如图11-8所示。

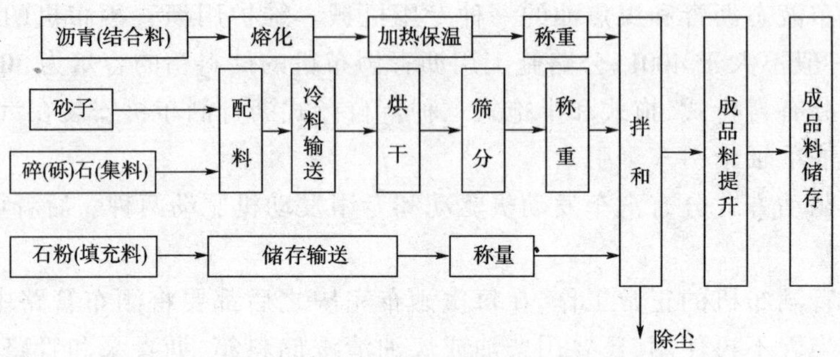

图11-8 工艺流程图

这种拌和工艺的优点是：配比准确，适应性高，可拌和任何比例的材料；可根据技术要求，控制拌和时间；所有工序的操作、计量等，均可由特制的设备、仪表和显示器等电气设备实行自动控制，这样既节省了人力，又提高了生产率。

(3)沥青混凝土拌和机的使用要求：

拌和机在工作前需进行全面的检查。如检查各部紧固螺栓是否松动；拌和机内是否有余料；传动皮带是否跑偏；各机组及辅助设备安装是否正确；沥青管路接头是否漏气；电气系统是否完好等。对于移动式拌和机，就位后还需放下前后支腿，将平板车抬起，并保持水平位置，使轮胎卸荷。

每一种沥青混凝土拌和机都有其使用技术规程，因此在使用时，必须按其技术说明书上的有关技术规程进行操作。

拌和机在起动时，一般逆着运料流程进行。当烘干筒达到一定的温度后才能启动冷料输送机和配料给料装置。拌和机在正式拌和成品料之前，应先用热砂石料预拌2~3次，以便给拌和机壳体预热。在正式拌和时，应先将热砂石料与石粉在拌和机内干拌10~15s后，再喷入沥青拌和。在工作中，供料应均匀，以防止热料仓各料斗内物料堆积过多，发生串仓现象，而影响砂石料的配合比。

拌和机当天不再工作，停机时，应将烘干筒、料斗、料仓以及拌和机内余料卸空；停机后，应用柴油或煤油清洗沥青系统，以防止堵塞沥青供应管路及卡死沥青泵，影响下次使用。

4.沥青混凝土摊铺机

沥青混凝土摊铺机是摊铺沥青混凝土路面的专用机械。它可将已拌制好的沥青混合料按一定的技术要求(横断面形状和厚度)。迅速而均匀地摊铺在已整好的基层或底基层上，并给予初步捣实和整平。这既大大增加了铺筑路面的速度，节约了成本，又提高了路面的质量。

沥青混凝土摊铺机的分类：

(1)按行走装置分有轮胎式和履带式。

轮胎式摊铺机一般为全桥驱动,其前轮为实心光面轮胎,实心的目的是为了防止因料斗内混合料重量的变化引起前轮的变形,而影响到摊铺厚度的变化;后轮为充气或充气液二相轮胎,可提高其爬坡及附着能力。轮胎式摊铺机可获得较大的行驶速度,机动性好,在弯道上摊铺可实现较平滑过渡。

履带式摊铺机的履带为无履刺式。履带式摊铺机可获得较大的牵引力,接地比压低,对路基不平度敏感性较差。但其行驶速度较低,在弯道处摊铺会形成锯齿状。

(2)按动力传动系统分有液压式、机械式和液压机械式三种。

液压式摊铺机的行走、供料、分料、熨平板和夯实板的振动、熨平板的延伸等均采用液压传动。目前摊铺机向着全液压的方向发展,并广泛采用机电液一体化技术。

机械式摊铺机的行走、供料、分料采用机械传动,结构复杂,操作不便。由于传动链多,且中心距较大,故多采用链式传动,调速性和速度匹配性较差。

液压机械式摊铺机的结构是机械式和液压式摊铺机的综合。因而,结构特点和使用性能介于二者之间。

(3)按摊铺宽度分有小型、中型、大型和超大型四种。

小型摊铺机摊铺宽度一般小于3.6m,主要用于沥青混凝土路面的维护和低等级路面的摊铺。

中型摊铺机摊铺宽度一般为4~5m,主要用于二级以下公路的修筑和维护作业。随着自动调平系统的应用,该机型也可用于一级公路的摊铺。

大型摊铺机摊铺宽度在5~10m之间,主要用于高等级路面的摊铺,传动形式以液压机械式和全液压式为主。具有自动找平系统,摊铺质量高。

超大型摊铺机摊铺宽度在10m以上,主要用于高速公路的施工,路面纵向接缝少,整体性好。

目前公路工程常用的摊铺机的类型有:西安筑路机械厂LT-6型,镇江路面机械制造厂的ZLTLZ型,意大利玛连尼公司的P176及C300型等。

5.水泥混凝土搅拌机

水泥混凝土搅拌机是将一定配合比的水泥、砂子、碎石(骨料)和水等拌制成水泥混凝土的机械。

1)搅拌机的分类

水泥混凝土搅拌机的用途就是机械化地拌制水泥混凝土,其种类较多,分类方法和特点如下。

(1)按作业方式分有循环作业式和连续作业式两种。

循环作业式的供料、搅拌、卸料三道工序是按一定的时间间隔周期进行的,即按份拌制。由于拌制的各种物料都经过准确的称量,所以搅拌质量好,目前大多采用此种类型的作业方式。

连续作业式的上述三道工序是在一个较长的筒体内连续进行的。虽然其生产率较循环作业式高,但由于各料的配合比、搅拌时间难以控制,所以搅拌质量差,目前使用较少。

(2)按搅拌方式分有自落式搅拌、强制式搅拌两种。

自落式搅拌机就是把混合料放在一个旋转的搅拌鼓内,随着搅拌鼓的旋转,鼓内的叶片把混合料提升到一定的高度,然后靠自重自由撒落下来。这样周而复始地进行,直至拌匀为止。这种搅拌机一般拌制塑性和半塑性混凝土。

强制式搅拌机是搅拌鼓不动,而由鼓内旋转轴上均置的叶片强制搅拌。这种搅拌机拌制质量好,生产效率高;但动力消耗大,叶片磨损快。一般适用于拌制干硬性混凝土。

(3)按装置方式分有固定式和移动式两种。

固定式搅拌机是安装在预先准备好的基础上,整机不能移动。它的体积大,生产效率高。多用于搅拌楼或搅拌站。

移动式搅拌机本身有行驶车轮,且体积小,重量轻,故机动性能好。应用于中小型临时工程。

(4)按出料方式分有倾翻式和非倾翻式两种。

倾翻式靠搅拌鼓倾翻卸料,而非倾翻式靠搅拌鼓反转卸料。

(5)按搅拌鼓的形状不同,有梨形、鼓筒形、双锥形,圆盘立轴式和圆槽卧轴式五种。前三种系自落式搅拌;后两种为强制式搅拌,目前国内较少使用。

(6)按搅拌容量分有大型(出料容量 1 000 ~ 3 000L)、中型(出料容量 300 ~ 500L)和小型(出料容量 50 ~ 250L)。

2)搅拌机的使用

(1)为了保证混合料的拌制质量,必须使碎石、砂子和水泥按要求称量准确;并在搅拌前,按要求调整好水箱指示牌上指针的位置,以控制供水量。要严格掌握好搅拌时间,同时要求进料斗卸料干净,否则会影响下一份混合料的配合比。

(2)在往进料斗内装料时,应注意装料顺序,即碎石在下、水泥在中、砂子在上,这样料斗升起时不致引起水泥飞扬。

(3)工作完后,应向搅拌鼓内倒进一些碎石或砂子,搅拌 10min 再放出。否则鼓内的余料凝固后,很难清除。

6.水泥混凝土摊铺机

水泥混凝土摊铺机是将从搅拌输送车或自卸卡车中卸出的混合料,沿路基按给定的厚度、宽度及路型进行摊铺的机械。目前,水泥混凝土摊铺机主要有两种,一种是轨模式摊铺机,另一种是滑模式摊铺机。摊铺机摊铺器的形式有螺旋式、回转铲式和箱式。

螺旋式摊铺器是利用正反方向旋转的螺旋杆(直径约 50cm)将混合料摊开(和沥青混凝土摊铺机摊铺器相似)。螺旋杆后面有刮板,可以准确调整摊铺层厚度。这种摊铺器摊铺能力大,目前在滑模式和轨模式摊铺机上均有采用。

回转铲式摊铺器其匀料铲可回转 180°,同时,可在前面的导管上左右移动,将卸下的混合料直接摊铺在路基上。匀料铲的高度可无级调整,故能随意调节布料高度。这种摊铺器比其他类型摊铺器的重量轻,容易操作,但摊铺能力较小。目前在轨模式摊铺机上采用较多。

箱式摊铺器是一装满混合料的钢制箱子。机械前进时,箱子横向移动,其下端按松铺高度刮平混合料。由于混合料全部放在箱内,重量大,故摊铺均匀准确,故障较少,但作业效率低,目前仅用在周期作业的轨模式摊铺机上。

五、桥梁工程施工机械

1.桩工机械

桩工机械是用于各种桩基础、地基改良加固、地下挡土连续墙、地下防渗连续墙施工及其他特殊地基基础等工程施工的机械设备,其作用是将各式桩埋入土中,以提高基础的承载能力。

现代造桥用的基础桩有两种基本类型:预制桩和灌注桩。前者用各种打桩机将其埋入土中,后者用钻孔机钻出深孔以灌注混凝土。

根据预制桩和灌注桩的施工可把桩工机械分为预制桩施工机械和灌注桩施工机械两大类。

1)预制桩施工机械

预制桩施工机械主要包括打桩机、振动沉拔桩机和液压静力压桩机三大类。它们也可用于沉井基础施工和管柱基础施工等。

(1)打桩机:打桩机由桩锤和桩架组成,靠桩锤冲击桩头,使桩在冲击力的作用下贯入土中,故又称冲击式打桩机。

根据桩锤驱动方式不同,可分为蒸汽、柴油和液压三种打桩机。

(2)振动沉拔桩机:振动沉拔桩机由振动桩锤和桩架组成。振动桩锤利用机械振动法使桩沉入或拔出。

(3)静力压桩机:静力压桩机采用机械或液压方式产生静压力,使桩在持续静压力作用下压入至所需深度。

2)灌注桩的施工机械

灌注桩的施工关键在成孔,其施工方法和配套的施工机械有以下几种:

(1)全套管施工法:即贝诺特法,使用设备有全套管钻机。

(2)旋转钻施工法:采用的设备是旋转钻机。

(3)回转斗钻孔法:使用回转斗钻机。

(4)冲击钻孔法:使用冲击钻机。

(5)螺旋钻孔法:使用长螺旋钻孔机和短螺旋钻孔机。

3)桩工机械的适用范围

预制桩施工机械的适用范围见表 11-6。

预制桩施工机械适用范围 表 11-6

打桩机类别	适 用 范 围	优 缺 点
柴油打桩机	1.轻型宜于打木桩,钢板桩 2.重型宜于打钢筋混凝土桩,钢板桩 3.不适于在过硬或过软土层中打桩	附有桩架、动力设备,机架轻,移动方便,燃料消耗少,沉桩效率高
振动沉拔桩机	1.用于沉拔钢板桩、钢管桩、钢筋混凝土桩 2.宜用于砂土,塑性粘土及松软砂粘土 3.在卵石夹砂及紧密粘土中效果较差	沉桩速度快,施工操作简易安全,能辅助拔桩
静力压拔桩机	1.适用于不能由噪声和振动影响邻近建筑物的软土地区 2.适用压拔板桩、钢板桩、型钢桩和各钢筋混凝土方桩 3.适用于软土基础及地下铁道明挖施工中	对周围环境无噪声,无振动,桩配筋简单,短桩可接,便于运输。只适用松软地基,且运输安装不便

钻孔灌注桩基础施工工艺过程繁多,在整个施工过程中,关键环节是钻孔。因此钻孔机械

的选择尤为重要，其他工艺过程的机械随钻孔机械而进行配套。钻孔机械就是灌注桩基础施工的主导机械。

钻机的种类有：旋转式钻机、冲击式钻机、冲抓钻机、套管钻机、潜水钻机等，各种钻机有其各自的工作特点和适用范围。因此钻机的选择往往是顺利完成施工的重要环节。钻机的选择根据如下原则进行：

(1)选择钻机类型时，必须根据所钻孔位的地质(土壤及土层结构)情况结合钻机的适用能力选型，见表11-7。

各种钻孔方法适用范围 表11-7

各类灌注桩适用范围		适用条件
护壁成孔灌注桩	冲击成孔	用于各种地质情况
	冲抓成孔	用于一般粘土、砂土、砂砾上
	旋转正、反循环钻成孔	用于一般粘土、砂土、砂砾土等土层，在砂砾土或风化岩层中亦可应用机械旋转钻孔。但砾石径超过钻杆内径时不宜采用反循环钻孔
	潜水钻成孔	用于粘性土、淤泥、淤泥质土、砂土
干成孔灌注桩	螺旋钻成孔	用于地下水位以上粘性土、砂土、及人工填土
	钻孔扩底	用于地下水位以上坚硬塑粘性土，中密以上砂土
	人工成孔	用于地下水位以上粘性土、黄土及人工填土
沉管灌注桩	锤击沉管	用于可塑、软塑、流塑粘性土、黄土、碎石土及风化岩
	振动沉管	
爆扩灌注桩	爆扩	用于地下水位以上粘性土、黄土、碎石土及风化岩

(2)钻机的型号应根据设计钻孔的直径和深度结合钻机钻孔能力定。

(3)一台钻机配备有不同型式的钻头，而钻头的选择应根据地质结构情况选择。

(4)钻机的选择还应考虑钻架设立的难易程度，钻机的运输条件及钻机安装场地的水文、地质，钻机钻进反力等情况，力求所选钻机结构简单，工作可靠，使用及运输方便。

(5)钻机的选择要考虑其生产率应符合工程进度的要求，在保证工程质量和工作进度的前提下，生产率不宜过大。因为生产率高的钻机费用高，工程造价高。

(6)一个工程队如要配备两台以上钻机时，应尽可能统一其型号规格，便于管理。根据施工需要也可配备不同型号种类的钻机。

2.水泥混凝土振捣器

用混凝土拌和机拌和好的混凝土浇筑构件时，必须排除其中气泡，进行捣固，使混凝土密实结合，消除混凝土的蜂窝麻面等现象，以提高其强度，保证混凝土构件的质量。混凝土振捣器就是机械化捣实混凝土的机具。

混凝土振捣器常用的分类方法有以下几种：

按传递振动的方法分，有内部振捣器、外部振捣器和表面振捣器三种。

内部振捣器又称插入式振捣器。工作时振动头插入混凝土内部，将其振动波直接传给混凝土。这种振捣器多用于振压厚度较大的混凝土层，如桥墩、桥台基础以及基桩等。它的优点是重量轻，移动方便，使用很广泛。

外部振捣器又称附着式振捣器，是一台具有振动作用的电动机，在该机的底面安装上特制的底板，工作时底板附着在模板上，振捣器产生的振动波通过底板与模板间接地传给混凝土。这种振捣器多用于薄壳构件、空心板梁、拱肋、箱形梁等的施工。

根据施工的需要，外部振捣器除附着式外，还有一种振动台，它是用来振捣混凝土预制品的。装在模板内的预制品置放在与振捣器连接的台面上，振捣器产生的振动波通过台面与模板传给混凝土预制品。

表面振捣器是将它直接放在混凝土表面上，振捣器产生的振动波通过振捣底板传给混凝土。由于振动波是从混凝土表面传入，故称表面振捣器。工作时由两人握住振捣器的手柄，根据工作需要进行拖移。它适用于厚度不大的混凝土路面和桥面等工程的施工。

按振捣器的动力来源分，有电动式、内燃式和风动式三种，以电动式应用最广。

按振捣器的振动频率分，有低频式、中频式和高频式三种。

按振捣器产生振动的原理分，有偏心式和行星式两种。

第三节　维护机械设备的管理

一、高等级公路维护机械人员的基本要求

高等级公路维护机械管理部门是一个综合管理部门，对于从事现代设备管理和使用的人才，其基本的要求是：

(1)懂得机械、工程技术和现代化管理的知识，一般具有技术、经济和管理三者结合的复合型知识结构。

(2)具有现代化管理(包括组织、指挥、协调、交际和应变)的基本技能，并具有自学、吸收、消化和创新科学技术知识的能力。

(3)具有组织、协调、管理机械设备(资产管理、状态管理)和本岗位业务有关人员及设备分配、变动、报废的能力。

(4)能制订本岗位设备管理的工作程序、统计报表；填写资产凭证、登记台账、设备分类、设备检查标准；编制资产管理计算机程序和操作计算机；会使用一般诊断和检测工具仪器；处理分析各种数据，判断设备故障和设备劣化状态；组织参与设备安装调试验收的工作。

(5)能调查研究、综合分析设备在使用维护和安装调试中存在的问题，总结事故发生的根源，掌握设备状态的动态情况等，并能提出对策。

(6)善于发现设备资产管理和状态管理中的问题，不断创新改革，能应用现代化管理方法。

(7)能调查研究、综合分析设备选型、采购、市场等设备前期经营方面的问题，并能提出对策。

(8)能够正确处理机械技术管理和经济管理以及机械管、用、养、修、供的关系，建立健全并贯彻落实必要的规章制度，科学地组织好机械管理工作。

(9)应具备一定的专业基础理论知识(如：机械零件的设计和计算；金属材料及热处理；金属加工工艺；焊接；旧件修复工艺；工程机械和内燃机的构造、使用、保养及修理；液压设备和技术；电气理论和设备；燃料和润滑油；密封和橡胶等方面的基础理论知识)，并能在组织机械使用、保养、保管、制订修复工艺、鉴定机况、分析和排除故障、机械的技术改造和技术革新等实际工作中运用。

二、养路机械使用管理

1.维护机械的特点

(1)高等级公路维护作业内容繁杂琐碎,维护机械种类、型号相应增多,且以中小型机具为主,有相当部分的机具国家没有定型产品,乡镇企业、修理厂和维护班组工人革新、自制的产品,虽在推动机械化养路进程方面取得了重大成绩,但由于总结、提高工作做得不够,产品的通用化、标准化、系列化程度不高,零配件供应不足,严重影响了维护机械完好率的提高。

(2)高等级公路维护作业线长、点多、面广、量大。大部分维护机械分散在班组里,基础资料、原始记录的收集不容易及时、准确,给机务管理工作带来困难。

(3)维护机械的工作条件恶劣:

①维护机械露天作业日晒雨淋,工地尘土飞扬,待修路面颠簸不平,冷却水源不清洁等,使机械的零部件易产生早期损坏。

②受施工作业地点的限制,机械设备失修失保。有时为了抢工期,拼设备的情况还相当普遍,这不仅影响设备的完好率,还大大降低了设备的使用寿命。

(4)维护机械应急能力高,利用率低:

①使用天数少。高等级公路的大中修和维护作业一方面受工作经费的影响,同时还要受季节和天气的影响,因而造成机具设备忙闲不均。在施工季节和防汛水毁时要确保高等级公路安全畅通,设备都是超负荷运转。工期过去,设备大多闲置不用,一般安排进行集中保养。

②负荷率低。维护作业中车辆运送砂石料到工地,回程放空,加上从驻地到料场的调车里程,运输车辆的实载率一般都低于50%。同样,维护机械的负荷率也不高。

③运距短。在维护作业中,车辆主要往返于驻地和作业点之间,运距一般在20~100km,短的运距甚至连10km都不到。

2.定机、定人、定岗位责任制度

所有机械设备均应实行定人、定机。单人单班作业机械实行专人专机;多班作业和两人以上操作的机械,应实行机长负责制;班组内共用的机械,指定专人负责或轮流值班制;精密仪器及仪表要指定专人负责;两人以上轮流作业时,要执行交接班制度。做到台台机械有人管,操作人员人人有专责。建立“三定”卡片,填写定员、机长及人员异动情况,做到一机一卡。

机械操作人员的配备,可根据不同的机械和使用情况而定。各单位应制订具体规定,如一般汽车驾驶员单班作业定员1人,吊机一般定2人,大型吊机定2~3人,土方机械一般定2人等。拥有多台机械时,还应再增名额,以保证有病、事假等特殊条件下机械的正常运转。

机械操作人员的职责是:

(1)认真执行岗位责任制,学习操作规程和各项规章制度并严格遵守,禁止违章操作,确保安全生产。

(2)努力钻研业务知识,学习和掌握先进技术,熟悉本机型的性能特点,不断提高操作技术,做到“四懂四会”(懂用途、构造、性能、原理;会使用、保养、检查、排故)。

(3)执证操作(驾驶执照、操作证等)。不得随意运用机械,也不得将机械交给无用机证件人员使用,非本机定员原则上亦不能运用机械。

(4)学习保养规定,做好日常保养,参与“一保”作业及“高保”、修理的技术鉴定和验收工作。

(5)做好原始资料的记录填写,包括随机手册的运行、交接班、保修及换油等记录,做到准确、及时、完整。

(6)服从命令听指挥,做好协作配合,努力完成施工生产任务,但有权拒绝不符合本机安全操作规程的施工安排。当机械有发生事故的可能时,有责任立即采取措施,确保安全生产。

(7)树立国家主人翁思想,用机应爱机、护机。

3.机械使用中的技术规定

执行维护机械使用中的技术规定是正确使用好机械的保证。机械使用中的环节分为新投入(包括经大修、改造、重新组装的机械)使用时的技术试验规定;新机与在大中修后的走合期规定;正常使用中的保养规程和安全操作规程;机械停放规定和机械运输规定;一般使用条件的技术规定;特殊使用条件的技术规定。

1)技术试验规定

新机械和经过大修、改造或重新安装的机械,在投入使用前,应按规定进行检查、鉴定和试运转,试验合格后方能投入运行。

(1)技术试验的范围:

凡新购、自制、革新改造,大中修和重新装配的机械,在验收时,应遵照有关该机的技术试验规程规定的程序和内容进行技术试验,合格后,方准交付使用。

长期停放或封存后启用的机械,也应根据情况进行技术试验。

(2)技术试验的程序:

试验前的检查:主要检查机械装备的完整性、可靠性、合理性、安全性、润滑性和渗漏痕迹等。

无负荷和负荷试验:主要试验机械的工作性能,包括机械的起动性能、动力性能、经济性能、操纵性能、制动性能、负荷性能和工作装置的运用性能等。

试验后的复查:主要复查机械在试验中发现问题的排除情况。

填写技术试验记录表。技术试验完毕后,应认真填写技术试验记录表并经试验单位技术负责人审查签证。该表一式两份,一份由试验单位存查,一份装入机械技术档案。

(3)技术试验后的注意事项:

①应挑选技术熟练、经验丰富的工人操作,在技术人员的指导和监督下进行试验,并应先了解机械性能、熟悉技术文件,且能制订方案、准备试验用具等;

②应遵守该机原厂规定的试验方法和要求,有关技术和安全操作规程以及技术文件中指出的注意事项;

③试验中如发现严重缺陷和反常现象,应立即停试,排除故障后再继续试验;

④试验方法和测试手段应符合要求;

⑤大中修的技术试验应和验收工作结合起来;

⑥进口机械按合同和国家有关规定进行试验。

2)走合期的规定

维护机械的走合期,应按原厂机械使用说明书中的规定执行,如无特殊规定,可按下列规定执行。

(1)以内燃机为动力源的机械走合期 100 工作小时,电动机械走合期 50 工作小时,汽车 1000km。

(2)减少负荷 20% ~ 30%,汽车行驶速度不超过 30 ~ 40km/h,工地上行驶不超过 20km/h,不得拖带挂车,不得拆除限速器,并且低速起动、中速运转。

3)机械设备停放的技术规定

根据公路维护部门路段和任务的不同与需要,为使机械设备不受各种灾害与自然力的侵害,多设临时性和永久性停机场。其停机场的基本要求是便于管理,不受水、火灾侵害,尽量减小日光与风等自然力的侵蚀,便于保修、加油,便于进出,方便回转和紧急疏散。

(1)永久性停机场。在维护部门的基地内设置的停机场,一般要求环境稳定,建设较永久性建筑设施,并靠近修理网点等。

(2)临时性停机场。随着路段的分布和维护作业点的移动,设立临时性的停机场,便于展开、撤除和转移。

(3)停机的基本规定。

停机场地选择:场面宽阔、土质坚硬和便于排水;有良好的场内外道路,便于机械进出;便于开展保养维修工作;自然条件较好,便于防风、防晒、防潮,避免在洼地和溢洪道上停放;便于警示和管理。

因故需停放在道路上时,应顺前进方向靠右停置,并选择宽阔平坦的路段,注意路肩土质情况,以防下陷。

4)运输中的技术规定

维护机械经常在所属部门的路段辖区内频繁调动。有时因送修等也需调动,调动时按其运输方式分自行运输、拖带运输、汽车装运和铁路装运、水路航运等。通常机务部门根据运输距离、机械本身的行走装置构造、机械质量、交通路线以及季节、气候等原因综合考虑后选择,一般取决于安全运输和经济性。

5)一般使用条件下的技术规定

(1)机械外观整洁,装备齐全,各部连接牢靠,紧固件安全可靠。

(2)发动机(电动机)动力性能良好,运转正常,无漏油、漏水、漏气现象,燃油料消耗正常。

(3)运转机构及工作装置等应符合技术要求,性能良好,无异常响声,各润滑部分不缺油。

(4)安全部件可靠、灵活,性能良好,符合有关规定。安全防护装置和电气设备应齐全可靠。

6)特殊条件下的技术规定

(1)寒冷季节与低温地区使用中的技术规定:

保温防冻:每日放水或加防冻液;安装节温器和保温套。

润滑系换季:清洗润滑系统,换用冬季润滑油;润滑脂换用 2 号钙基润滑脂,对发电机、电动机及封闭的滚珠、滚柱轴承采用 1 号钙基润滑脂;齿轮油用冬用黑机油或在原机油中加入 10% ~ 20%冬用柴油。

预热起动:热水预热法;蒸气预热法;对柴油机曲轴箱可文火烘烤预热。

调整电气供油系:提高电解液相对密度,保持在 1.28 ~ 1.30;调节发电机调节器,使充电电压比夏季高 0.6V;加大混合气浓度;调整分电器触点间隙。

更换油料:气温 - 20℃以下采用 - 35 号柴油,气温 - 10℃以下采用 - 20 号柴油,其他地区用 - 10 号柴油;汽油采用原厂规定的标号;液压操纵系统 - 10℃以下用 2 号锭子油或变压器油。

(2)高温地区使用中的技术规定:

加强发动机冷却系统的维护保养,及时清除水垢,保持水道畅通,调整风扇皮带张紧度;

及时更换夏季用润滑油,更换滴点高的润滑油,液压系统用粘度较高的液压油;

加强燃料系统的保养,尤其是油路的通风情况要特别注意;

加强蓄电池的检查,及时加注蒸馏水;

经常检查轮胎气压,保持规定的气压标准,注意温升。

(3)在高原地区使用的技术规定:

加装增压器,对未装增压器的发动机适当减少供油量。在海拔 3 500m 以上地区,应适当增大发动机点火(喷油)提前角;

适当调稀混合气,以降低燃耗;

加强冷却水密封,提高水的沸点,减少水耗,缩短冷却系的清洗周期。

第四节　机械设备的保养

1.机械保养的作业内容

机械保养的作业内容主要是清洁、紧固、调整、润滑、防腐,称为“十字作业”,这是根据机械技术状况变化的规律,并经过多年实践得出的,都是必不可少的养护工序。

1)清洁

机械在工作中,必然引起机械内外及各系统、各部位的脏污,有些关键部位脏污将使机械不能正常工作。为此,进行清洁作业不仅是保持机容整洁卫生的需要,更重要的是保证机械安全和正常工作的需要。

2)紧固

机械上有很多用螺栓固定的部位,由于机械工作时不断振动和交变负荷等影响,有些螺栓可能松动,必须及时检查,并予以紧固。如不及时紧固不仅可能发生漏油、漏气、漏水、漏电等现象,甚至还可能改变某些关键部位设计的受力分布情况,轻者造成零件变形,重者造成断裂。螺栓松动还可能导致操纵失灵、零件或总成移动或掉落,甚至造成机械事故损坏。

3)调整

机械上有很多零件的相对关系和工作参数需要及时进行检查调整,才能保证机械正常工作。如不及时调整,轻者造成工作不经济,重者导致机械工作不安全,甚至发生事故。

4)润滑

机械上凡活动的部位,包括转动的和往复运动的零件,绝大部分需要保持良好的润滑,才能保证机械正常工作。机械在使用过程中,技术状况变化的主要原因是磨损,而润滑是减轻磨损最有效的措施。

5)防腐

机械在使用中,不可避免地造成一些金属制品的保护层脱落,为此必须进行补漆或涂油脂等防腐涂料。对一些非金属制品也应采取必要的防腐措施,如洗净橡胶制品上的油污等,加以保护。

2.机械保养制度

机械保养分为例行保养、定期保养和特殊保养三类。

1)例行保养

例行保养指在机械开工前,班内工作暂停时期以及一般工作结束后进行的检查保养。其中心内容是检查,主要检查要害部位和易损部位,如机械和部件的完整情况;油、水数量;操纵和安全装置(如转向、制动等)的完好和工作情况;关键部位的紧固情况;以及有无漏油、水、气、电等情况,必要时加添燃料、润滑油脂和冷却水,以确保机械的正常运行和安全生产。

例行保养由操作人员按规定进行。

2)定期保养

①一级保养。主要在于维护机械完好技术状况,保养时普遍进行清洁、紧固和润滑作业,并部分地进行检查作业,但以清洁、紧固、润滑为中心。

②二级保养。主要在于保持机械各个总成、机构、零件具有良好的工作性能,以检查调整为中心,除进行一级保养的全部内容外,还要从外部检查发动机、燃料系、润滑系、离合器、变速器、传动轴、主减速器、转向和制动机构、液压和工作装置、电动机、发电机等工作情况,必要时进行调整,并排除所发现的故障。

③三级保养。主要在机械经过较长时间的运行后,除进行必要的保养外,重点进行彻底的检查,发现和消除隐患。以解体检查、消除隐患为中心。除进行二级保养的全部作业内容外,还应对主要部位进行解体检查,发现隐患及时消除。但三级保养的解体与大、中修的解体不同,三级保养时只打开有关总成的箱盖,检查内部零件的紧固、间隙和磨损等情况,以发现和消除隐患为目的,按保养范围的作业内容进行。

3)特殊保养

停放保养:指停放及封存机械的保养,重点是清洁、防腐,每月最少一次,内燃机应定期发动,在特别潮湿的情况下,每半月发动一次。停放保养由操作或保管人员进行,库存机械由机务部门指定保修人员进行保养。

走合期保养:指机械在走合期内和走合期完毕后的保养,以润滑、检查、限制使用为重点,一般结合一级保养进行。必须加强检查,选用优质润滑油和提前更换润滑油。

换季保养:指进入夏季或冬季前的保养,主要是更换燃滑油料、调整蓄电池电解液比重、采取降温或防寒措施、清洗冷却系等。

转移前保养:根据施工特点,在某一工程结束后,虽未到规定的保养周期,但为使机械能迅速投入新的施工生产而进行的保养。作业项目除按二级或三级保养进行外,可增加防腐及喷漆等项目。

3.机械保养的组织实施

机械保养必须贯彻“养修并重,预防为主”的原则,做到“定期保养,强制进行”,保障机械经常处于良好的技术状况。制订年度、季度和月份保养计划,有目的,有计划,按保养项目和保养次数实施机械保养。

(1)一般情况下,机械保养可采用就机保养综合作业的方式;规模较大的单位可采用定位保养专业分工的方式;有条件的单位还可采用总成互换的保养方法。

(2)采用专业分工的方式时,可实行定部位、定人员、定机具、定进度、定质量的“五定”责任制度。采用综合作业方式时,也应根据情况实行必要的责任制度。

(3)操作人员应随机参加保养,配合保养工做好保养工作。一般情况下,操作工应完成一级保养的项目。

(4)保养工作完成后,应进行检验,并将保养的主要技术资料、保养类别、起止时间、保修单位、主保人、保修主要内容和质量检验情况登记在履历书和保养登记簿内。记录内容应齐全、准确。

(5)机械管理部门应负责组织领导和督促检查保养工作的进行,定期对保养资料进行分析,掌握机械技术状况变化的规律,找出使用和保修工作存在的问题,并采取相应措施以不断改进工作。

思考题

1.简述直铲式推土机的工作过程。

2.简述压实机械的压实原理。

3.简述路基压实的步骤。

4.简述高等级公路维护机械人员的基本要求。

5.机械保养的作业内容主要有哪些?

附

参考教学大纲

一、本课程的性质和任务

《高等级公路维护与管理》是高等级公路维护与管理专业一门主干专业课，应用性很强。通过讲授、大作业和课程设计(论文)等教学环节。使学生掌握高等级公路维护与管理的基本理论和维护技术，能对高等级公路进行综合评价，具有组织维护管理一般病害的治理能力。

二、课程教学基本要求

1.对能力培养的要求

通过本课程的学习，学生应达到下列基本要求：掌握《高等级公路维护与管理》的基本概念、基本理论；能对路基、路面、桥涵构造物进行日常维护和一般病害的治理；能有效预防自然灾害，对高等级公路绿化环保、沿线安全设施进行维护管理；能正确评价高等级公路维护质量，能对高等级公路不同规模的维护工程进行管理、路政管理及维护机械设备管理。

2.本课程的重点和难点

重点：基本概念；常规维护技术；管理程序和方法；对高等级公路正确评价。

难点：高等级公路评价；机械设备维护管理。

3.作业

按照每章后的思考题可从中选择书面作业。

在教学期间，布置课程设计，以论文为主，按照课程设计指导书的要求，学生任选一个题目，围绕高等级公路维护与管理的主题，利用约16学时的时间完成。课程设计的目的是让学生掌握高等级公路维护与管理的方法、工艺、质量，并对本课程的认识具有一定的深度和广度。

三、学时分配

课程内容	学时数			机动
	总学时	讲授	大作业	
第一章　绪论	2	2		
第二章　路基的维护	6	6		
第三章　路面的维护	6	6		

续上表

课程内容	学时数			机动
	总学时	讲授	大作业	
第四章　桥涵构造物的维护	6	6		
第五章　灾害的预防与治理	2	2		
第六章　高等级公路沿线设施的维护	2	2		
第七章　高等级公路绿化与环保	4	4		
第八章　高等级公路路面状况评价	6	6		
第九章　高等级公路管理	20	4	16	
第十章　路政管理	4	4		
第十一章　高等级公路维护管理机械设备	4	4		
机　动	2			2
合　计	64	46	16	2

四、几点说明

1.先修课程要求

工程力学、道路工程制图、工程测量、道路建筑材料、路基路面工程、桥梁工程、公路工程造价基础。

2.教学方法

教学中可结合工程实例,安排相关内容参观。

3.大作业16学时包括在课内规定学时中。

参考文献

[1] 中华人民共和国行业标准.(JTJ 073—96)公路养护技术规范.北京:人民交通出版社,1996
[2] 中华人民共和国行业标准.(JTJ 073.1—2001)公路水泥混凝土路面养护技术规范.北京:人民交通出版社,2001
[3] 中华人民共和国行业标准.(JTJ 073.2—2001)公路沥青路面养护技术规范.北京:人民交通出版社,2001
[4] 中华人民共和国行业标准.(JTG H11—2004)公路桥涵养护规范.北京:人民交通出版社,2004
[5] 杨文渊,徐奔.桥梁施工工程师手册.北京:人民交通出版社,2003
[6] 高等级公路养护管理手册编委会.高等级公路养护管理手册.北京:人民交通出版社,2002
[7] 高等级公路养护管理编委会.高等级公路养护管理.北京:人民交通出版社,2001
[8] 山西省高速公路管理局.养护岗位.北京:人民交通出版社,2005
[9] 陈传德.高速公路养护管理.北京:人民交通出版社,2005
[10] 饶克隆.公路路政管理概论.北京:人民交通出版社,2001
[11] 夏越超.公路养护与管理手册.北京:人民交通出版社,1996
[12] 刘慧.高等级公路建设管理与技术大全.长春:长春出版社,2005
[13] 李全文.公路环境规划.北京:人民交通出版社,2005
[14] 陈淑贤.公路养护与管理.北京:人民交通出版社,2005
[15] 彭富强.公路养护与管理.北京:人民交通出版社,2002
[16] 周传林.公路养护技术与管理.北京:机械工业出版社,2005
[17] 许永明.公路养护与管理.北京:人民交通出版社,1998
[18] 郭忠印.沥青路面施工与养护技术.北京:人民交通出版社,2003
[19] 翟站立.路基路面施工与养护技术.北京:人民交通出版社,2001
[20] 徐培华.高等级公路路基路面养护技术.北京:人民交通出版社,2003
[21] 傅智.水泥混凝土路面施工与养护技术.北京:人民交通出版社,2003
[22] 金志强.水泥混凝土路面养护维修手册.北京:人民交通出版社,2003
[23] 王清泾.工程机械施工手册.北京:中国铁道出版社,1989
[24] 张永清.路桥施工现场十大人员技术操作标准规范-机械员分册.北京:当代中国影像出版社,2004
[25] 毛祥洋.道路和桥梁施工机械基础.上海:上海科学技术出版社,1993
[26] 铁道部第一勘察设计院.铁路工程设计技术手册-路基.北京:中国铁道出版社,1992
[27] 余恒睦.施工机械与施工机械化.北京:水力水电出版社,1988
[28] 马彦芹,游金梅.公路路政管理.北京:人民交通出版社,2006